2014

南京城墙内外：生活·网络·体验

IN-AND OUTSIDE NANJING CITY WALL:LIFE·NETWORK·PERCEPTION

城市规划专业六校联合毕业设计

SIX-SCHOOL JOINT GRADUATION PROJECT OF URBAN PLANNING & DESIGN

东南大学建筑学院
天津大学建筑学院
西安建筑科技大学建筑学院
同济大学建筑与城市规划学院
重庆大学建筑城规学院
清华大学建筑学院

编

中国城市规划学会学术成果

· 中国城市规划学会低碳生态城市大学联盟资助
· 国家高等学校特色专业建设东南大学城市规划专业项目资助
· 国家"985 工程"三期天津大学人才培养建设项目资助
· 国家高等学校特色专业、国家高等学校专业综合改革试点
  西安建筑科技大学城市规划专业建设项目资助
· 国家"985 工程"三期同济大学人才培养建设项目资助
· 国家"985 工程"三期重庆大学人才培养建设项目资助
· 教育部卓越工程师教育培养计划
· 国家"985 工程"三期清华大学人才培养建设项目资助

U0288206

中国建筑工业出版社

图书在版编目（CIP）数据

南京城墙内外：生活·网络·体验——2014年城市规划专业六校联合毕业设计/
东南大学建筑学院等编. —北京：中国建筑工业出版社，2014.9
ISBN 978-7-112-17246-7

I.①南… II.①东… III.①城市规划－建筑设计－作品集－中国－现代 IV.①TU984.2

中国版本图书馆CIP数据核字（2014）第206529号

责任编辑：杨　虹
责任校对：姜小莲　刘　钰

南京城墙内外：生活·网络·体验
——2014年城市规划专业六校联合毕业设计
东南大学建筑学院
天津大学建筑学院
西安建筑科技大学建筑学院　　　编
同济大学建筑与城市规划学院
重庆大学建筑城规学院
清华大学建筑学院
*
中国建筑工业出版社出版、发行（北京西郊百万庄）
各地新华书店、建筑书店经销
北京嘉泰利德公司制版
北京方嘉彩色印刷有限责任公司印刷
*
开本：880×1230毫米　1/16　印张：14$\frac{1}{2}$　字数：460千字
2014年9月第一版　　2014年9月第一次印刷
定价：**90.00**元
ISBN 978-7-112-17246-7
　　　　（26021）

编委会

主　编：易　鑫

副主编：王承慧　孙世界

特邀指导（按姓氏笔画排序）：

王　引　王建国　石　楠　刘克成　汤道烈　孙成仁
阳建强　运迎霞　杨贵庆　张　兵　陈为邦　段　进
段德罡　徐明尧　龚　恺　童本勤

编委会成员（按姓氏笔画排序）：

卜雪旸　王承慧　王树声　王　峤　左　为　田宝江
包小枫　孙世界　孙诗萌　严少飞　李小龙　李和平
李津莉　吴唯佳　张　赫　陈　天　易　鑫　周政旭
夏　青　黄　鹤　程小梅　戴　彦

IN-AND OUTSIDE NANJING CITY WALL LIFE · NETWORK · PERCEPTION

2014 SIX-SCHOOL JOINT GRADUATION PROJECT OF URBAN PLANNING & DESIGN

目 录
Contents

序言 1

南京是一座特别的城市，它是国家历史文化名城，还是我国著名的四大古都之一，南京的明城墙号称世界第一。南京又跟其他古城一样，历史文化遗产遭受着当代城市发展的威胁，老城区面临衰败，城市转型发展进入关键时期。

2014 年的城市规划专业六校联合毕业设计按计划由东南大学承办，本次毕业设计选择了南京南城的一片老城区，以"城墙内外：生活、网络、体验"为题，由东南大学、天津大学、西安建筑科技大学、同济大学、重庆大学和清华大学城市规划专业的学生进行诠释和设计。

南京城南老城区的状况具有普遍意义。对比改革开放初期，我国历史文化遗产保护工作发生了巨大变化，国家设立了专门的历史文化名城名镇和名村保护制度，遗产从单体的文物拓展到街区、城市与村庄整体层面，2008 年国家颁布了专门的法律法规——《历史文化名城名镇名村保护条例》，公共财政在历史文化遗产保护方面的资金投入成倍增长，专家学者们对于遗产的研究也不断深入。从政策法律，到资金支持和技术保障，历史文化遗产保护工作进入了一个前所未有的黄金期。

然而，如果我们环视一下身边的城市，会得出完全相反的结论。历史文化遗产保护的成效远远无法与其遭受的破坏相比，面对开发建设的需求，在形形色色的名义下，历史文化遗产所遭受的破坏是前所未有的，令人触目惊心。从历史建筑、历史城区到历史文化名城，几乎无一例外地面临威胁，有些已经惨遭毁坏，中华文明的空间载体正从我们的视野里一点点消失。

这个过程中有几点值得思考。

最基本的一条，如何理解历史文化遗产的内涵，是各级各类名单上所列的历史文物、文物建筑、历史街区、历史文化名城名镇名村？还是包括更加广泛的范畴，比如，一般意义上的历史城区、老城区、旧区，甚至包括一些所谓棚户、危改区？目前的法律法规只覆盖了前者，它们作为历史文化的典型代表和精粹，当然应该得到妥善保护，然而，历史文化的载体远不止于这些，也在于更广大的城区，在于不同历史时代的累积与嬗变。从世界遗产的角度，往往不只是建筑本身，还经常包含了遗产所处的自然与人文环境。从这个角度来说，大量的老城区事实上是历史文化遗产的组成部分，即使没有在任何名单上登录，也不能否认它们的历史文化价值。

其次，历史文化遗产保护保什么？所谓的原真性的"真"指什么？是建筑或建筑群本身？还是这些建筑所代表的那个时代的技术、艺术或生活？还是这些物质空间承载的社会关系？很显然，城市文化遗产不同于一般的文物，它不是博物馆里的陈列品，而是具有生命和生活价值的空间。如果说空间本身尚可以称为原真的，它们所代表的生活或社会关系早已时过境迁。事实上，即便是城市空间本身，因为文化、构造和技术等原因，也往往凝聚了历朝历代的智慧，而不是一成不变的固化的空间。从这个意义来讲，所谓保护，从来就是在文化发展与演变过程中的一部分。片面地强调保护，特别是对于老城区或城市旧区这些充满生命活力的地区而言，无疑是一种不负责任任其衰败的过程。相反，审慎地判断其历史文化价值，传承文化的精髓，满足当代的生产生活功能，应该称得上积极的保护思路。

第三，谁来保护？靠领导重视、专家尽责能解决问题吗？事实证明只能解决部分问题，还必须靠制度，靠民众。尤其在当前利益诉求多元化的环境下，依靠行政威权或技术权威来实现遗产保护的目的，难免差强人意，只有民众的遗产意识和文化认同得到普遍提高，遗产保护才有可能进入良性循环。

也就是说，对于老城区，尤其是古城或历史文化名城的老城区，具有文化价值的不只是那些

历史街区或历史建筑，对于这些地区的策略不应该只有保护一个方面，很重要的是传承和发展，是满足当代人的生活需求，是把这些地区还给他们的主人。

从这个角度来说，体验老城区的空间，理解老城区的社会网络，才能够延续富有文化特色的城市生活。城镇化、城市更新改造这些具有强烈时代特征的话题，很容易把人们引入一元的规划策略，放眼长远，今天的城市只是城市发展长河中的一个环节，也是应该对城市文化遗产做出积极贡献的环节。面临这样一个城市发展的关键时期，我们既需要积极的保护，也需要整体的创造。

六所高校的同学们对于这个地区的理解各不相同，选择的设计视角和重点也有很大差异，提出的解决方案各有特色，这种多元的思路无疑是对老城区发展和保护问题更具创新价值的探索。

国际城市与区域规划师学会副主席
中国城市规划学会副理事长兼秘书长

Preface 1

Nanjing is a famous historical and cultural city in China, and one of the four great old capitals in China as well. Nanjing' city wall from Ming Dynasty is known as the longest in the world. As the other China's old cities, Nanjing is confronting threats to its historical and cultural heritages against today's rapid urban development. Historical urban quarters are experiencing decline. Its urban development is entering a key period against its transformation process.

The six-school joint graduation project of urban planning & design in 2014 is organized by School of Architecture, Southeast University. An old urban area in southern Nanjing is selected as study area. The mission is interpreted and developed by the urban planning departments from Southeast University, Tianjin University, Xi'an University of Architecture and Technology, Tongji University, Chongqing University and Tsinghua University under the theme of "Inside and Outside of the City Wall: Life, Network and Experience".

The situation of Nanjing's old city is of general importance. Compared with situation in the early days of reform policy, the career of protecting historical and cultural heritage has seen dramatic improved. China has developed a specific system for protecting famous historical and cultural cities, towns and villages, in which individual element, ensemble, cities and villages are also regulated in such system. In 2008, Chinese government issued specific regulations, namely *Historical and Cultural Cities, Towns and Villages Protection Ordinance*, and exponentially increased the public investment in protecting historical and cultural heritage. Chinese experts and scholars have also deepened their studies on heritage. In terms of policies and legal documents, financial and technical supports, the work of protecting historical and cultural heritage has entered an unprecedented golden period.

However, if we look around our city, we will get an opposite conclusion from the actual development. The achievements in historical and cultural heritage protection are far less comparable with the damages to such historical and cultural heritage. Against the demand for development and construction, historical and cultural heritage are suffering unprecedented damages. Different historical elements, including buildings, historical blocks as well as historical and cultural cities, are threatened by the above mentioned reasons. Some have been even destroyed. The spatial carrier of the China's civilization is disappearing bit by bit from our view.

In the process, several points deserve our reflection.

The most fundamental one refers to the way in which we understand the contents of historical and cultural heritage. Does it only mean the historical remains, heritage buildings, historical blocks, famous historical and cultural cities, towns and villages in lists of all types at all levels as a whole? Or does it also cover a more extensive scope like the historical urban districts, old downtown areas and old districts, even some so-called shanty towns and dilapidated towns? However, the existing laws and regulations cover only the former meaning. As the typical representative and essence of history and culture, they definitely deserve necessary protection. However, the physical carriers of history and culture are far more than them; and these elements also exist in more extensive urban areas in the process of historical accumulation and changes in different historical eras. From the perspective of world heritage, they are not only buildings themselves, but always involved in natural and human environment in which the heritage is located. From this perspective, massive old urban area itself is actually a component of the historical and cultural heritage. Even if they are not in any list, their historical and cultural values cannot be neglected.

Secondly, which kinds of information in the historical and cultural heritage should be protected? What is the so-called "authenticity"? Is it the building or the group of buildings in itself; or does it also relate the technology, art or life in the era that is represented by such buildings or the social relations based on such material space? Obviously, urban cultural heritage is different from relics in the general sense. It is not a dead element in the exhibition hall, but space with the value of life and living status. Even if the space itself can be called authentic, human life or social relations that it represents have already gone or disappeared. As a matter of fact, even the urban space itself condenses the wisdom of past dynasties in the meaning of culture, structure and technology; and it is always changing itself. In this sense, the so-called protection has always been a part of cultural development and evolution. One-sided focus on protection will undoubtedly lead to the result of encouraging the decline of old urban areas, in which are full of vigor and vitality. This also means a irresponsibility. On the contrary, a new concept of positive protection will be more meaningful: in this way, the historical and cultural values of the old urban areas or old downtown areas will be prudently judged, their cultural essence will be promoted and the contemporary living and production functions should be met.

Thirdly, who is responsible for protection? Can the support of leaders and experts solve all the problems? It has been shown that these contribute one part for the solution. It is necessary to resort to the institutional system and public support. With the consideration that today's social demands are more and more multiplied, it is inevitably unsatisfactory to achieve the goal of heritage protection, if the efforts are only relying on administrative or technical authority. Only when public awareness of heritage and cultural consensus are generally identified and accepted, then heritage protection enters a virtuous cycle.

In other words, for existing urban areas, especially the old cities or famous historical or cultural cities, the historical blocks or buildings are one part of cultural elements, so the adopted strategy for these areas should be involved with more issues than protection. It is very important to inherit and develop them. In this way, demand of today's people will be met and in return these historical and cultural areas will be utilized by the users themselves.

From this perspective, with the perception of the old urban areas' space and understanding in the social network, people will be able to continue urban life with cultural features. Several topics such as like urbanization and urban renewal sometimes will make people hold a limited thinking pattern. It is necessary to take a holistic view. Today's cities are just a tiny link in the long river of urban development but it should be developed for positive contribution in urban cultural heritage's protection. In such a crucial stage of urban development, not only positive protection strategy but also holistic creation will contribute to this mission.

Students from the six above mentioned universities have shown their different understanding in the planning area. Quite different perspectives and focuses have been identified and this relates to much diversified solutions. Such diversified working pattern will undoubtedly be seen as a meaningful exploration with innovative value for the development and protection of old urban area.

Shi Nan

Vice Chairman of ISOCARP, Deputy Director and Secretary-general of Urban Planning Society of China

序言 2

当我接到为六校联合毕业设计的成果作序的邀请，我满怀欣喜，甚至有些激动。尽管是部分地参与了两届联合教学的活动，但感受颇深。

联合教学的跨校际相互交流与学习有助于教师提高教学质量，促进学科发展，也有助于学生拓宽专业视野，汲取更加多元、丰富的营养去丰润智慧的土壤。

城乡规划学、建筑学的本科设计教学由于具有言传身教、案例示范的典型特征，相互观摩，共同设计就显得更具必要性，也更有启发性和实效性。记得在我读本科二年级时，学校和日本神户大学进行过作业互展与交流，不同的训练方式，表达内容的差异给了我们很多的启发。四年级毕业设计时又和美国明尼苏达大学进行联合教学，美国学生不同的空间认知方式、设计关注重点和现代的快速表达方式促使我们从一个新的角度去认识设计，无疑是在我们已经受过严格传统基础训练上的拓展和重组。不仅如此，通过联合毕业设计我们还看到了美国学生的自组织能力、工作方法、团队精神和市场化的设计价值观。当时对于我们本科生来说，毋庸讳言，受益匪浅。切身的体会让我确信相互交流、彼此借鉴是规划与设计类学科教学的良好途径，尤其是毕业设计阶段，学生已经掌握了基本知识与技能，更容易认识和理解彼此的差异，更容易形成碰撞和融合。

城市规划专业六校联合毕业设计是在以往联合教学理念上的创新与发展，展现了联合教学的新方式，构筑了新平台。首先，规模大，地域广。由清华大学建筑学院、天津大学建筑学院、东南大学建筑学院、同济大学建筑与城市规划学院、西安建筑科技大学建筑学院和重庆大学建筑城规学院等六所国内最著名学府组成。其次，连续性好。共同协商形成了年年举行、轮流召集的联合教学规则。第三，学界与业界结合。城乡规划界高级专家形成的特邀指导组无疑是六校联合毕业设计的重要特色与亮点。第四，组织科学严密。对选题内容、交流方式不断总结改善，形成的操作流程统一规范，确保了教学质量。第五，成果丰富。已有两届的成果展现了各校团队各自的长项与风采，碰撞产生了智慧火花，融合形成了硕果累累。由此可见，这个新平台提供了跨地区、跨学校、跨学界、跨学科交流与学习的机遇。

本次六校联合毕业设计选取"南京城墙内外：生活·网络·体验"为题，突出了课题的开放性，它进一步强化学生走出校门、深入社会和场地，通过田野调查和社会 - 空间分析，从现实中寻找课题的能力。也为不同的团队根据各自的特色与关注点进行规划与设计提供可能。同时课题充分体现了复杂性，它让学生在即将从课堂走入社会之时，能很好地将所学知识在复杂的社会现实里作一次实战演习。其目的不在于要去解决这些问题，而是传递给学生城市发展不是单一因素可以决定的认知，强调多方面关注问题的重要性，让学生树立起一种正确的规划设计价值观，将原有分门别类所学的知识与技术方法进行一次综合梳理，作一次全面检阅。从设计的过程到最终的成果表明，该题目的设置达到了预期的目的，参加联合毕业设计的各个团队都展示了自己的独特能力和风采。

　　更为重要的是联合毕业设计不但给各个团队提供了展示自己的特色和风采的舞台，而且提供了取长补短进一步完善与强化自己特色的机会。从上一届到这一届的发展变化中可以明显地看出，联合毕业设计有助于在达到学业培养的基本要求之上，形成更加丰富的、多元化的城乡规划教学特色和创新成果，而不是相反成为一种模式和套路。希望这种交融与创新能继续发扬，祝这个平台越做越好。

东南大学建筑学院副院长

东南大学城市规划设计研究院副院长

2014.07.05 于南京成贤街

Preface 2

When receiving the invitation to give a prologue for the working results of six-school joint graduation project, I was filled with joy even some excitement. Although I have just partially participated in this joint graduation projects in last two years, this experience has brought me very deep feelings.

The joint workshop among different schools is very helpful for enhancing the quality of students' learning and teachers' capacities. It is also a catalyst in promoting the development of discipline of urban planning and design. Students will also broaden their horizon in professional understanding and have more diversified experience and wisdom.

In the disciplines like urban and rural planning or architecture design, design course for undergraduate students is strongly dependent to teacher's demonstrations, verbal instruction and exemplar case study. In this meaning, mutual communication and working on joint design workshop would to be very necessary. Such experience will give great enlightenment for the students and will be reflected in the actual learning effects. When I was in the second year of bachelor time, I have joined the communication and assignment exhibition between my university and Kobe University in Japan. The different training patterns and presentation's contents inspired us greatly. In my graduation design of my bachelor's fourth year, my university initiated another joint workshop with the University of Minnesota in USA. The different spatial cognitive mode, design focus and modern rapid expression method of American students encouraged us to reflect our design from a new perspective. It was undoubtedly a kind of expansion and adjustment for our studies in relation to our original strict but traditional basic training. What was more important, joint graduation design made us realize the self-organization ability, working method, team spirit, and market-oriented design values from American students. No need for reticence, this was much beneficial for us undergraduates at that time. Personal experience has made me firmly believe that joint workshop is a good method for the teaching practice in discipline of planning and design, especially at the stage of graduation design. The students have already grasped basic knowledge and skills before, the collision and integration effects would be initiated in the joint graduation course, and this will also be helpful for the students' reflection by themselves. They will recognize and learn as much as possible in the communication process.

In comparison with the previous joint workshop concept, the six-school joint graduation design is an innovation and breakthrough. It demonstrates a new way of joint workshop and establishes a new platform. First of all, it is of large scale in students and teachers number and the six schools are from different regions in China. The activity was jointly held by six most famous planning faculties in China, namely the School of Architecture Tsinghua University, School of Architecture Tianjin University, School of Architecture Southeast University, the College of Architecture and Urban Planning Tongji University, School of Architecture Xian University of Architecture & Technology, and Faculty of Architecture and Urban Planning Chongqing University. Secondly, this joint graduation design has a good merit of continuity. Six schools have reached consensus that this activity will be hosted annually and the host right will rotate among these six members. Thirdly, this joint graduation design has successfully combined academic circle and professional circle together. The invited reviewers are consisted of senior experts from the professional circle of urban and rural planning. This is undoubtedly a crucial character and the highlights of this activity. Fourthly, this joint graduation project has already established an excellent procedure. Teachers from six universities make improvements by constant summarization and discussion over the selected topic content and communication method. The teaching quality has been correspondingly ensured. Fifthly, abundant achievements have been obtained. The working results of different teams in the last two sessions (2013 in Beijing and 2014 in Nanjing) have shown the strengths and typical characters of each school. The extensive communication among the participants has created sparkles of wisdom and countless rich fruits. Obviously, this new platform of joint graduation project provides an opportunity for cross-region, inter-school, cross-academic-circle, and interdisciplinary communication and learning.

In 2014, this joint graduation project has been titled with "In- and Outside Nanjing City Wall: Life · Network · Perception". This aims of this task tries to focus on variability and alternatives in the planning goal setting in a cultural and historical urban area. Furthermore, it aims to strengthen students' ability in defining research problems with corresponding strategy, which relates strongly with the methods e.g. field investigation and social-spatial analysis. They have to go out of the campus and experience social reality deeply. Besides, this framework also provides enough flexibility for different teams to carry out planning and design according to their own characteristics and concerns. Meanwhile, such topics sufficiently provide enough complexity. Students are required to make use of their knowledge learned from classroom into such complicated social reality, before they finally enter the profession after graduation. Correspondingly, the most important meaning is not to solve these problems in the joint graduation project, but to deliver the critical information to the students that urban development strategy and related solutions could be much multiplied. There is no any single factor, which could play determinant role in the whole solution; it is necessary to show the students with different alternatives. They should analyze problems from various aspects. Besides, another critical issue is to establish a correct values system for students in urban planning & design profession. This joint graduation design is a very good chance for the students to review their own knowledge and technical methods comprehensively and to utilize them into this planning mission. From design process to final result, it shows that the topic setting has achieved the expected objective, and each participant team in joint graduation project has demonstrated their own strengths and characteristics.

What is more important for each team is that the joint graduation design provides not only a stage for everyone to demonstrate their own strengths and characteristics, but also creates an opportunity for further improvements by learning with each other.. The progress achieved in last two sessions in 2013 and 2014 has obviously shown that joint graduation project is very helpful for cultivating more abundant and diversified teaching characteristics with more innovative achievements in the discipline of urban and rural planning, while the basic teaching requirements have been realized in the other undergraduate courses. In our academic culture, a banal pattern and routine in the teaching activities should be avoided. I sincerely hope that such achievements of integration and innovation could be put forward continuously and wish this platform would have a better and better future.

Prof. Duan Jin

Vice Dean, School of Architecture, Southeast University

Vice Director, Urban Planning and Design Institute, Southeast University

July 5, 2014, at Chengxian Street, Nanjing

秦淮河

内秦淮河

明城墙

夫子庙

熙南里　　　　　　玄武湖

中华门城堡

014

老门东

甘熙故居

一、设计选题：南京城墙内外：生活·网络·体验

南京是著名古都，江苏省省会，国家重要的区域中心城市。城市主要职能包括国家历史文化名城、国家综合交通枢纽、国家重要创新基地、区域现代服务中心、长三角先进制造业基地、滨江生态宜居城市。

南京有六朝古都、十朝都会之称。《南京市历史文化名城保护规划》提出保护历史文化资源，传承优秀传统文化，完善历史文化名城保护的实施机制，协调保护与发展的关系，实现"中华文化重要枢纽、南方都城杰出代表、具有国际影响的历史文化名城"的保护目标。

2014年，南京即将举办第二届青年奥林匹克运动会，国际性重大事件的举办将为南京提供新的活力和重要的发展契机。对于我国大量有着深厚历史积累的城市来说，在当前社会、经济与文化要素急速转型的背景下，现有的物质空间结构、特别是历史文化和开放空间等要素也面临着转型与重构的要求，如何在尽可能地尊重现有的空间肌理的同时，发掘并释放城市空间新的活力，为社会、经济和文化的需求提供充满价值和吸引力的城市空间框架，无论在战略层面、还是日常性的建筑实践层面，都是无可回避的基本命题。

城市不仅仅是满足基本需求和功能实用性的机器，同时也是维系可认知性和可持续性的舞台。对于当代世界范围的城市设计工作来说，可持续的城市发展模式在城市转型的过程中涉及一系列重大问题和趋势：

- 城市中心区成为整个城市区域的窗口；
- 传统的市民街区成为转型的焦点；
- 在衰败的街区中采取何种创新性的复兴策略；
- 城市及区域中废弃地的潜力及其未来；
- 城市及区域如何应对景观破碎化带来的挑战；
- 城市绿地及开放空间体系的塑造；
- 生态友好的城市发展方向如何与机动化模式相互协调；
- 城市内部的空间发展在战略性城市规划中的意义。

在南京城南地区的较大范围内，本次设计任务将城墙内外作为引导各校师生开启认识城市的入手点，遵循弹性和多元的方式，推动学生主动认识城市空间，发现城市问题，体验城市生活，根据自身的愿景提出城市空间的设想和策略。

规划范围用地现状图

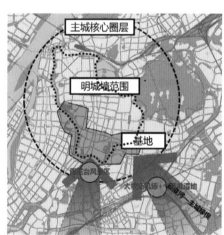

基地现状图

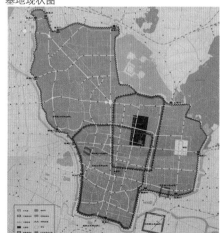

都城变迁图

015

二、教学目的

本次联合教学针对城市规划与设计专业（方向）本科毕业班学生的设计专业课，在现有专业理论知识及城市规划相关专题训练的基础上，强调训练学生独立发现问题并提出发展设想的能力。强调在尊重和深入理解城市空间组织内涵的基础上，提出与社会、经济、文化和环境发展相匹配的对策。在详细规划设计阶段，学生选择 10~40 公顷左右的地段，在进行城市规划和设计训练的同时，注意本地段与整个城市空间网络以及其他设计团队的关系。

本次设计课题选择作为南京最重要的空间要素之一的城墙作为认识和感知城市的入手点，希望通过各校师生的共同努力，为南京城墙内外创造出一幅体现城市活力与多样性的全景画。深入探讨一座中国典型的具有深刻历史文化积淀的城市内部各种要素的发展潜力与可能性，在可持续的未来发展视角下，寻求建筑物、配套设施、绿地与开放空间、场所与网络以及多层次的空间尺度之间的对话。根据从问题出发的方式，寻找和创造城市空间发展的火花，追求创新性的城市建设途径。

对于城墙本身的价值和意义，本次教学活动涉及以下 7 个问题：

- 城墙在历史、今天和未来所能够拥有的职能？
- 城墙作为历史要素将会如何影响城市的特征和结构？
- 哪些城市要素可以被更新乃至替换？
- 历史要素的城墙如何融入现代城市之中？
- 河流和城墙如何构成了城市的基本结构？
- 城门在城市空间中起到哪些作用？
- 城墙和滨水空间如何才能够更好地服务于居民的休闲活动？

三、教学计划及组织安排

1. 第一阶段（No. 1 – 3 周）：前期研究

（1）教学内容：介绍选题及课程要求；讲授城市设计课程和相关的城市问题分析方法；学习和巩固城市规划与设计的现场调研方法；对选题及相关案例进行调研；对发展历史、上位规划、城市特色、发展问题等进行梳理；提出规划设计地段的选址和规模报告以及拟进行的设计理念和专题研究方向。

（2）成果要求：选址初步报告，包括文献综述、实地调研、选址报告三个部分，包括规划背景以及相关案例收集与分析的文献综述，对拟处理的城市空间环境特点和问题进行梳理与归纳，提出准备进行规划设计研究的地段选址、专题研究方向以及规划设计理念。

（3）教学组织：2014 年 3 月 5 日之前：各校学生以 3 人左右为单位，形成设计小组。各校课程教师指导各自学生进行选题的背景文献及相关案例收集与分析，做现场调研准备。3 月 4 日在南京集结。

2014 年 3 月 6 日 ~8 日：全体课程教师和学生在南京城南地区进行现场调研。期间安排部分讲授课程，包括东南教师介绍选题、各校教师针对相关城市问题的专题授课、南京当地规划院或规划局专家讲授上位规划和规划背景。3 月 8 日，以设计小组为单位，进行现场调研成果交流并讨论可能的研究方向。3 月 8 日晚离开南京。

2014 年 3 月 9 日 ~16 日：各设计小组在本校课程教师指导下，完成第一阶段成果，3 月 17 日 24:00 之前上传成果至公共邮箱。

2. 第二阶段（No. 4 – 7 周）：规划研究、概念性设计

（1）教学内容：指导学生根据第一阶段的成果，完善选址报告，研究解决规划设计地段的选址、功能布局、交通等规划问题，并提出拟进行重点城市设计处理的项目内容及其概念性设计方案。

（2）成果要求：

- 选址报告
- 概念性设计方案——结合专题，利用文字、图表、草图等形式，充分表达设计概念。

（3）教学组织：各校课程教师指导各自学生进行专题研究和概念性设计方案。

3. 第三阶段（No.8 周）：中期交流

（1）教学内容：针对选址报告和概念性设计方案进行点评，并组织补充调研，确定设计地段及每个学生的设计内容。

（2）教学组织：各校课程教师指导各自学生进行专题研究和概念性设计方案。

2014 年 4 月 19 日：南京第二次集结。

2014 年 4 月 20 日：外请嘉宾、全体教师和南京当地规划专家对学生的选址报告和概念性设计方案（两部分合并，ppt 形式）进行分组点评。

2014 年 4 月 21 日~23 日：教师与学生进行补充调研。4 月 26 日 24:00 之前上传选址报告和概念性设计方案成果至公共邮箱。

4. 第四阶段（No.9 – 14 周）：深化设计

（1）教学内容：指导学生根据概念性设计方案、补充调研成果和中期交流成果，调整概念方案，完善规划设计，并针对不同重点地段进行详细设计，探讨建设引导等相关政策，进行完整的规划设计成果编制。

（2）成果要求：

- 总体层面的城市设计；
- 详细层面的规划设计。

（3）教学组织：各校课程教师根据各自学校规定指导学生进行深化设计，以小组为单位编制规划设计成果。

5. 第五阶段（No.15 周）：成果交流

（1）教学内容：针对学生的规划设计成果进行交流、点评和展示。

（2）教学组织：

2014 年 6 月 7 日：下一轮召集学校（西安）集结。

2014 年 6 月 8 日：全体教师对规划设计成果进行点评。

6. 后续工作：成果展示及出版

2014 年 6 月 8 日之后：成果巡展。

2014 年 6 月 9~23 日：各校教师和学生对设计成果进行出版整理。

In- and outside Nanjing city's wall: life, network, perception

As one of China's famous ancient capital city, Nanjing is also characterized as capital of Jiangsu province and important regional central city in China. According to Nanjing's master plan, city's main functions are defined as national historical and cultural city, national comprehensive transportation hub, national innovation base, regional service center, advanced manufacturing base in Yangtze River Delta as well as an ecological and livable city on the Yangtze River.

Nanjing is known as the capital of "Six Dynasties" or "Ten Regimes". Nanjing's "famous historical and cultural city protections plan" has established a series of protection targets, such as protecting historical and cultural resources, cultivating the excellent traditional culture's inheritance, conserving historical and cultural cities and strengthening balanced relationship between protection and development issues. Besides, Nanjing's city government aims to develop the city as "one of China's important cultural centre, outstanding representative of China's southern ancient capital city with widely renowned international reputation".

In 2014, the 2nd Youth Olympic Games will be held in Nanjing. This international mega-event will provide new opportunities and impetus for Nanjing's development. Against the rapid transformation of economic and cultural factors in contemporary Chinese society, the existing spatial structure, especially the historic and cultural elements, are facing the challenges and requiring regeneration and reconstruction. As a result, the strategy to release potentiality of urban space on one hand and to maintain the balance between the new and the old elements on the other hand requires cultivating a special framework for today's urban development, so that the social, economic and cultural requirements can be satisfied. Such mission has been considered as one essential issue for China's urban development, which relates not only the city's development strategy but also the building practice in everyday life.In this joint urban design course, sustainable urban development pattern should be involved with a series of following issues and trends in urban transformation process.

- City center develops itself as perception scene for whole city.
- Transformation of traditional quarters are considered as today's central issue in urban development process
- In the declining quarters, which kinds of urban regeneration strategy could contribute in innovative development of such area?
- The utilization of potentialities of urban brown field.
- How should the city deal with the challenges of fragmentation in landscape structure?
- The cultivation of urban green land structure and open space system.
- How should eco-friendly urban development coordinate with mobilization's pattern?
- The meaning of the inner-oriented development in the city's strategic planning.

Teaching purposes

Based on existing urban planning course, this teaching activity in graduation design aims to strengthen the students' ability in recognizing the urban problems by themselves and developing corresponding ideas and strategy. Before students give their own concepts, they are required to have sufficient understanding in status quo, especially the spatial organizational pattern. After that, they are encouraged to formulate their concrete ideas and countermeasures in social, economic, cultural and environmental aspects. They will be divided in different teams but keep communication with each other from beginning to end. In the further phase of concrete design, the students will select respective focus area with the scale of 10-40 hectares. While making their own design works, the students should also pay attention to the relationship between their focus area and the whole urban space network as well as among their own different focus areas.

As one of the most important elements in the urban space, Nanjing's city wall has been selected as the starting point for students to perceive the urban space and to understand the mission of this design task. They are required to discuss the various internal relationships in the urban space and to find the development potentialities for the site as well as the whole city. In the view of sustainable development, students are encouraged to seek the new vision of urban development and to develop the innovative approaches for the planning's realization.

This teaching activities relates 7 issues of the city wall:

- The different functions of city wall in the past, at the moment and in the future.

- As an important historical element, which kinds of influences from city wall could be provided in affecting the characteristics and structure of the today's city?
- Which spatial elements around the city will be renovated or even be replaced?
- How could city wall with historical elements integrated into the modern city ?
- Which kinds of roles the Qinhuai Rivers and city wall could play in cultivating the new urban structure?
- Which functions the city gate could provide for the urban space?
- In which way, the city wall and waterfront space could have better appearance in maintaining leisure activities for local people?

Time schedule and arrangements

1 Early stage investigation (No.1-3 weeks)

(1) Teaching contents: introduction of the course requirements and research topics; lectures for related courses and analysis methods about urban problems; discussion on the site investigation approaches of urban planning and urban design; discussion in related research topics and case studies; systematization about the research area, e.g. development history, master plan on superior level, features of urban space as well as development problems.

The students will work in groups and finish research reports on location issue and preliminary boundary of planning area. Besides, they can also propose preliminary design concepts and research topics.

(2) Required working results: preliminary location reports including literature review, site investigation report and location study. The students are required to submit related report on planning background and related case study.

(3) Teaching organization:

Before Mar.5: students in each school work in three as team. They are guided by teachers to prepare location research, literature review and choose related examples as case study. All students and teachers will assemble in Nanjing on Mar.4.

From Mar.6 to 8: all students and teachers take part in the investigation in the suggested planning study area. Several lectures will be held by teachers of different Universities and specialists of local urban planning institutes in Nanjing on introduction of different topics, as well as specific topics about different urban problems.

From Mar.9 to 16: each group finishes all early stage investigation report under teachers' requirements. It is required to upload the reports to the public mailbox before 24:00 p.m. on Mar.17.

2 Planning research and conceptual design (No.4-7 weeks)

(1) Teaching content: based on the working result of the first phase, students are required to improve their preliminary location reports. The final site selection for urban design and a general functional layout as well as preliminary traffic planning should be finished in this phase. .

(2) Required working results:

● Final location report

● Conceptual urban design: detailed design concept with different methods such as text, diagrams and sketches.

(3) Teaching organization:

Students carry out their own conceptual design and specific subject researches with the help of their teachers.

3 Mid-term presentation (No.8 week)

(1) Teaching content: invited commentators and teachers give comments and critics on the final location report and conceptual urban design works. As host organizer, Southeast University organizes supplementary investigation for students from other five universities in supporting them to collect necessary information for further planning and design.

(2) Teaching organization: students carry out the improvement of their own conceptual design and specific subject researches with the help of their teachers.

Apr.19: all students and teachers will assemble in Nanjing.

Apr.20: Invited commentators, local urban planners and all teachers give comments and critics on the students' location reports and the conceptual urban design.

From Apr.21 to 23: students and teachers can make supplementary investigation.

It is required to upload the reports to the public mailbox before 24:00 p.m. Apr. 26.

4 Deepening the conceptual urban design (No. 9-14 weeks)

(1) The teaching content: the students are required to adjust their conceptual urban designs, improve their planning program, make detailed urban designs in focus areas and propose relevant urban policies based on the conceptual designs and the working results of the mid-term presentation.

(2) Required working results.

● General urban design on the overall planning area

● Detailed urban design in the focus areas

(3) Teaching organization: students carry out their own conceptual design with the help of their teachers. The planning and design results should be prepared both in groups and in individual level.

5 Final review (No. 15 weeks)

(1) Teaching content: the final presentation, comments and exhibitions with final working results.

(2) Teaching Organization:

Jun.7: all students and teachers will assemble in Xi-An, where the next joint graduation course will be held in 2015.

Jun.8: invited commentators, local urban planners and all teachers give comments and critics on the students' final urban design.

6 Follow-up: exhibition and publication of working result.

After Jun.8: the exhibition tour.

From Jun.9 to 23: all teachers and students of each school will work on publication layout design. All the result will be submitted to Southeast University, who works as editor of this book in 2014.

召集院校：东南大学建筑学院

参加院校师生名单

天津大学建筑学院

教师：**运迎霞　夏青　陈天　卜雪旸　李津莉　张赫　王峤**
学生：唐婧娴　姜薇　李刚　王昕宇　冯小航　周瀚　曹哲静　胡翔宇　陈永辉

东南大学建筑学院

教师：易鑫　王承慧　孙世界　左为　程小梅
学生：熊恩锐　王乐楠　李琳　杨兵　王方亮　颜雯倩　袁俊林　张涵昱

西安建筑科技大学建筑学院

教师：王树声　李小龙　严少飞
学生：王良　王恬　刘佳　刘硕　卓文淖

同济大学建筑与城市规划学院

教师：包小枫　田宝江
学生：章丽娜　谢航　彭程　庞璐　卜义洁　徐晨晔　吴雨帷　王俊

重庆大学建筑城规学院

教师：李和平　戴彦
学生：曹越皓　吴璐　吴骞　王皓羽　谢鑫　朱刚　杨文驰　刘雅莹　甘欣悦　夏清清
朱红兵　李弈诗琴

清华大学建筑学院

教师：吴唯佳　黄鹤　孙诗萌　周政旭
学生：崔健　李玫蓉　肖景馨　谢梦雅　叶亚乐　张璐　司徒颖蕙　童林　吴明柏
杨绿野　杨心慧　叶一峰

学术支持：中国城市规划学会

天津大学建筑学院释题

同一个规划对象，在不同的坐标下认识，会呈现出不同的特征和规划诉求。对于本次毕业设计，我们凝视老城南周边21平方公里这一规划对象，发现其在不同的认识坐标下，分别投射出最为突出的矛盾，无论从产业，还是从人口、地理、文化等角度，都能聚焦到一个最为紧迫的问题上。但往往这种规划意识是建立在"不断向前看"的坐标上，体现的是愿景式的蓝图，不断追赶时间，却也常常败给了时间。仔细想想其中的原因，也许是因为我们缺少了"往回望"的意识。如果把南京老城放在"历史"这一更为宏观的坐标上来看，南京的过去、现在和未来其实都是"终将过去的历史"，三年内的燃眉之急抑或是短期触底的人口流失等诸如此类问题，在这么长的时间轴上，似乎都会变得微乎其微。如此想来，对于南京老城南这一区域，什么才是其最为重要的东西？

在这一疑问下，我们团队一起回望了南京的过去。南京因水而生，因水而兴，依水而建，环水而筑城，城河体系始终伴随着它的城建史，这恰恰是南京的特色之所在，是其城市灵魂所依托的骨骼。那么，未来的南京将以什么姿态走入历史的长河里？是健康完好但灵魂丧失？还是骨骼残破、灵魂飘摇？我们意识到这一点后，回到题目本身，认为这21平方公里的问题和矛盾并不等同于"老城南"自身的问题和矛盾。不同于过往规划实践在城墙以内"就城南论城南"，也不同于几年前建筑学的八校联合毕设"走出老城南"的城墙之外的尝试，这次"南京城墙内外——生活、网络、体验"的规划题目，将南京老城南的问题放在了城墙内外这一更大背景中去思考，这也让处于轴心位置的城河体系的重要价值更为突出地浮现在了我们的面前。

以城河体系为思考的起点，我们将这21平方公里内，城墙内外的问题也都纳入到该体系中去分析。我们发现城墙内外的诸多分异以及区域内自治性问题，都纷纷指向了"城河体系"这一载体之上。"城河体系由阻隔变为纽带"成为解决这一区域矛盾的当务之急。

得出这一关键结论后，通过系统分析，以人的生活感受为核心，提出"人文纽带、活力慢城"的总体目标，并以南京特色的"城脉"为主导，从人居环境、文化传承以及生态可持续角度，分别梳理出人脉、文脉和绿脉三个子脉络。

在这三个子脉络的牵引下，由诸多城市空间类型中，我们挖掘出了最具典型性的三种：即生活空间、文化空间和绿色空间，并经过研究选取这三个空间矛盾最突出的三个典型地块，力图通过这三个地块的设计，重点解决一种空间类型的问题，同时兼顾协调其他空间在该地块中的矛盾，以期得出可以推而广之的策略，应用到其他地块中去。

在选取地块时，我们天大团队始终以城河体系为中心，涵盖了城内和城外的区域，直面题目对我们提出的挑战。在城墙内外，以城河体系为骨架，分别搭建生活网络、文化网络、绿色网络，连接城墙内外，营造特色的南京生活体验，文化体验和绿色体验。

东南大学建筑学院释题

对于当前中国城市转型的基本内涵，有一个重要的认识就是从强调规模增长到质量提升的转变。面对南京城南周边这一具有相当复杂的社会、经济、文化和生态背景的地区，本次规划教学尝试通过回答任务书提出的"生活·网络·体验"这三个命题，来诠释城市中心区在转型过程中需要着重考虑的质量内涵。对于城市规划工作来说，"生活"意味着生活品质的提升、生活方式的多元化，此外产业结构和企业组织结构不仅是去工业化，更需要通过多元的组织合作来促进知识的生产和服务水平提升；"网络"有着双重内涵，社会网络的多元化要求原有的物质空间网络与之相适应，特别是在城市中心区，多元人群之间的交往相当依赖于公共空间网络的支持能力；"体验"作为命题的提出，强调了可体验性在城市规划和城市设计学科中的核心地位，从而克服了仅仅在二维平面上考虑功能布局的局限性。特别是对于城市中心区来说，围绕可体验性水平的场景化构建工作成功与否，将直接决定着城市中心区在未来的社会、经济和文化转型中能否存续。

基于这一基本认识，本次东南大学的规划设计教学确定了基于城河系统对公共空间进行研究，并提出相应的城市设计方案作为对策。对于城市中心区这种建成区来说，规划人员必须意识到某一次规划的干预仅仅是整个地区建筑空间发展过程的一部分，因此干预的目的在于通过有意识的策略来帮助引导改善在经济、建筑、功能和社会方面的城市结构，而不是追求过多改变既有的城市空间要素。除此之外，以公共空间为核心的规划策略意味着，规划干预不仅是以公共部门作为先导性力量，更是强调通过改善共有的公共空间支持水平来吸引和引导周边的私人经济部门能够参与到地区的更新过程中来。

公共空间体系涵盖了不同的尺度层次：明城墙和秦淮河是构成南京的城市空间结构的主要骨架因素，因此在城市整体层面，城南周边的复兴策略必须基于该地区在历史、文化等方面的核心价值，同时重点解决该地区、特别是城墙周边和滨水空间与城市周边地区的整合问题，并由此再延伸到不同片区内部的较低空间层次，采取多样性的处理方式处理各个地区各自面临的问题。在处理不同尺度层次问题的同时，也将主要依赖公共空间网络的渗透作用，使片区之间、片区内部不同街区之间加强空间联系和功能联系，重视功能混合和可体验性的提升，服务于基于"生活·网络·体验"的总体发展目标。

从城市的发展过程进行分类的话，整个研究地区主要分为三个不同的片区，分别是有着上千年历史的"老城南"片区、位于东侧的"城河南岸"片区以及西侧的"汉中门"片区。在南京近年来的快速城市化过程中，三个片区均处于相对被忽视的地位，在不同程度上面临特色缺失、可体验性不足、功能结构亟待改善的问题，使城市中心区在未来的可持续发展中面临严峻的挑战。老城南片区的更新策略选择以"网络"为入手点，通过调整现有不同街区之间的空间和功能联系，在整体上创造步行友好的城市空间，同时为历史保护工作构建更为完善的工作框架。在城河南岸片区，由于长期的无序蔓延，当地的景观系统呈现出明显破碎化的状态，因此规划策略选择"体验"作为着力点，重点克服当地的边缘化、体验性差等问题，同时结合规划地区周边的重要湿地景观资源，争取创造出以休闲职能为主、充满活力、具有高体验性的城市空间。对于汉中门片区来说，在挖掘当地潜力的同时，依靠从城市整体层面的思考，提出在该地区构建南京城市文化门户这一战略性目标，重点改善该地区的可达性水平，同时基于文化门户的总体定位，为该地区各个不同的街区制定相互联系、并保持差异性的具体建设策略，致力于通过整合性的规划措施满足于当地的知识经济、多元人群和社区需求。

西安建筑科技大学建筑学院释题

南京老城南作为长期承载地方人居生活的空间单元，其发展演变历程已如活化石般饱含有丰富的人居历史信息，并自成一脉而体现着鲜明的特色和精神。在当前蓬勃发展的时代背景与中华文化复兴的时代要求下，如何正确认识老城南的意义与价值，并以适宜的方式引导其未来的发展，已成为我们迫切需要认真思考的问题。基于此，我们围绕"城南表情"这一主题，重点进行了如下几个方面的探讨：

1. "城南表情"的认知与意义解读：所谓表情，"由表及里，通过姿势、态度等现象或表象表达内在的感情、情意"。立足于城市多样性视角审读"城南表情"，即可发现其中的纷繁复杂：一草一木都有故事，一砖一瓦皆富传奇；所有表情汇集一起而共同折射出居民的唏嘘、感言、抱负、信仰；其虽有所破败，却得到政府、学者、社会活动家等多方人士的普遍认同。

2. "城南表情"之空间容器与人群活动解析：以总体分析与典型取样分析相结合的方式，从"空间容器"之居住系统（社区、邻里、宅院）、交通系统（动态、静态交通）、开敞空间（点状、带状、面状）、公共设施（商业、公服、文化）、文化遗存（片区、轴带、建筑）等方面，以及人群活动之必要活动、自发活动、社会活动等方面综合解析，总结其中特质。

3. 独特"城南表情"背后的契约关系及其运作支撑：城南之人群世代根植于此，又因其特殊的血缘、业缘、地缘关系，而富有高度的包容性与多样性，亲密和睦的邻里氛围以及凝聚的家族归属感等特质。人群依其特质而积极创造，是老城南人居场景得以发生并传承的根本，而依托产权所形成的契约关系又是决定人群积极创造与否的关键支撑。发展至今，也正是由于老城南内部产权出现了不明晰及被侵占等诸多问题，导致人群自主创造行为变得消极，进而导致了人居环境的不断恶化。

4. "活着"的老城南：老城南延续的根基在于"人"，其虽对当前的生境吐露出诸多抱怨，却又对世代积淀的生活网络充满眷恋，这在调研中体现为：一旦居民的日常基本生活设施问题得到适当解决，他们均坚定的倾向于居住此地而非外迁，同时在合理的产权明晰及利益分配下将愿意参与共同更新。可见，如将城南比作一个生命体，则虽其出现了一些病症，但其心脏还在跳动，还留有恢复活力的可能性。

5. 立足城南现状的"多元化、小规模、渐进式"规划策略：通过分析国内外相关案例的规划及发展历程，总结其因大刀阔斧的快规划强干预而逐步丧失传统聚落生命力与文化活力的经验教训，进而在"明确产权、再造契约"的基础上，探讨多元化、小规模、渐进式的理念与方法；实质是鼓励与引导原住民主体参与空间环境更新，以自组织与他组织共同作用方式渐进式的完成"小试验"，为未来发展的多路径探索留有可能；最后通过空间类型化的方式，从传统社区新生活，工业遗产新活力，混合社区新交融，城市旅游新体验四个角度选取了八个节点地块进行设计。

同济大学建筑与城市规划学院释题

根据本次联合设计确定的主题：南京城墙内外——网络、生活、体验，我们从以下两大方面对设计主题进行诠释和解读：

一、课题背景与规划范围确定

本次设计课题选择南京城墙作为认识和感知城市的入手点，探讨城市内部各种要素的现状问题和发展潜力，在有机更新和可持续发展视角下，探索城市空间发展的策略与创新性的城市建设途径。本次设计研究范围围绕南京明城墙以及秦淮河水系展开，主要包括老城南片区、西侧清凉山-莫愁湖-五台山片区以及城东片区，总面积约 21 平方公里。考虑到整体研究范围比较大，为了能够聚焦问题，把设计做深做透，我们首先对本次毕业设计的规划范围进行了研究界定。确定规划范围我们采用了综合评分法，即根据是否体现南京特色、与主题契合程度、与城墙及内外秦淮河的关系、规划的可作为程度、空间形态完整度、成果表达效果等六个指标，对研究范围内已经划定的 5 片基地进行综合打分，综合得分最高的是由 1、2、3 地块共同组成的老城南片区，因此，我们将老城南片区作为本次毕业设计的规划范围，规划面积约 5.48 平方公里。老城南地区是南京之"根"，也是南京历史积淀最为深厚的老城区。近年来，城市发展与历史保护的矛盾日益突出，老城南的改造方式也曾引发诸多争议。基地选择了老城南地区，也就是选择了城市发展进程中保护与发展矛盾最为突出、现实问题最为集中的地区。毕业设计的目标是从全局出发，结合南京城市发展战略，考虑老城南地区在区域及南京整体城市结构中的功能定位，结合《南京历史文化名城保护规划》、《老城南历史街区保护规划》，进一步发掘老城南地区的文化价值，在保护的基础上，探索城市有机更新的发展策略，引导老城南地区和谐健康发展。

二、功能定位、规划目标与策略

通过横向与纵向比较分析，问题导向与需求导向对接研究，确定老城南地区的功能定位和发展目标，结合发展目标、基地现状条件和发展潜力，制定具有针对性的地区发展策略。

横向比较主要指通过区域分析，明确基地在区域、南京市乃至片区层面所具有的比较优势，从而确定本地区的功能定位；纵向分析主要是通过考察本地区的空间演变的历史阶段和进程，在城市发展中动态地把握本地区的空间特征及所处的发展阶段，从而确定未来空间发展的方向；问题导向的思路主要在于发现基地存在的关键问题和主要矛盾，从而明确规划的切入点和落脚点；需求导向则是分析本地区未来发展的核心需求，指明规划的方向。

通过横向和纵向的交叉分析可知：横向比较方面，可以看到老城南在区域中的地位和价值，主要体现在区位优势（三个市级中心的几何中心）和丰厚的历史文化资源两个方面，因此其功能定位也体现在这两个方面，即城市中的活力中心和历史文化体验中心，对更大的区域而言，这两个方面整合在一起，就成为城市文化的名片；纵向的空间发展分析则表明，与六朝、隋唐及明清较为稳定的阶段相比，目前老城南地区仍处在城市空间发展的变动期，城市空间异质化明显，这种不确定性既造成了目前该地区空间环境质量参差不起，同时也为下一步更新发展提供了契机。

通过问题导向与需求导向的综合分析可知：作为城市之根的老城南地区，曾经有过辉煌的过去，在快速城市化过程中，其空间形制、历史遗产与现代城市发展产生了某种错位，使得老城南发展明显滞后，因此，激活老城南，打造城市活力中心、历史文化体验中心，选择适合的产业类型，重塑老城南在新时期的辉煌，成为老城南发展的最大诉求，也是本次规划的目标所在。

依据功能定位和规划目标，我们确定了有机更新、文化提升、产业转型和空间整合四大发展策略，并避免以往城市更新中重空间形象轻人文内涵的做法，以本地区产业发展选择为切入点，确定了体验旅游、文化创意、养老服务三大新兴产业，为老城南地区发展注入了内在动力，并通过产业在空间中的落实来带动空间的优化和提升，并与当地居民的生活、就业、旅游者等人的活动紧密结合起来。

重庆大学建筑城规学院释题

南京老城南片区位于南京老城以南，内外秦淮河与明城墙穿越期间，承载着六朝、南唐以至明、清、民国各代的漫长历史记忆，为南京历史积淀最深厚的老城区，既是古都南京历史的一个缩影，又是秦淮文化演变的一处见证。

老城南最大的魅力不是现代都市的繁华与机会，而是深厚的文化底蕴与浓郁的生活气息，"历史文化"与"传统生活"这两个词组本应当成为该地区在当代城市语境中的身份标签，然而，在全球化的背景下，现代资本在文化外衣的包装下，正凭借着巨大的话语权和渗透力改变着我国历史城市的文化面貌，老城南地区似乎也难以逃脱这无法逆转的宿命，延续百年的古老城墙被过度商业包装，文化符号被肆意滥用，十里秦淮早已盛名不再……老城南的传统文化面临着被消费性展示、被商业化符号的尴尬局面。而另一方面，老城南原住居民传统的生活氛围也正逐渐淡漠，现代路网的割据破坏了邻里交往的空间形态，历史街区也逐渐成为环境脏乱、机会缺失的"贫民窟"，私权无处不在的侵入不断蚕食着公共利益，开放空间正迅速失去活力……

显然，解决老城南地区问题的目标应是如何真正回归"文化"与"生活"，"城墙内外"的破题思考不仅仅表达的是一种空间割裂的焦虑情绪，而是代表着我们对南京城市文脉如何延续的一种态度。事实上，城墙内外关系的本质体现为"被展示的精品文化外壳"与"被忽视的传统生活内核"之间的对立——"城墙"内，是原生、质朴的南京生活的体现；"城墙"外，是移植、炫耀的被加工过的历史文化遗存。面对这种强烈的对立关系，如何延续老城南丰富的城市记忆，如何创造真实传统的城市体验，如何构筑一个高效多元的城市网络，如何以其特色融入未来南京的城市发展，成为我们在设计过程中需要关注并解决的问题。基于对城南地区的真正理解，我们以复合问题为导向，多系统视角来探索老城南的城市更新问题，将该片区面临的复杂问题通过"总体控制——系统分解"的技术路线展开规划研究，形成了以"重构生活的城南"为核心目标的设计方案。

通过"读题——析题——解题"这一过程，我们对城市文脉该如何延续，历史文化资源该如何发掘再造等课题提出了自己的思考。基于对老城南地区这一典型案例的规划研究，我们讨论了解决南京老城南的旧城更新问题，当然从某种意义上来说，我们也在探索当下中国城市更新的方向与路径。

清华大学建筑学院释题

城南是南京文化积淀最为深厚的地区，也是当代城市问题最为集中的地区。大尺度的新建设不断蚕食着原有的历史文化环境，老城区呈现出空间破碎化的状况；在城市快速发展的同时，老城区居民的生活条件并未得以改善，居住生活环境衰败、人口老龄化趋势日益突出；城南的经济产业也并不呈现出旺盛的发展势头，提供的旅游、零售等就业岗位多对技能要求不高，无法吸引一些具有竞争力的人才前往。这些都充分展现了历史文化地区在当前城市更新过程中面临的复杂困境。因此，在题目给定的21平方公里范围内，我们将地段的选择聚焦在上述问题最突出的老城南地区，希望通过我们的尝试，探寻一些针对此类问题的解决办法。

城南的独特性在哪里？如何维护并强化这样的独特性？这是我们需要回答的核心问题。在我们看来，城南的独特性体现在物质空间和生活方式这两个方面上。不同时期的生活塑造了城南独特的空间环境，空间环境也影响了城南人们的生活方式，两者相互依存。因此，我们的研究和设计从空间环境和生活方式两个方面进行，在保存和延续历久积淀而成的城南空间特色的同时，回应不同人群的需求，体现城市的人文关怀，营造宜人的、充满活力的城市生活。

在方法上，我们强调以问题为导向，并紧紧围绕"如何维护并强化城南特色"展开我们的工作；我们注重历史资料的搜集整理工作，厘清城南的历史脉络，找寻失落的文化资源，这对于城南这样的地区而言，其重要性不言而喻；我们注重以一种切实可行的方式进行研究和设计，在当前各种现实问题复杂交织的情况下，通过织补性的工作，尽可能地达成既定目标。

因而，在整个毕业设计的组织上，在中期之前12个同学分为空间和生活两个大组，进行历史资料的梳理、现状问题的分析、整体策略的建构等方面的工作，形成对城南地区更新发展的整体框架；之后则在整体框架基础上，选择了具有典型代表性的地段进行概念性设计，每个设计都注重对空间特色和生活特色的回应，以期展示我们对于城南特色的设想。

概括而言，通过上述的思路与方法，我们注意到内外秦淮河在城南历史发展中的重要地位，是形成城南独特性的核心要素，据此设计组提出了"激活内外秦淮，网络鹭洲凤台，感受金陵新韵"的总体构思与详细设计，强调突出以"内外秦淮＋东鹭洲西凤台"为骨架的城南特色空间和城南公共生活网络，重塑独特的城南特色及南京特色。

人文纽带　活力慢城
CULTURAL HISTORIC BAND, VIBRANT SLOW CITY

天津大学建筑学院

唐婧娴　姜　薇　李　刚　王昕宇　冯小航　周　瀚　曹哲静　胡翔宇　陈永辉
指导老师：运迎霞　夏　青　陈　天　卜雪旸　李津莉　张　赫　王　峤

本次天津大学六校联合设计以南京城河体系为研究框架展开调研。身为人文载体的城河体系，如今呈现出负循环的态势，城内外发展失衡，存在着有形的墙和无形的墙。我们据此提出了"人文纽带，活力慢城"的总体设计目标，并将目标进行分解，归纳到生活、文化、绿色空间上。通过生活之脉、文化之脉、水绿之脉三条脉络的梳理展开中观层面结构性规划，即：在现有公共交通体系基础上，构建宜居宜游慢行系统；依托城河体系，构建层次分明的公共开放空间网络；沿内外秦淮河设置水上巴士游线，将城南多元的文化资源进行有序的串联；依托城河体系，构建绿色基础设施和生态廊道，实现人文与绿色的交融。在上述中观层面的规划指导下，人脉组、文脉组、绿脉组三个小组分别选择城河体系中具有代表性的地块——西水关、中华门、东水关，从而分别以"多元共荣之人脉趣生"、"生生不息之文脉传承"、"九水归塘之绿脉交融"为主题进行分主题设计。人脉组采用了"边界转换"、"立体复合"、"多元共生"的策略，弥补人际网络，提供多层次、多功能的场所，融合多元的生活方式。文脉组采用了"焕活原生"、"激活新生"、"生生不息"的策略，通过构建文化活力点与文化廊道，重塑六朝格局轴线，编制连接历史与未来的文化网络。绿脉组采用了"文化延伸"、"水体交换"、"生态介入"的策略，提出了将城河体系作为绿色基础设施的宏观构想，以东水关城墙断裂处为例，进行绿色基础设施的织补，以绿色网络，构建绿色社区生活。三条脉络的策略适用于城河体系中其他需要修复的片区和节点，倘若这三重脉络共同叠加在城河体系上出现了相互冲突的片区，我们会以片区的主要的脉络属性为出发点，在不同的策略中进行取舍协调，从而构筑一条完整的城脉。

The circumvallation-canal system, as the primary research object of southern old town of Nanjing, is now undergoing the recession and negative cycle, which in turn render it degenerating from the physical cultural embodiment to both the visible and invisible barrier. Accordingly, we first propose the overall design goal as the "cultural historic band, vibrant slow city" which is further dissected into 18 sub goals and then generalized into 3 different spaces: life space, cultural space and green space.

Secondly, we proceed to the strategic and structural planning on medium level as follows: create the livable and convenient slow transport system; construct the multi-layered public space network; connect random historic and cultural resources through the water bus; renew the green infrastructure system and eco-corridor.

Thirdly, 3 sub-groups select 3 typical sites including Western water gate area, Zhonghua Gate area and Eastern water gate area, then coming up with 3 sub goals respectively. They are: 1.Symbiosis of multi-elements for dynamic life. 2.Rejuvenation of historic value for cultural inheritance. 3. Confluence of nine waters for green habitat.

Fourthly, on micro level, 3 groups develop and implement their strategies further. As to the group of life space, it proposes to restitch social network, provide multi-functional public place and integrate various life styles through the border conversion, vertical recombination and dynamic coexistence. As to the group of cultural space, it proposes to reestablish the cultural catalytic site and historic corridor to renovate the spatial axial and context for six dynasties through renaissance of original culture, stimulation of new culture and inheritance of historic reminiscence. As to the group of green space, it proposes to restore the fracture of the circumvallation in East water gate area with the green infrastructure to rebuild the ecological system for community through the extension of tourism area, exchange of Qinhuai River and ecological intervention.

The interweaving network of 3 spaces also applies to other places for the circumvallation-canal system. And if there is any discrepancy between these 3 spaces, we would choose the most representative one for the whole construction of the special urban network of Nanjing.

技术路线介绍

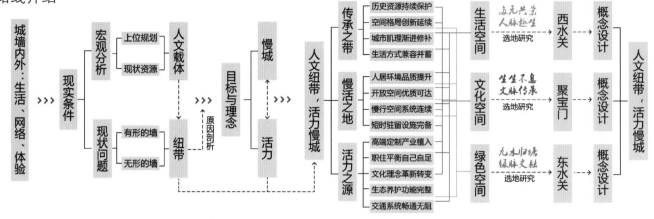

技术路线介绍

从题目——城墙内外：生活、网络、体验出发，基于对现实条件的宏观分析和现状问题分析，得出将城河体系作为人文纽带的目标。通过原因分析，得到打造活力慢城的目标。基于目标，推出策略，并将策略通过生活空间、文化空间和绿色空间的角度进行空间落实。接着，基于问题导向性的分析将不同空间类型问题集中点作为各自的研究对象并从中得出选地，进行详细的空间设计。

区位分析

南京位于长江下游，是承东启西的枢纽城市，国家重要门户城市，华东地区中心城市和重要产业城市，长江航运物流中心，滨江生态宜居之城。

南京具有2500多年的城市发展史和累计超过450年的建都史。历史上从东吴到民国等多个朝代或政权在此建都，史称"十朝都会"。

作为著名古都，江苏省省会，南京是长江中下游重要的中心城市，是具有国际影响力的历史文化名城，人与自然和谐共生的滨江城市。

基地是主城区与城南组团之间的过渡区，而被誉为南京城的母亲河的内外秦淮河皆从基地内穿流而过。

历史资源介绍

从春秋战国时期到民国，基地范围内积累了丰富的物质和非物质文化遗产。包括南捕厅、荷花塘在内的历史文化街区、文物保护单位以及秦淮传统风味小吃、抖空竹、秦淮灯会、古琴艺术等在内的省级、国家级甚至世界级的非物质文化遗产。

在南京城市发展过程中，秦淮河两岸及明城墙周边孕育了南京的商贸文化、市民文化等，是多种文化的交融包汇集中区。另外，城河两岸集中分布的大型绿带具有多种生态服务和经济文化功能，是经济—社会—自然复合人文系统。

从古至今，明城墙和秦淮河都在南京城和南京人的生命中扮演着重要的角色。既承载南京城的厚重历史，又影响南京人的日常生活，串联起古老南京的灵魂与现代南京的新貌。

区位分析

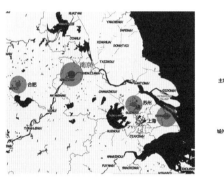

历史沿革

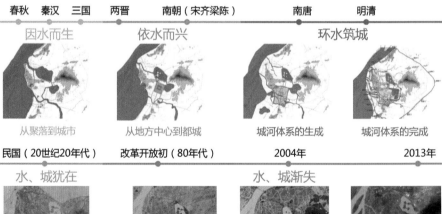

春秋	秦汉	三国	两晋	南朝（宋齐梁陈）	南唐	明清

因水而生　依水而兴　环水筑城

从聚落到城市　从地方中心到都城　城河体系的生成　城河体系的完成

民国（20世纪20年代）	改革开放初（80年代）	2004年	2013年

水、城犹在　水、城渐失

桨声灯影里的秦淮河　城市越来越大，而秦淮河与城墙离我们越来越远

六朝拾遗　明清揽胜　民国遗风　登科漫步

城河体系范围问题总结

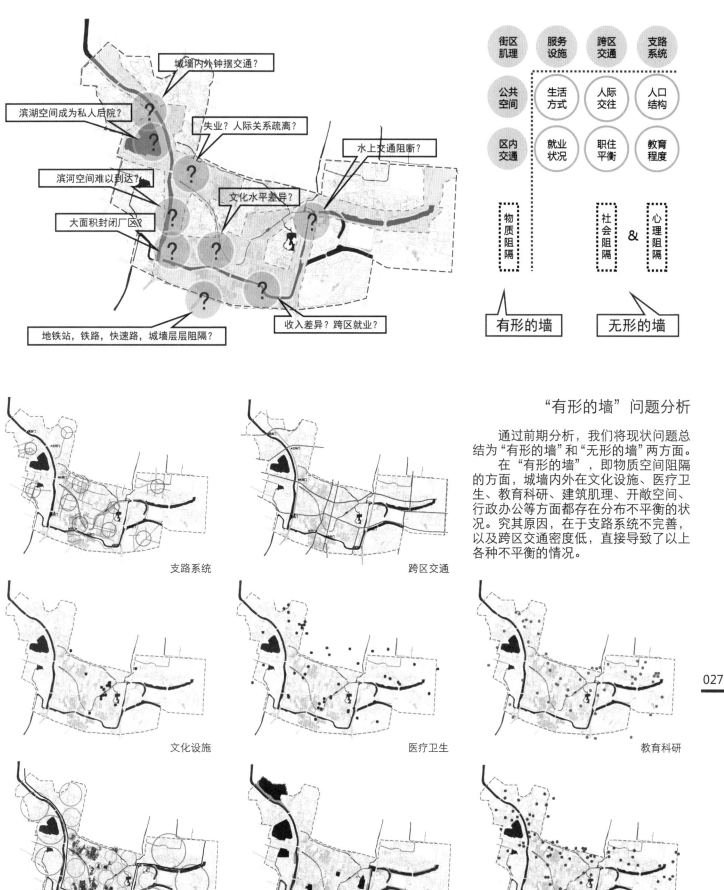

街区肌理　服务设施　跨区交通　支路系统

公共空间　生活方式　人际交往　人口结构

区内交通　就业状况　职住平衡　教育程度

物质阻隔　社会阻隔　&　心理阻隔

有形的墙　　**无形的墙**

城墙内外钟摆交通？

滨湖空间成为私人后院？

滨河空间难以到达？

失业？人际关系疏离？

文化水平差异？

水上交通阻断？

大面积封闭厂区？

地铁站，铁路，快速路，城墙层层阻隔？

收入差异？跨区就业？

支路系统

跨区交通

"有形的墙"问题分析

通过前期分析，我们将现状问题总结为"有形的墙"和"无形的墙"两方面。

在"有形的墙"，即物质空间阻隔的方面，城墙内外在文化设施、医疗卫生、教育科研、建筑肌理、开敞空间、行政办公等方面都存在分布不平衡的状况。究其原因，在于支路系统不完善，以及跨区交通密度低，直接导致了以上各种不平衡的情况。

文化设施

医疗卫生

教育科研

建筑肌理

开敞空间

行政办公

"无形的墙"问题分析

　　除了"有形的墙",即物质方面的阻隔,城墙内外还存在"无形的墙",即社会方面的阻隔。通过分析,发现主要在教育状况、就业比重、人际关系、人口结构、职住平衡等方面存在不平衡的状况。

　　城内人的文化程度偏低,失业人口比例较大,以传统街巷人际关系为主,老龄化趋势尤为明显,职住不平衡。

　　而城外人的文化程度相对城外较高,失业人口比例小,以现代都市人际关系为主,老龄化趋势和职住不平衡的状况与城内相似,城内更明显。

教育状况

　　城墙内受教育文化程度偏低。主要由于外来务工和本地老龄群体所占比重较大,其中双塘街道、夫子庙街道、中华门街道、大光路街道、洪武路街道大专以下超过75%。

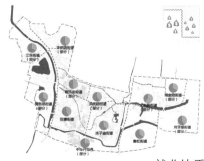

就业比重

　　结合此图与南京城市社会结构分析,基地范围内,失业人口集中的区域有双塘街道、朝天宫街道、大光路街道。均位于明城墙内部。

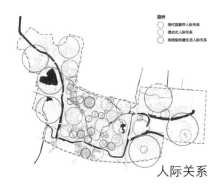

人际关系

　　结合此图与南京城市社会结构分析,基地范围内,老城内以传统街巷生活人际关系和混合式人际关系为主,人际交往密切;城外主要为现代性都市人际关系,人际交往较少。

人口结构

　　相比之下,城墙内老龄化趋势尤为明显。双塘街道、夫子庙街道、朝天宫街道在基地范围内的部分最为突出。

职住平衡

　　基地内部整体职住不平衡。

　　居民区外就业占较大比重。双塘街道、大光路街道、月牙湖街道本区就业超过半数。其余均不足一半。

历史资源集中地块

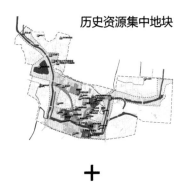

现状问题集中地块

城河体系范围划定

　　将基地内资源集中地块和问题集中地块进行叠加,得到我们对城河体系的研究范围。

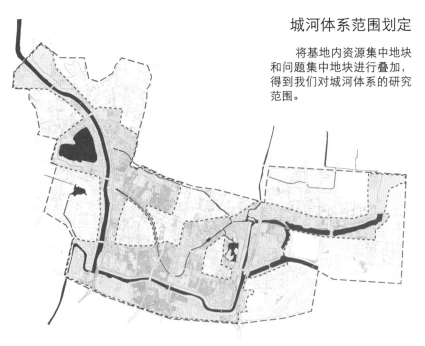

目标：人文纽带，活力慢城

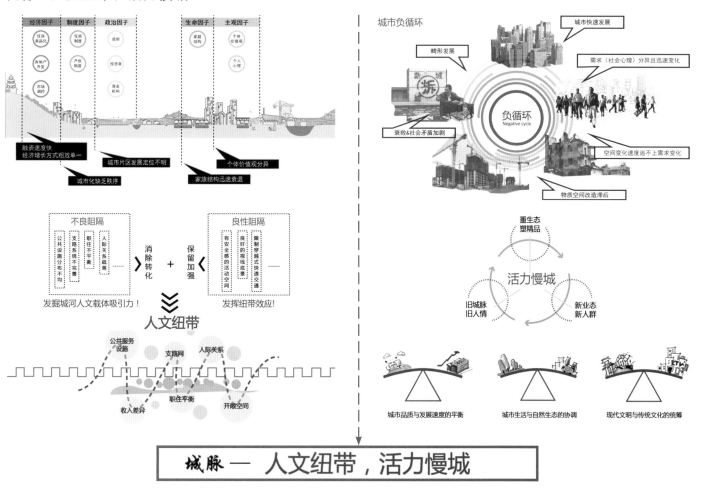

城脉 — 人文纽带，活力慢城

通过对基地及周边范围历史和资源的梳理，以及"有形的墙"和"无形的墙"的问题分析，分别从物质空间和社会方面找到了基地的关键问题，即"阻隔"。通过进一步分析背后的心理原因，得出打破这种"阻隔"，解决目前基地问题的方法，便是将城河体系打造成一个"人文纽带，活力慢城"。基于这一目标，希望能从生活空间、文化空间和绿色空间的角度进行设计，实现南京老城的历史特色的发挥和延续，以及未来更好的发展。

空间策略提出

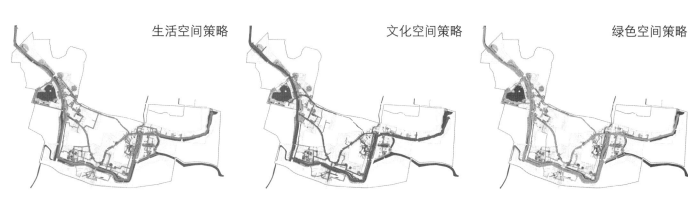

生活空间策略　　　　　文化空间策略　　　　　绿色空间策略

从生活空间的角度，提出公共生活的不同层级的廊道系统，旨在为基地内乃至南京市的市民创造人性化、有活力的公共生活，为老南京城注入新的活力，打造"活力慢城"。

从文化空间的角度，梳理出文化空间中具有历史价值的文化廊道，充分提取南京历史文脉，增强文化体验，打造"生生不息"的文化生活。

从绿色空间的角度，梳理出城河体系的绿色空间廊道，以"绿道先行"的原则，控制滨河区域的城市发展，创造生态绿色的水循环系统，打造"可持续"的城市绿色生活。

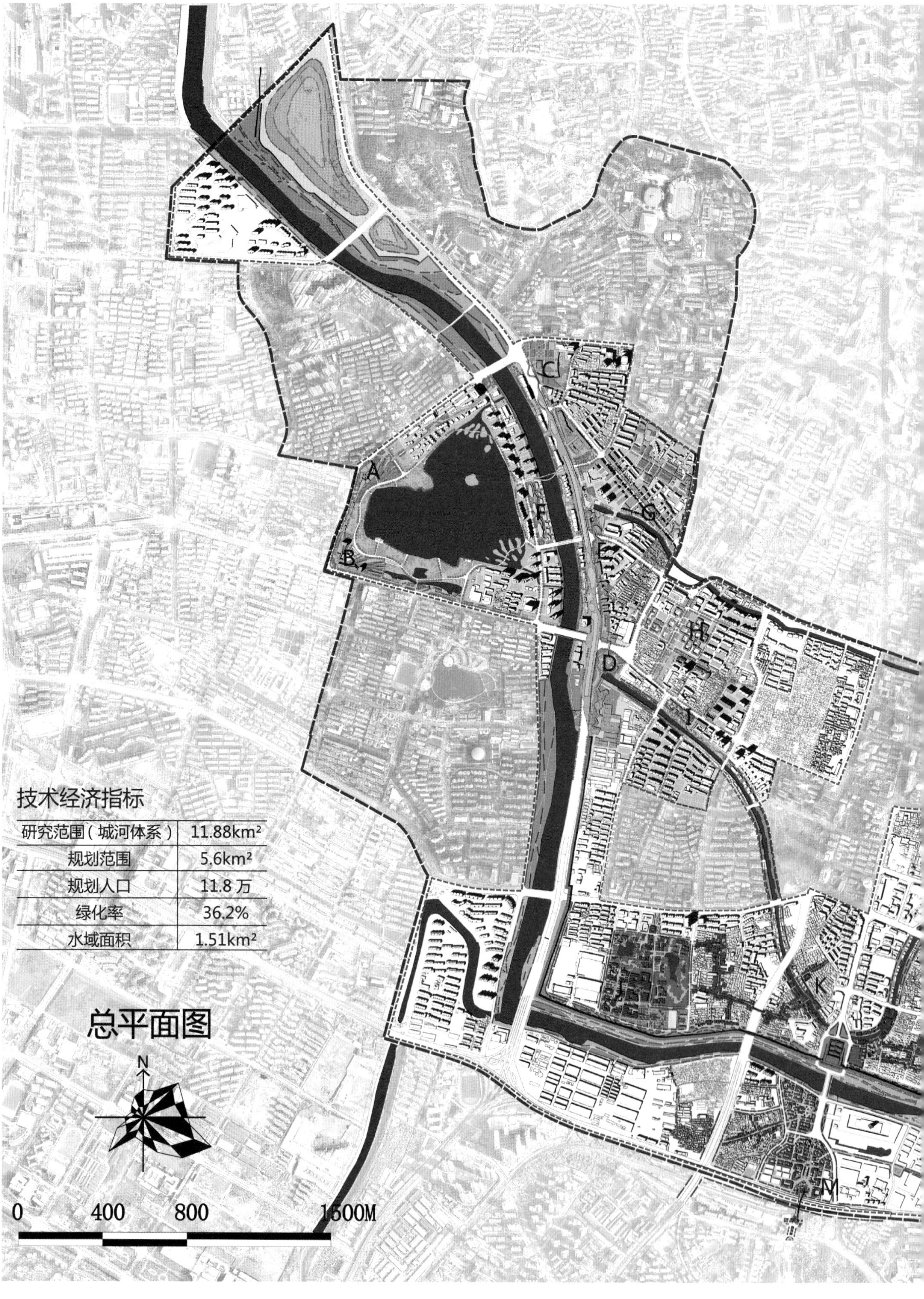

技术经济指标

研究范围（城河体系）	11.88km²
规划范围	5.6km²
规划人口	11.8 万
绿化率	36.2%
水域面积	1.51km²

总平面图

N

0	400	800	1500M

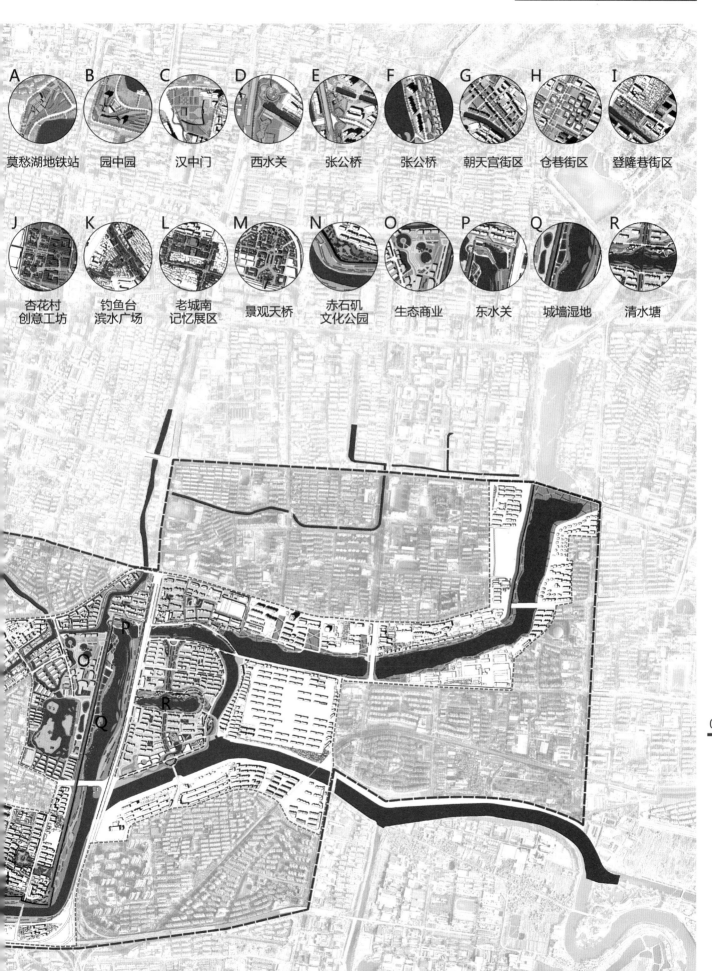

A　莫愁湖地铁站

B　园中园

C　汉中门

D　西水关

E　张公桥

F　张公桥

G　朝天宫街区

H　仓巷街区

I　登隆巷街区

J　杏花村创意工坊

K　钓鱼台滨水广场

L　老城南记忆展区

M　景观天桥

N　赤石矶文化公园

O　生态商业

P　东水关

Q　城墙湿地

R　清水塘

多元共融之人脉趣生
——西水关片区详细城市设计

设计说明

　　本组从生活空间入手，尝试增进区域内人群的公共生活。综合空间问题和空间资源分布特征，西水关片区具有较强的代表性，因此我们将西水关片区选做研究范围，通过示范性设计，以指导整个城河体系生活空间的发展方向。

　　设计中，在空间研究基础上，以多元人群需求为切入点，采用问题和需求双重导向的思路，选择三个针对性策略进行设计，实现多元共荣的人脉趣生。

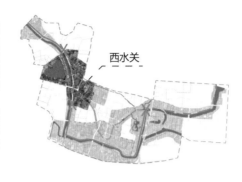

西水关

现状空间分析

数量不足，难以形成网络，空间层次单一。

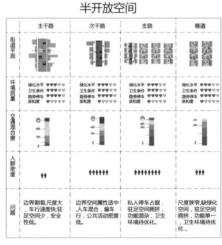

品质参差不齐，缺乏秩序。

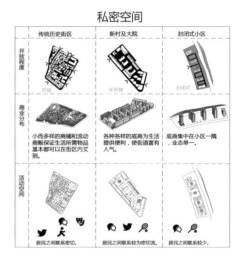

开放度和交往性差。

人群需求分析

　　分析基地内八类典型人群的需求，设计过程落实对应的物质空间，并尝试多元化的组合方式，形成生活需求网络。

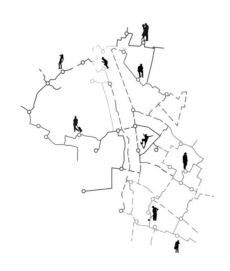

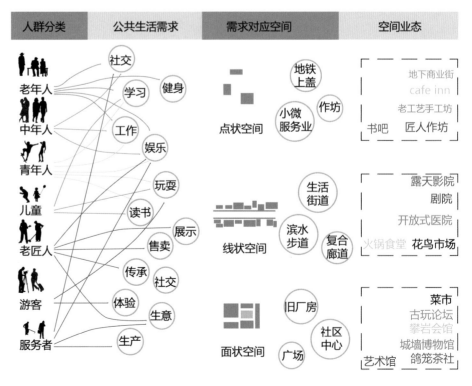

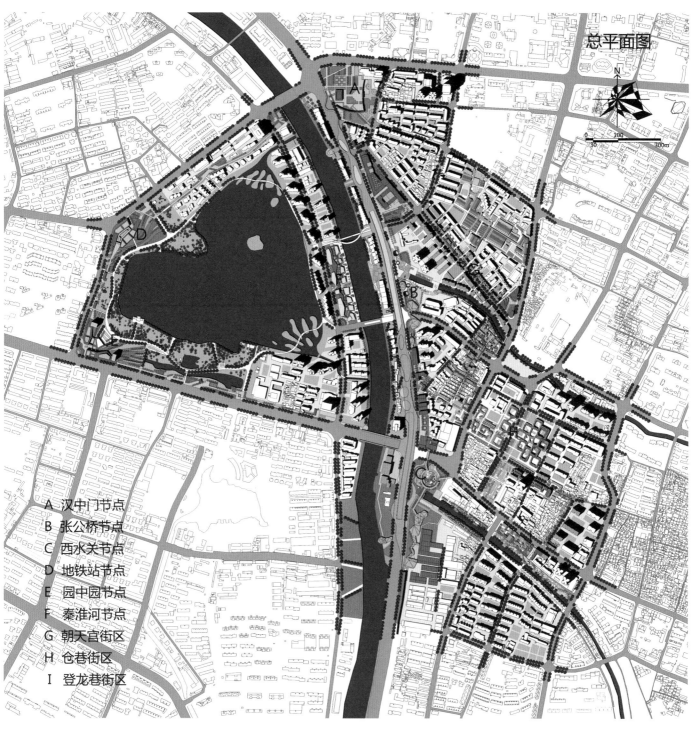

总平面图

A 汉中门节点
B 张公桥节点
C 西水关节点
D 地铁站节点
E 园中园节点
F 秦淮河节点
G 朝天宫街区
H 仓巷街区
I 登龙巷街区

033

地铁上盖

墙主题景观

小微商铺

墙主题博物馆

老南京工艺展

特色步行桥

花鸟市场

露天广场电影院

慢行复合廊道

街边室外茶座

老棋社

社区食堂

策略分析

1 边界转换

转换阻隔边界
形成人文纽带

　　力图实现外秦淮和快速路从阻隔边界向交换边界的转换；街道及内秦淮水系从衰落边界向活跃边界的转换。

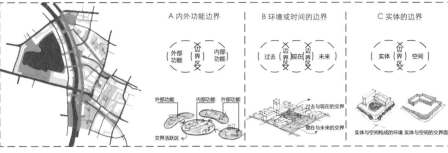

2 立体复合

建立活力节点
激活原有空间

　　通过选取适宜的节点进行设计，形成河东西两岸的立体化联系，削弱内外差异。

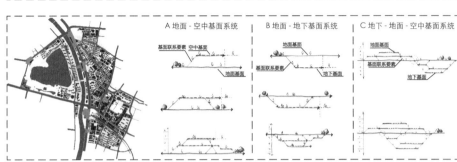

3 多元共生

兼顾多元生活
打造趣味慢城

　　充分考虑多种人群的需求，提供容纳多种活动的空间容器。

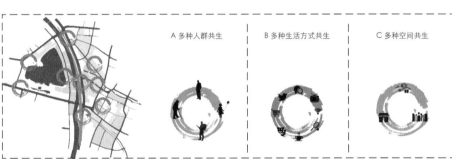

城墙周边详细设计

该区域最显著的问题就是虎踞南路的阻隔，快速路交通混行，缺少慢行空间，而且界面生硬景观性差，针对这三点问题，设计中充分贯彻三个策略：

边界转换，在目前下穿道路以下，增加地下通廊，联系两侧；

立体复合，梳理交通，增设公共交通线，竖向发展；

多元共生，加入服务设施，丰富功能。

由此，形成贯通的三维空间，给快速路重新贴上活力的标签。

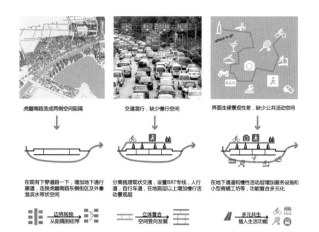

虎踞南路造成两侧空间阻隔　　交通混行，缺少慢行空间　　界面生硬景观性差，缺少公共活动空间

在现有下穿道路一下，增加地下通行廊道，连接虎踞南路东侧街区以及外秦淮滨水带状空间　分离梳理现状交通，设置BRT专线，人行道，自行车道，在地面层以上增加慢行活动景观层　在地下通道和慢行活动层增加服务设施和小型商铺工坊等，功能复合多元化

边界转换　立体复合　多元共生
从阻隔到纽带　空间竖向发展　植入生活功能

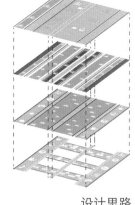

设计思路

活动策划

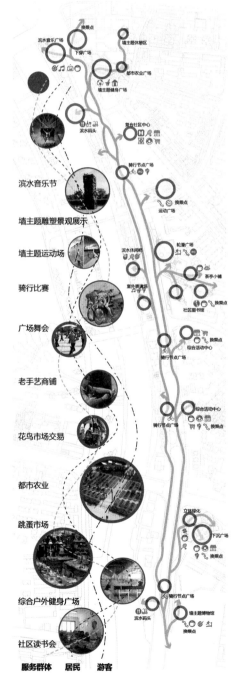

滨水音乐节

墙主题雕塑景观展示

墙主题运动场

骑行比赛

广场舞会

老手艺商铺

花鸟市场交易

都市农业

跳蚤市场

综合户外健身广场

社区读书会

服务群体　居民　游客

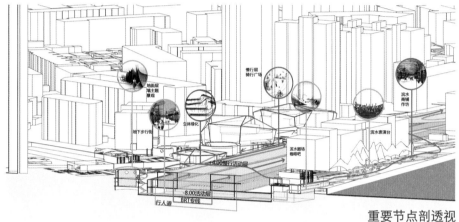

重要节点剖透视

节点设计

汉中门节点　　　张公桥节点　　　西水关节点

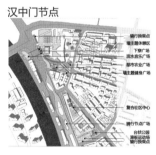

墙主题健身广场　　地下步行通道　　水井驻足庭

复合社区中心　　立体活动廊道　　多功能立体广场

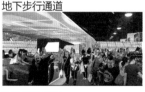

剖面图　　　剖面图　　　剖面图

A-1剖面示意　　B-1剖面示意　　C-1剖面示意

A-2剖面示意　　B-2剖面示意　　C-2剖面示意

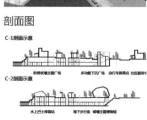

035

（图中标注：鸟鱼集市、服务中心、书虫广场、邻里食堂街、火炉餐厅、美食巴刹、操丘广场、古玩城、古玩集市、复合式医院、老年学园、老年康体园、民风旅馆街、炉友咖啡、屋顶酒吧、民风旅店、天台棋室、地铁站综合体、涂鸦广场、先锋画廊、鸽笼茶社、鸽笼生活街、风筝艺馆、鸽艺体验匮）

设计思路

边界分布
对不同类型边界进行功能转换和柔化处理，增加开放度和可逗留区域。

步行流线
将设计范围划分为三个功能片区，古风生活片区、康体生活片区、休闲生活片区，并梳理环环相套的步行游线。

功能节点
进而形成六个功能节点，花鸟市场、邻里食堂街、老年康体园、民风旅馆街、鸽笼生活街、匠艺体验园，形成多元共生的交往空间。

立体复合
局部构建立体化、复合功能的节点和步行通廊，形成通达连续的体验感受，和愉快舒适的步行感受。

景观绿地
依托步行通廊和功能节点形成景观绿地结构，为城内外居民提供舒适充足的户外活动空间。

城内区域详细设计

从老城内自发搭建构筑物的现象中，反映出了人们细微而丰富的生活需求，但这些需求没有以最便捷的方式得到满足。

于是，在这一片区的设计中，提出了生活盒子的概念——即满足有趣的公共需求的系列容器。满足多种生活方式的功能需求，使生活空间能以最便捷的方式容纳多元的生活需求，产生有趣轻松的生活氛围。

对城内区域的设计注重强化空间的动态交流，为了建立这种关系把整个区域看做是一个随意放松的空间。通过应用三个策略，以实现多元共荣，人脉趣生。

片区设计

古风生活片区

康体生活片区

憩养生活片区

花鸟市场

民风旅馆街

匠艺体验园

邻里食堂街

书虫广场

鸽笼生活街

城外区域详细设计

活动策划

该区域，主要包括莫愁湖公园、秦淮河沿岸以及诸多小区，空间等级单一，缺乏层次性，在空间整体上联系弱，隔离严重，而且被周边住区私有化，可达性差。

设计中结合边界转换、立体复合和多元共生三个策略，消除莫愁湖及外秦淮周边空间阻隔，增进公共交往，让不同的人群、活动能够共生共融，体验生活之趣。

设计思路

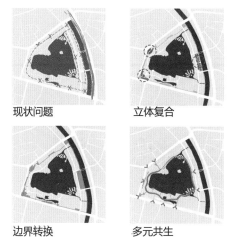

现状问题　　立体复合

边界转换　　多元共生

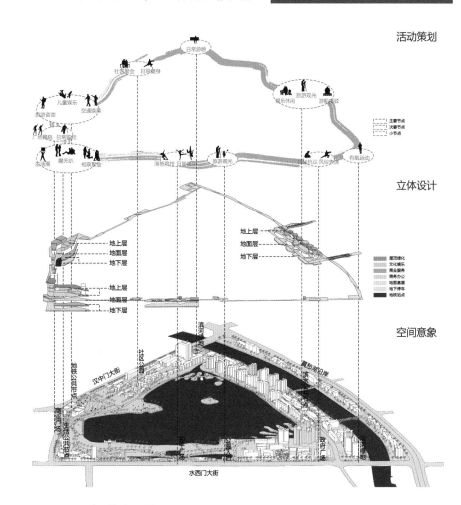

立体设计

空间意象

边界设计

外秦淮沿岸

现状：锦绣明珠花园　莫愁东寓　建邺路桥　二道埂子小区　新城惠通小区
保留　保留　改造　拆除　添加　保留　添加
设计：滨河绿地　摩天轮　滨河公共节点　步行桥　滨河绿地

汉中门大街

现状：莫愁家园　公园入口　莫愁公园站　停车场　园中园公寓
保留　改造　添加　添加　拆除
设计：公园入口　交通公共节点　下沉广场　生活公共节点

水西门大街

现状：园中园公寓　莫愁故居　和平广场　公园入口　莫愁小学　建邺大厦
拆除　保留　改造　添加　保留　保留　添加
设计：交通公共节点　下沉广场　滨河绿地

节点设计

地铁公共节点

骑行换乘点　复合社区中心　地铁站　地下停车场入口　立体广场　游客服务中心　公园入口广场　植物园

平面图

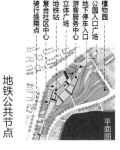

生活公共节点

立体广场　自行车接驳点　综合服务中心　复合社区中心　抱月楼　相亲广场

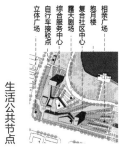

滨河公共节点

目行车接驳点　商务办公楼　复合社区中心　商业步行街　滨水酒吧街　滨水廊道　游船码头

平

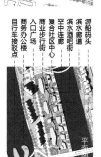

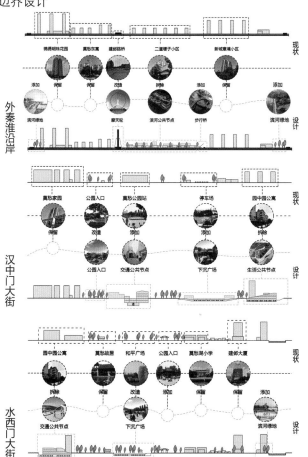

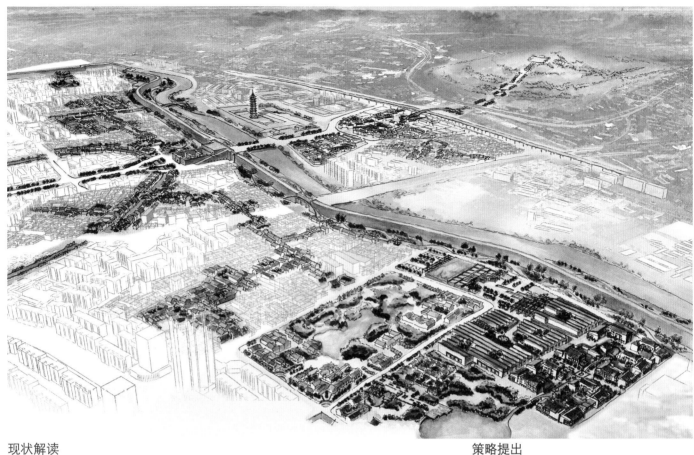

现状解读

文化空间锚点
文化空间廊道
文化生态空间板块
文化产业空间板块
文化承载空间板块

生生不息之文脉传承

—— 中华门片区详细设计

以文化空间为切入点，通过对中华门片区文化空间的示范性设计，奠定城河体系文化空间发展的基调。

中华门片区具有丰富的历史文化资源，但同时也存在文化空间破碎等诸多问题。究其原因，在于原生文化和新生文化不能及时自我更新，积极互动，造成文化衰落。基于对现实优势和现状问题的分析，我们提出焕活原生文化空间，激活新生文化空间，实现生生不息的文脉传承。

我们在空间上具体落实了加强文化活力点、构建文化廊道、形成文化互动网络的内容。以文化活力点为节点，以文化廊道为脉络，形成生生不息的文化互动网络，原生文化和新生文化交相辉映，让六朝古都的文脉焕发新颜，流转不息。

文化空间破碎　　历史地段衰落

精神文化流失　　新旧文化矛盾

策略提出

老产业
老住户
老街区

无法吸引新文化
旧文化不能自我更新　　新文化主人的缺失
无法提供新机遇

新产业
新居民
老空间

原生文化在时代洪流中找不到定位方向，无法与时俱进，实现自我更新。

新的文化很大程度上未能注入活力，无法实现有效刺激，实现良性互动。

[焕活原生]　　[激活新生]　　[生生不息]

空间推演

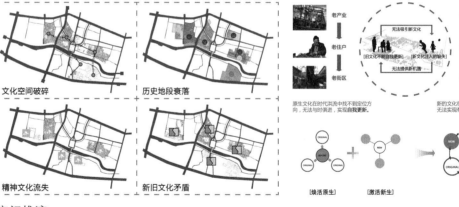

A.加强文化活力点

B.构建文化空间廊道

C.形成文化互动网络

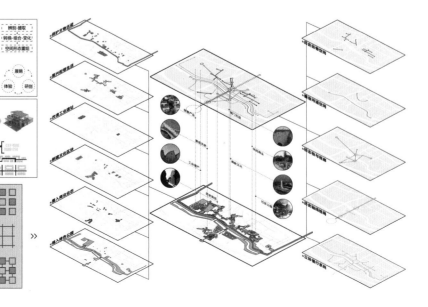

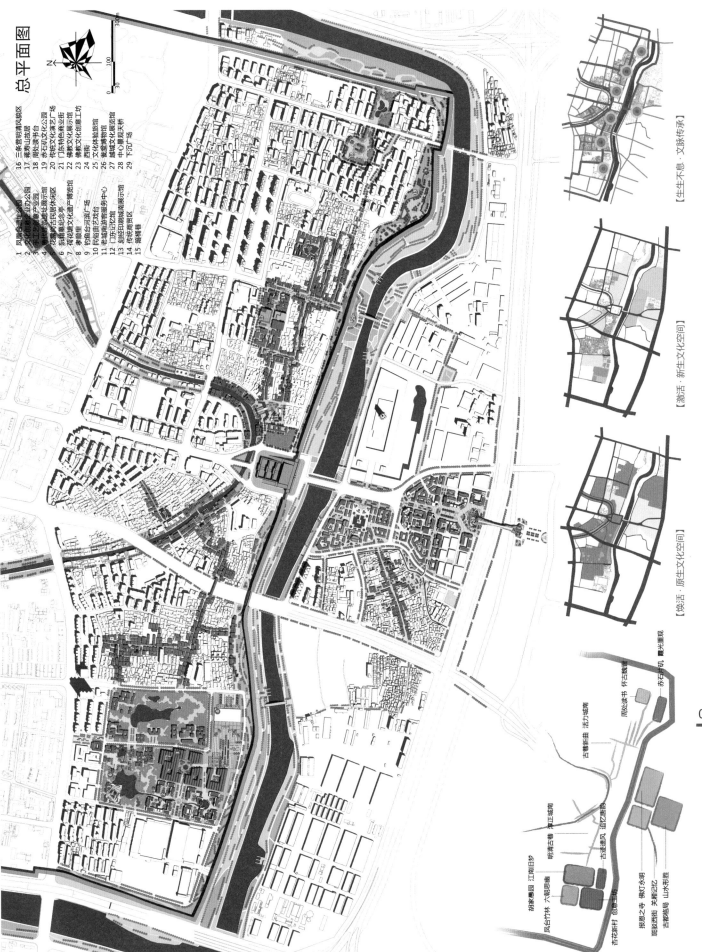

总平面图

1 凤台竹林北公园
2 文化创意产业办公园
3 手工艺创意产业园
4 明代城墙遗址展示馆
5 花墙刘古民居体验区
6 阮慕蓉纪念亭
7 荷花塘文化遗产博览馆
8 季颜里
9 钓鱼台河岸广场
10 民俗曲艺戏台
11 老城游客服务中心
12 文化会馆
13 刻纪印刷城遗产展示馆
14 传统商贸区
15 箱柿巷
16 三条营明清风貌区
17 孝寿山故居
18 周处读书台
19 赤石矶文化公园
20 传统文化演艺广场
21 门东特色商业街
22 佛教文化展示街
23 佛教文化创意工坊
24 西街
25 鉴鉴博物馆
26 老城博物馆
27 越城博览馆
28 中心镇观天桥
29 下沉广场

[生生不息·文脉传承]

[激活·新生文化空间]

[焕活·原生文化空间]

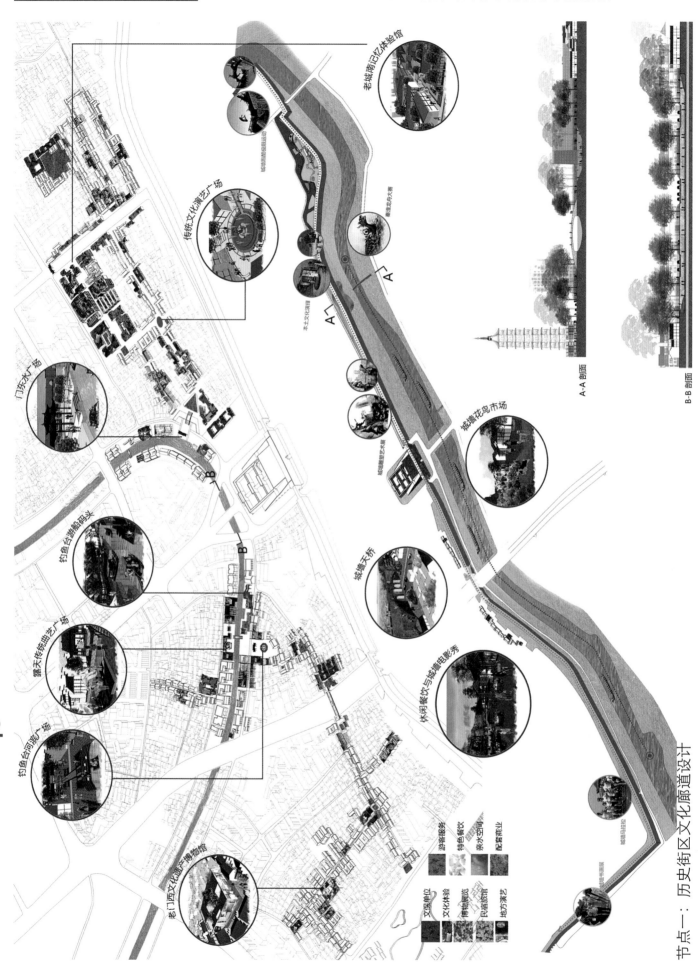

节点一：历史街区文化廊道设计

门西多元文化片区总平面

凤凰台六朝文化公园

文化创意企业办公园区

手工艺创意产业区

唐代建筑遗址展览馆

历史文化资源分布

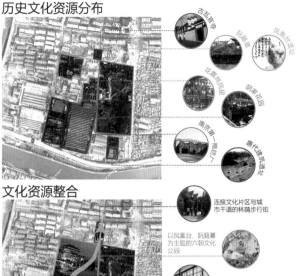

古瓦官寺
阮籍墓
凤凰台遗址
花源故民园
胡家花园
南京第一棉纺厂
唐代建筑遗址

文化资源整合

连接文化片区与城市干道的林荫步行街

以凤凰台、阮籍墓为主题的六朝文化公园

以手工业艺术为主题的创意产业园

唐遗址保护公园

节点二：凤台竹林 创意工坊

门西多元文化区设计

在门西多元文化片区中，以古瓦官寺为门户，依托凤凰台遗址和阮籍墓设置六朝主题公园。公园南侧曾是杏花村，结合现状厂房，设置传统手工艺产业园。在创意产业园区，我们对厂房进行改造，定位为廉价租赁工坊和展卖表演空间，为文化创业降低门槛。产业园向东，为最新发现的唐代建筑遗址，预留了遗址保护公园的范围。

A点透视
文化创意产业办公区

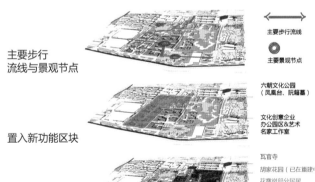

主要步行
流线与景观节点

主要步行流线
主要景观节点

置入新功能区块

六朝文化公园（凤凰台、阮籍墓）

文化创意企业办公园区&艺术名家工作室

瓦官寺
胡家花园（已在重建中）
花源岗部分民居
棉纺厂林荫道
棉纺厂厂房
阮籍墓、唐代建筑遗址

保留元素

B点透视
工厂改造中庭广场

C点透视
露天广场云锦时装秀

名家艺术作品展

露天跳蚤市场

室外音乐节

手工艺品展卖

传统手工科普宣传

休憩&交流

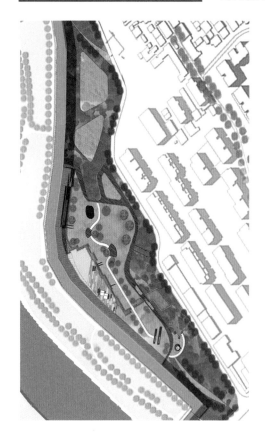

节点三：赤石片矶 霞光重现

赤石矶文化公园设计

　　历史街区文化廊道向东延伸，城南东南角设计了赤石矶文化公园。赤石矶在明代就已是一块醉人的风景地，而现在却被选为南京十大遗憾消失老地名之一，与其类似，南京的一些非物质文化遗产，如金陵琴派、白局等艺术也因为传播力小而渐渐衰微。那么是否可以在复兴这一地区的同时也为一些非遗提供展示演艺空间呢？

　　我们希望通过设计赤石矶文化公园，将文化空间与绿色空间进行结合，形成一个能够非常简单就融入于市民生活的文化空间，这一文化活力点也将成为文化互动网络中的一环。因为公园紧邻城墙和秦淮河，设计中强调"墙"和"水"两种元素，沿城墙内侧、环绕公园的木质栈道设置城墙文化展廊，用以举办书画展、摄影展等文化活动，公园中的演出区和小广场则希望为本土文化艺人提供一个展示空间，方便他们与市民和外来游客进行交流，使其了解、体验传统文化，将本土文化以此方式进行传播。

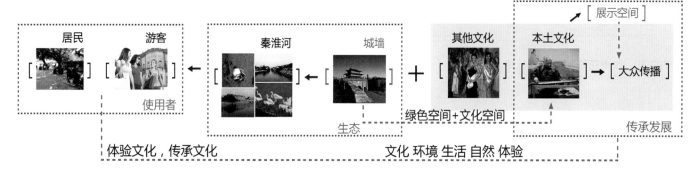

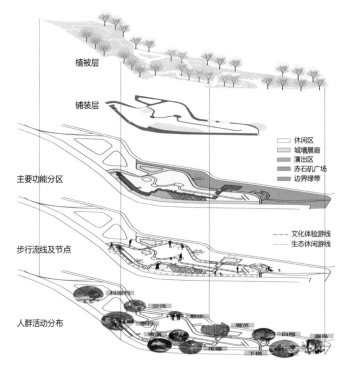

节点四：古都格局 山水形胜

六朝轴线延续设计

　　自东吴建邺以来，六朝轴线就在南京城市格局中扮演重要的角色。但现在中华门至雨花台的轴线上，内环南线和宁芜铁路将其严重阻断，老城与雨花台的对景几不可见。为了恢复古都格局，延续六朝轴线的空间意象，在设计中贯通中华门到雨花台的联系，改雨花路南段为步行路，结合大报恩寺新塔构建视廊，在路径与视线阻断最严重的地块南端，置入跨越式景观建筑，建立空间与视觉的直接联系。

　　设计重点在于烘托六朝轴线的气势与文化氛围。从中华门往南，大报恩寺塔轴线与主轴线相交强化，佛教文化广场以塔为对景；步行路起点向北，拓宽绿带扩大视角，增加对中华门的可视范围；步行路中段向南，控制建筑形体退线，增加空间引导性。步行路南端，置入跨越式景观建筑，从其上北望，视点由低到高，视域由收束到开阔，并重空间引导性和恢宏的气势。

　　景观建筑作为中华门步行轴线与雨花台景观轴线的联结点，突破高架路与铁路的阻断，实现步行可达性与视觉引导性。其本身兼具交通和休闲功能，为六朝轴线注入更多活力。

　　六朝轴线延续设计，在古都被割裂山水格局中探求恢复之道，突破了现代城市建设对历史轴线的阻断，以此为基点构建了连接古今文化的空间廊道。

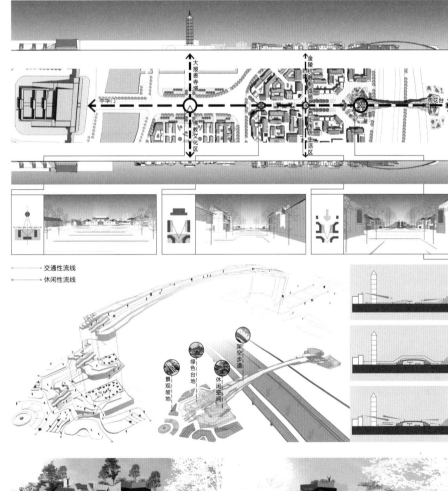

九水归塘之绿脉交融
——东水关片区详细城市设计

总体概念设计

南京的城河体系经历几千年的变换，一直庇护着南京老城。到了近现代，由于工业化进程加速，老城的城河体系面临着越来越大的威胁。到了抗日战争，几经战火的洗礼，南京老城摇摇欲坠。

到了新中国成立，拆墙造城的运动在全国范围内兴起，南京也难以幸免。在这场运动中，南京老城的城墙也被拆除多半。

当代以来，由于城市化运动的兴起，南京逐渐向外拓展新城，突破了老城的范围，城墙作为一种边界，日益成为一种阻隔。

由于城墙的存在，抵挡了来自城内的扩张压力，也由于护城河的存在，庇护了城外建设对绿带的侵蚀。而一旦城墙被突破，城内的建设便被挤压到破裂口处，并以此为起点，沿着城墙的方向侵蚀绿带。

从古至今，老城绿带从封闭的公共性演变到如今，已逐渐成为开敞的私有性。

针对以上问题，我们提出，将南京老城的城河体系作为绿色基础设施，通过织补几段断裂的城墙，形成完整的老城绿带，并以此为起点，生长出城市绿道，连接城墙内外的历史街区或生态社区，让城墙内外的街区都重新纳入到城河体系的框架之下，实现城墙内外的共融，并为南京老城的山水格局的延续提供保障。

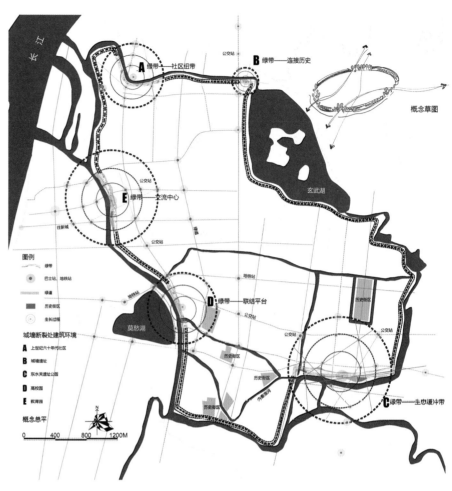

一般城市绿带侵蚀图解

原初：城市绿带完整

城市扩张压力逼近绿带

绿带在宽度上受到侵蚀

一般城市绿带，在城市扩张过程中，由于缺少必要的庇护，而逐渐在绿带宽度上受到侵蚀，最终绿带逐渐变少。

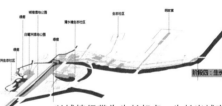

以城墙绿带为生长起点，生长出城市绿道，连接城内外的历史街区或生态社区。

   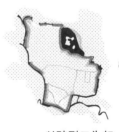

原初：南京老城城墙和护城河之间的绿带完整

老城内部建设扩张

城墙受压破裂

以破裂口为起点，绿带在城墙—护城河方向上受到侵蚀。

将零星的滨河绿地逐渐串联，形成滨河连续的城墙带绿地，织补城墙。

远期将滨河建筑逐渐移除或改造，留出城墙断裂处的开敞空间。

南京老城区，其城河体系对老城绿带有得天独厚的庇护作用。由于城墙的存在，抑制了城内的扩张压力，也由于护城河的存在，阻隔了城外的扩张。然而一旦城墙破裂，绿带在长度上受到侵蚀。

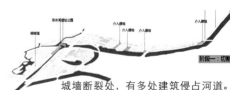

城墙断裂处，有多处建筑侵占河道。用绿地介入既有空地，切断滨河建设蔓延。

A 城墙　　　　　　E 白鹭洲生态涵养区
B 外秦淮河　　　　F 生态商业
C 内秦淮河　　　　G 清水塘生态涵养区
D 东水关水处理节点　H 城墙湿地公园

鸟瞰图

文化延伸

绿道先行，延伸夫子庙的商业氛围至东水关，商业节点兼具水处理功能，同时配备完善的步行系统。

图例
城市级景观廊道　　景观核心
区级景观廊道　　　景观节点
次级景观廊道

水体交换

改变城内白鹭洲与城外清水塘不相连的现状，通过"水"的联系，形成一条连接城墙内外的绿色空间纽带。

图例
居住功能
商业功能
生态功能

生态介入

以城墙—东水关沿线为水处理核心，以白鹭洲公园和清水塘为水处理节点，形成"社区参与式"的水处理模式。

图例
快速路　　　次干道
主干道　　　支路

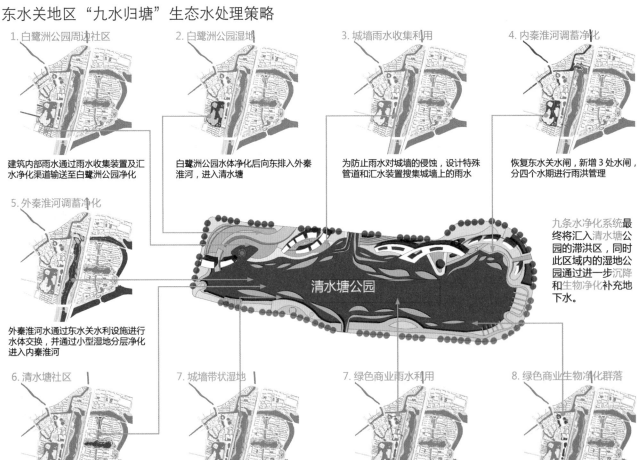

东水关地区 "九水归塘" 生态水处理策略

1. 白鹭洲公园周边社区

建筑内部雨水通过雨水收集装置及汇水净化渠道输送至白鹭洲公园净化

2. 白鹭洲公园湿地

白鹭洲公园水体净化后向东排入外秦淮河，进入清水塘

3. 城墙雨水收集利用

为防止雨水对城墙的侵蚀，设计特殊管道和汇水装置搜集城墙上的雨水

4. 内秦淮河调蓄净化

恢复东水关水闸，新增 3 处水闸，分四个水期进行雨洪管理

5. 外秦淮河调蓄净化

外秦淮河水通过东水关水利设施进行水体交换，并通过小型湿地分层净化进入内秦淮河

九条水净化系统最终将汇入清水塘公园的滞洪区，同时此区域内的湿地公园通过进一步沉降和生物净化补充地下水。

清水塘公园

6. 清水塘社区

清水塘社区渐进式改造，公共绿地旱季为活动空间，雨季时则为蓄水池，通过渠道引入清水塘

7. 城墙带状湿地

城墙及白鹭洲收集的雨水净化后部分通过带状湿地沉降汇入外秦淮河

7. 绿色商业雨水利用

新植入绿色商业延伸夫子庙，柔化过渡到东水关，并通过立体景观及雨水收集净化装置利用雨水

8. 绿色商业生物净化群落

绿色商业内部分布三处湿地生物净化群落，分阶段对汇集的雨水进行净化，并回收利用

节点一：东水关湿地公园节点雨洪分期调节

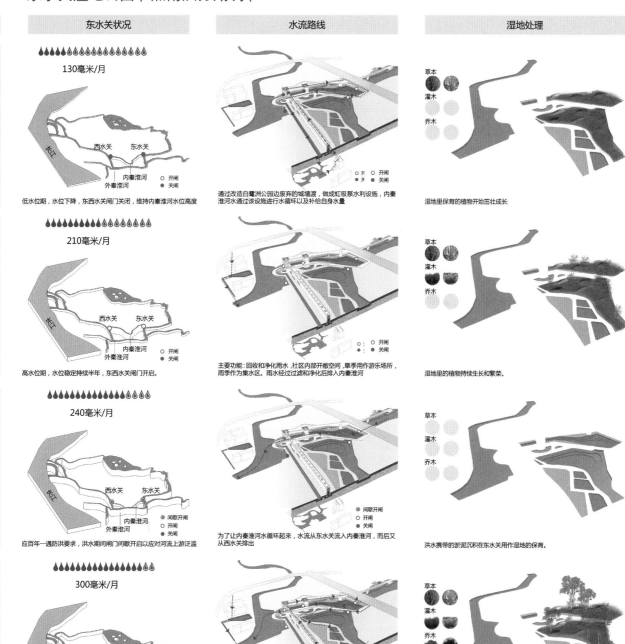

时期	月份	东水关状况	水流路线	湿地处理

低水位期 — 一月 二月 三月

130毫米/月

低水位期，水位下降，东西水关闸门关闭，维持内秦淮河水位高度

通过改造白鹭洲公园边废弃的城墙渡，做成虹吸泵水利设施，内秦淮河水通过该设施进行水循环以及补给自身水量

湿地里保育的植物开始茁壮成长

高水位期 — 四月 五月 六月

210毫米/月

高水位期，水位稳定持续半年，东西水关闸门开启。

主要功能：回收和净化雨水，社区内部开敞空间，旱季用作游乐场所，雨季作为集水区。雨水经过过滤和净化后排入内秦淮河

湿地里的植物持续生长和繁荣。

洪水期 — 七月 八月 九月

240毫米/月

应百年一遇防洪要求，洪水期间闸门间歇开启以应对河流上游泛滥

为了让内秦淮河水循环起来，水流从东水关流入内秦淮河，而后又从西水关排出

洪水携带的淤泥沉积在东水关用作湿地的保育。

雨季期 — 十月 十一月 十二月

300毫米/月

城区降雨量在雨季激增，雨水携带污染物排入秦淮河

在排入内秦淮河之前，社区雨水不仅通过水管道来收集和净化，也通过城墙上的水利设施流入东水关及城墙周边的湿地，补给地下水。

城市里的雨水流入到湿地，进行净化以及补充地下水。

草本 灌木 乔木

节点二：白鹭洲公园社区

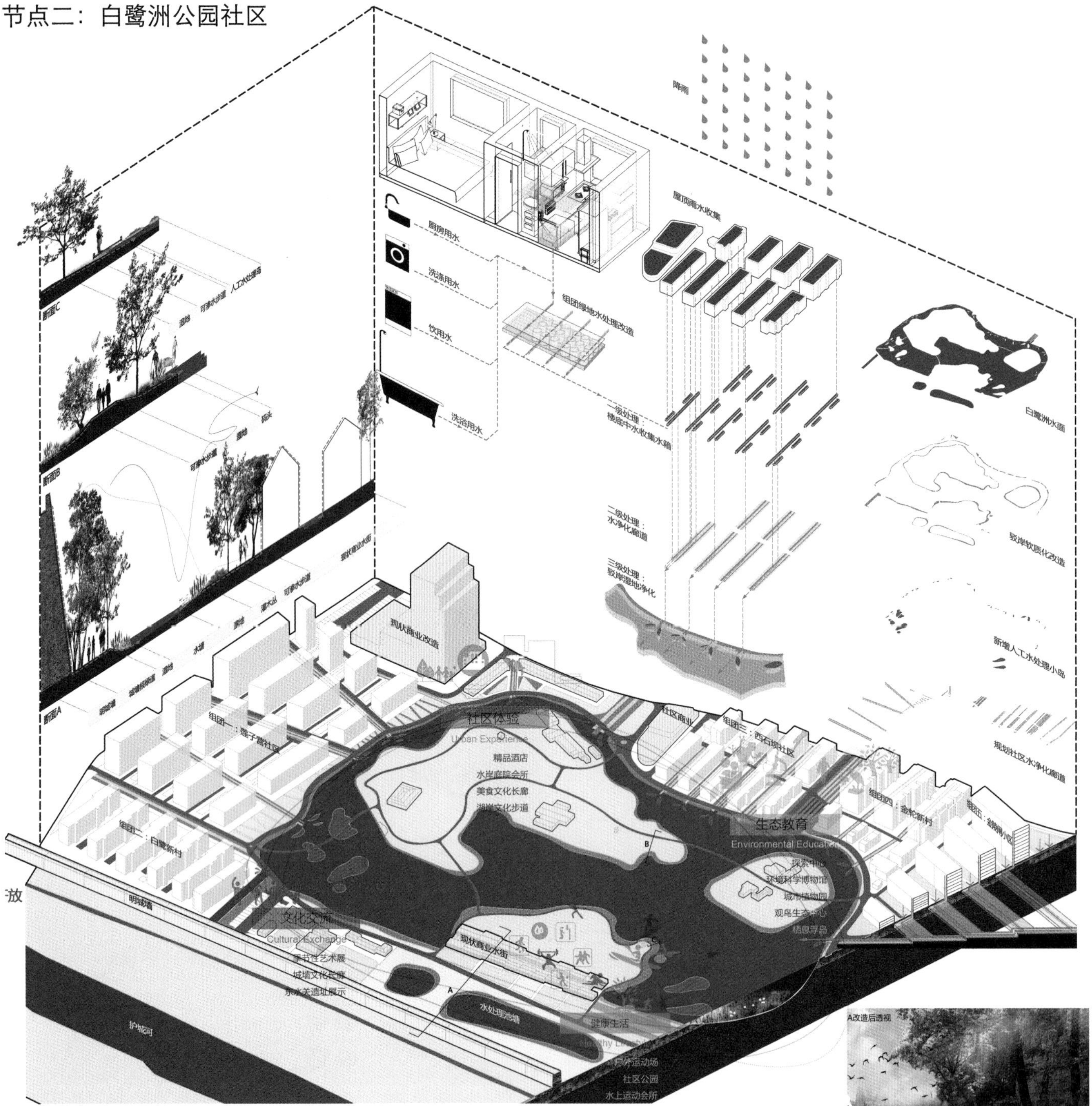

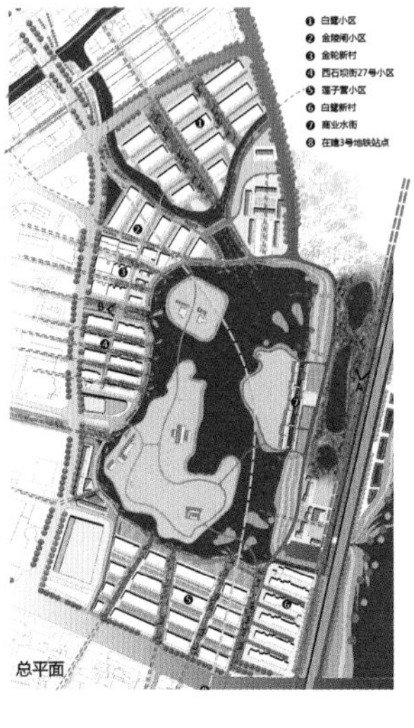

降雨

屋顶雨水收集

厨房用水
洗涤用水
饮用水
洗漱用水

组团绿地水处理改造

二级处理：
楼底中水收集水箱

二级处理：
水净化廊道

三级处理：
驳岸湿地净化

白鹭洲水面

驳岸软质净化改造

新增人工水处理小岛

现状社区水净化廊道

规划社区水净化廊道

现状商业改造

社区体验
Urban Experience

社区商业

组团三：西石坝社区

组团五：金陵新村

组团一：莲子营社区

精品酒店
水岸庭院会所
美食文化长廊
湖岸文化步道

生态教育
Environmental Education

组团四：金箔新村

组团二：白鹭新村

湿地Park
环境科学博物馆
城市博物馆
观鸟生态中心
信息导览

明城墙

文化交流
Cultural Exchange

书法艺术展
城墙文化长廊
东水关遗址展示

现状商业水街

放

护城河

水处理池塘

健康生活
Healthy Life

户外运动场
社区公园
水上运动会所

A改造后透视

A改造前透视 B改造前透视

B改造后透视

总平面

① 白鹭小区
② 金陵南小区
③ 金箔新村
④ 西石坝街27号小区
⑤ 莲子营小区
⑥ 白鹭新村
⑦ 商业水街
⑧ 在建3号地铁站点

水处理廊道　　活跃边界　　城墙视廊　　公园开放

界定组团　　社区联结　　社区肌理　　改造时序

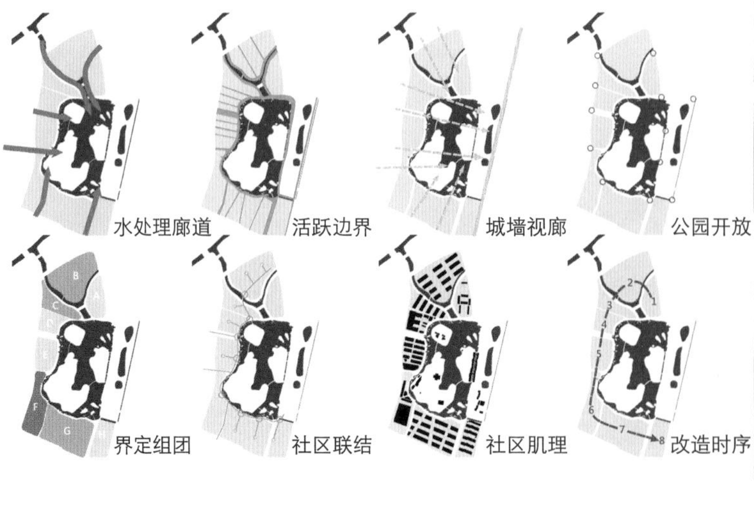

节点三：清水塘社区节点

社区水广场

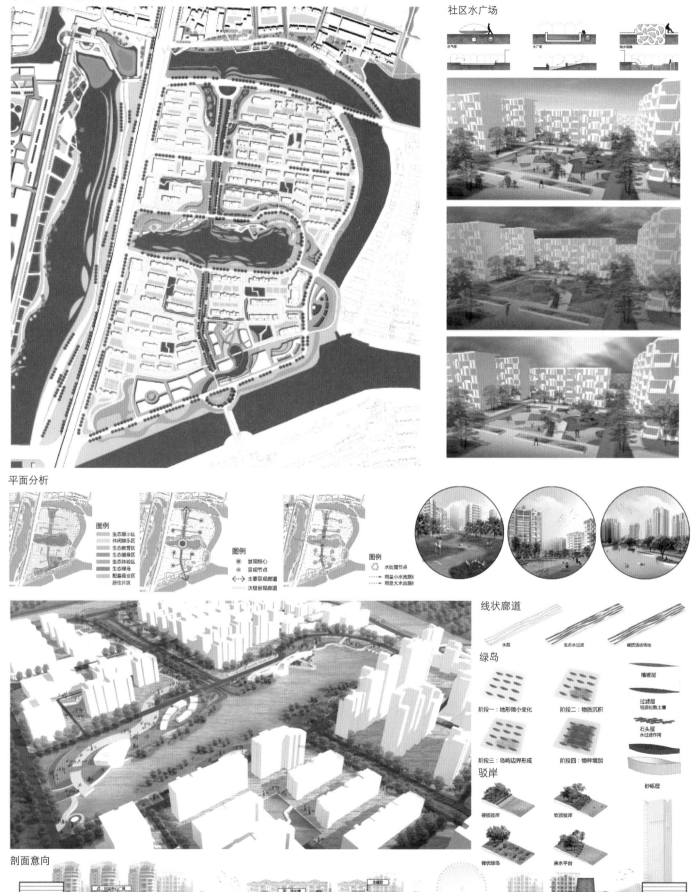

平面分析

图例
生态展示区
休闲娱乐区
生态教育区
生态健身区
生态体验区
生态绿岛
配套商业区
居住片区

图例
● 景观核心
◎ 景观节点
◄·► 主要景观廊道
—— 次级景观廊道

图例
♻ 水处理节点
----- 雨量小水流路径
----- 雨量大水流路径

线状廊道
水面
生态水过滤
硬质活动场地

绿岛
阶段一：地形微小变化
阶段二：物质沉积
阶段三：岛屿边界形成
阶段四：物种增加

植被层
过滤层　轻质松散土壤
石头层　水过滤作用
砂砾层

驳岸
硬质驳岸
软质驳岸
梯状绿岛
亲水平台

剖面意向

节点四：夫子庙绿色商业节点

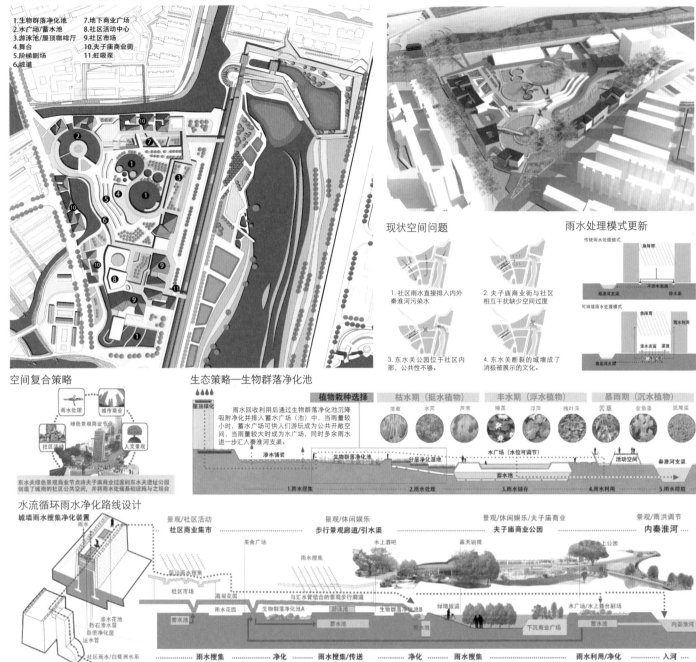

1.生物群落净化池　　7.地下商业广场
2.水广场/蓄水池　　　8.社区活动中心
3.游泳池/屋顶咖啡厅　9.社区市场
4.舞台　　　　　　　10.夫子庙商业街
5.阶梯剧场　　　　　11.虹吸泵
6.坡道

现状空间问题

1. 社区雨水直接排入内外秦淮河污染水

2. 夫子庙商业街与社区相互干扰缺少空间过度

3. 东水关公园位于社区内部，公共性不够。

4. 东水断裂的城墙成了消极被展示的文化。

雨水处理模式更新

传统雨水处理模式

可持续雨水处理模式

空间复合策略

东水关绿色景观商业节点将夫子庙商业过渡东水关遗址公园创造了城南的社区公共空间，并将雨水处理基础设施与之结合

生态策略—生物群落净化池

植物栽种选择

雨水回收利用后通过生物群落净化池沉降吸附净化并排入蓄水广场（池）中，当雨量较小时，蓄水广场可供人们游玩成为公共开敞空间，当雨量较大时成为水广场，同时多余雨水进一步汇入秦淮河支渠。

| 枯水期（挺水植物） | 丰水期（浮水植物） | 暴雨期（沉水植物） |

1.雨水搜集　2.雨水处理　3.雨水储存　4.雨水利用　5.雨水排放

水流循环雨水净化路线设计

城墙雨水搜集净化装置

景观/社区活动　　景观/休闲娱乐　　景观/休闲娱乐/夫子庙商业　　景观/雨洪调节
社区商业集市　　步行景观廊道/引水渠　　夫子庙商业公园　　内秦淮河

雨水搜集　　净化　　雨水搜集/传送　　净化　　雨水搜集　　雨水利用/净化　　入河

绿色商业区雨水净化路线与分区

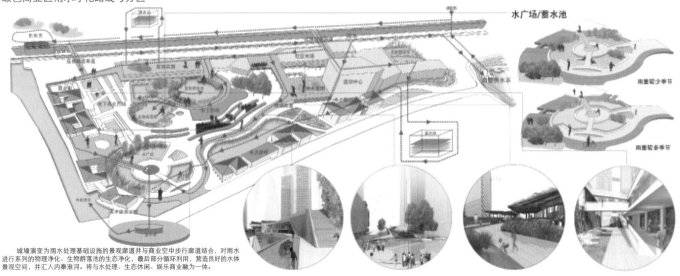

水广场/蓄水池

城墙演变为雨水处理基础设施的景观廊道并与商业空中步行廊道结合，对雨水进行一系列的物理净化、生物群落池的生态净化，最后部分循环利用，营造良好的水体景观空间，并汇入内秦淮河。将水处理、生态休闲、娱乐商业融为一体。

策略推广

生活之脉

文化之脉

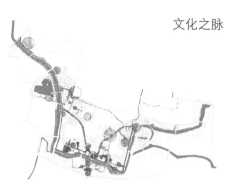

水绿之脉

在人脉趣生组的设计中，以边界转换策略，消除隔阂，弥补人际网络。以立体复合策略，提供多层次、多功能的场所。以多元共生策略，融合多元的生活方式，体验生活之趣。这些策略同样也可应用于如图所示的城河体系中其他生活节点与片区中。

在文脉传承组的设计中，以焕活原生、激活新生这两大策略相互交织，共同构建文化活力点。在历史格局的基础之上，构建文化廊道，重塑六朝格局轴线，最后编织出一张生生不息的，连接历史与未来的文化网络。这些策略，同样也可应用于城河体系中其他文化节点与廊道的建设中。

在绿脉交融组的设计中，首先提出了将整个城河体系视作绿色基础设施的宏观构想，然后以东水关城墙断裂处为例，进行绿色基础设施的织补，并由此生成两个生态社区以及一个绿色商业节点。以绿色网络，构建绿色生活。同样，绿色基础设施的织补策略也可应用于如图所示的城河体系中其他需要修复的水域片区和节点。

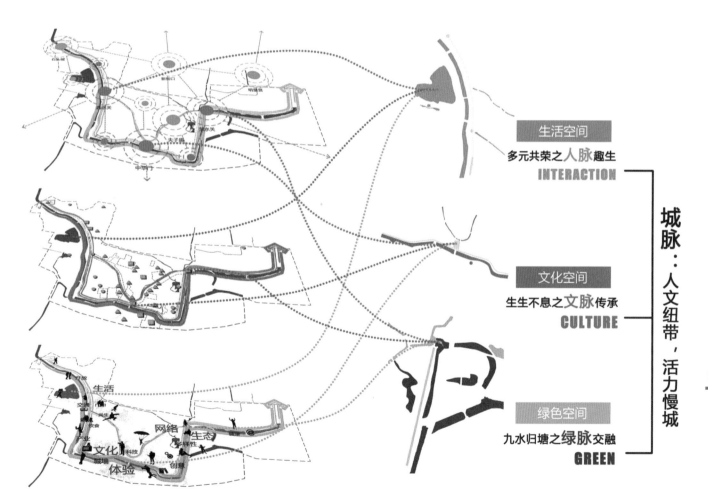

生活空间

多元共荣之**人脉**趣生
INTERACTION

文化空间

生生不息之**文脉**传承
CULTURE

绿色空间

九水归塘之**绿脉**交融
GREEN

城脉：人文纽带，活力慢城

当生活之脉、文化之脉、水绿之脉三重脉络共同叠加在城河体系上时，倘若出现了相互冲突的片区，我们会以片区的主要的脉络属性为出发点，在不同的策略中进行取舍、协调，以期共同构筑一条完整的城脉。

当我们再次情归城南，洗净南朝的如梦繁华，走过明代的辉煌加冕，历经峥嵘岁月的苦难洗礼，穿越时光的墙，我们依然能看到她的绰约风姿，她的铮铮铁骨。穿越砖石的墙，我们希望看见她从"盈盈一水间，脉脉不得语"到"十里秦淮水，脉脉皆含情"。

在这片金陵起源之地上，我们以城河体系为人文纽带，以三条脉络为灵魂网络，共同构筑出一个承载历史、承接未来的活力慢城！

基于城河系统的公共空间研究与城市设计

PUBLIC SPACE RESEARCH AND URBAN DESIGN
BASED ON CITY WALL & RIVER SYSTEM

城脉·激发·网络　生态·活力·体验　都市·文化·生活

东南大学建筑学院

熊恩锐　王乐楠　李　琳　杨　兵　王方亮　颜雯倩　袁俊林　张涵昱
指导教师：易　鑫　王承慧　孙世界　左　为　程小梅

本次设计的研究范围涵盖了21km²的范围，基于对南京的历史发展、特别是近年来快速城市化过程的分析，我们根据内部的地区差异确定了三个地区分别进行研究：老城南地区，城河南岸地区和汉中门地区。在本次规划设计中，以南京城河系统对于公共空间体系的多样性影响为出发点，我们针对三个地区各自存在的问题和挑战，分别从不同的问题展开公共空间的研究和设计工作，力图通过重塑公共空间帮助振兴南京城南地区。

老城南地区存在丰富的文化资源，但是公共空间系统较为破碎，基于相关评价分析，规划选择以重塑公共空间系统为入手点，植入四种不同的公共空间网络改善模式激发城南地区的有机更新；针对城河南岸地区明显的边缘化、体验性差等问题，研究和规划设计提出塑造充满活力、高体验性的城市空间，重塑地区定位，并通过四个不同策略得出具体的用地调整建议；汉中门地区则是从解决片区内部整体平庸，内部不同部分之间缺乏联系的问题入手，重点研究当地的人群及资源潜力特点，从城市整体定位和当地更新改造两个层面思考，在提出构建南京城市文化门户目标的同时，提出多样性的策略，并将其整合到地区内部的三个战略行动空间来加以落实。

The whole planning study area covers an area of 21km². Based on studies on Nanjing's historical development, especially the rapid urbanization process in recent years, we have divided the whole area in three sub-areas, which is differentiated with each other: the "southern part of old city", "southern Qinhuai River's waterfront area" and "Hanzhong Gate area". The starting point of this urban design is originated from the diversified influenses of city wall & river system over the public space. By means of identifying different problems in such sub-areas, we seek to revitalize the southern part of Nanjing old city.

In contrast to numerous cultural resources in the "southern part of old city", public space system unfolds itself with spatial segmentation problem. Based on the evaluation and analysis, we have chosen the public space system as the starting point and introduced four types of improvement pattern in order to realize the organic urban renewal in the old city. In the "southern Qinhuai River's waterfront area", other problems such as marginalization and lacking of qualitative spatial perception have been identified as central problems. As a result, the new orientation of this area has been defined to cultivate new urban space quality with high attractiveness for visitors' perception. Similarly, we have propose other four strategies to regulate the land use restructuring. Concept for "Hanzhong Gate area" aims to solve the problems like lacking of identity and social communication. Adopted concept is carried out based on analysis of social groups and local resources. On the city level, this area is defined as new city cultural gateway on one hand, three strategic spaces have been proposed to integrate differentiated methods to improve the livability of local quarters.

1 课题解读

南京是国家历史文化名城，有六朝古都之称，也是国家重要的区域中心城市。2014年即将举办的第二届青年奥林匹克运动会，将为南京提供重要的发展契机。同时，南京也面临着当代社会、经济与文化要素的急速转型，现有的物质空间结构、特别是历史文化和开放空间等要素也面临着转型与重构的要求。

在这样的背景下，本次课题以城墙内外作为入手点，提供了一个展示南京城市发展问题的窗口。在给定的研究范围中，历史悠久、资源丰富的老城南地区是核心区域，明城墙-秦淮河带作为线索要素，串联了西侧汉中门、东侧城河南岸等地区。本次设计希望遵循弹性和多元的方式，针对研究范围内所体现的城市问题开展研究，根据自身的愿景提出城市空间的设想和策略。

2 问题研判

作为整个城市区域的核心地区，研究区域集中体现了南京城市转型期间面临的种种困惑和矛盾。这些问题成为我们工作的入手点，具体包括：

如何协调历史文化保护和城市快速发展之间的矛盾；如何明确城墙和水系的职能并将其积极融入市民生活中；如何取舍旧城中衰败的街区应采取的复兴方式；如何确立城市内部的空间发展在战略性城市规划中的意义。

另一方面，规划设计必须加强历史意识，南京经过漫长的历史变迁，各个地区拥有不同的历史积淀，特别是在改革开放后、快速城市化的进程中，不同时期的重大决策影响了城市的发展格局，从而导致研究范围内的三个地区表现出明显的复杂性与差异性。

城南地区面临着丰富的历史资源和破碎的公共空间系统之间的矛盾。在片区中，传统的市民街区成为转型的焦点，如何在尊重现有的空间肌理的同时，发掘并释放城市空间新的活力、修复并优化特色公共空间系统，是这个地区的核心问题。

城河南岸地区面临着被边缘化的城市区位和较差的可体验型的挑战。片区中废弃地的潜力及其未来、破碎化的景观系统和亟需修复的生态功能是设计必须面对和解决的问题。

汉中门地区面临着整体平庸化、内部缺乏联系的困惑。如何利用片区的资源和区位优势，重新确立其在城市战略发展中的地位，如何实现街区间的相互协调和包容性，是这个地区的核心问题。

综上，本次设计分成三个小组，试图具体分析并解决三个地块的独特问题。

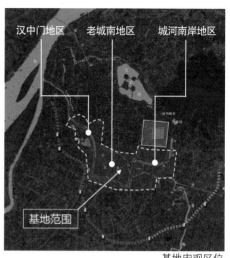

基地宏观区位

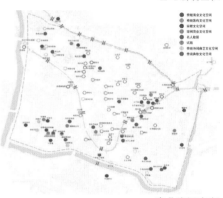

文化资源丰富

汉中门地区

汉中门地区位于城西门户区位，但地区整体发展平庸。地区划分为四个包含不同资源和社会人的街区，但各个街区间缺乏联系。

如何确立整个地区在城市战略发展的地位，如何实现街区间的相互协调和包容性，是这个地区的核心问题。

老城南地区

城南地区拥有丰富的历史资源，公共空间却缺乏体验性。问题具体表现为公共空间系统破碎、优质资源消隐难以感知、大部分公共空间体验平庸。如何在尊重现有的空间肌理的同时，发掘并释放城市空间新的活力，是这个地区的核心问题。

城河南岸地区

城河南岸地区生态要素丰富，但整个地区定位缺失，并存在着生活体验分异、肌理破碎、土地利用低效、生态要素失联等问题。如何利用片区内废弃地、修复生态景观系统，是这个地区的核心问题。

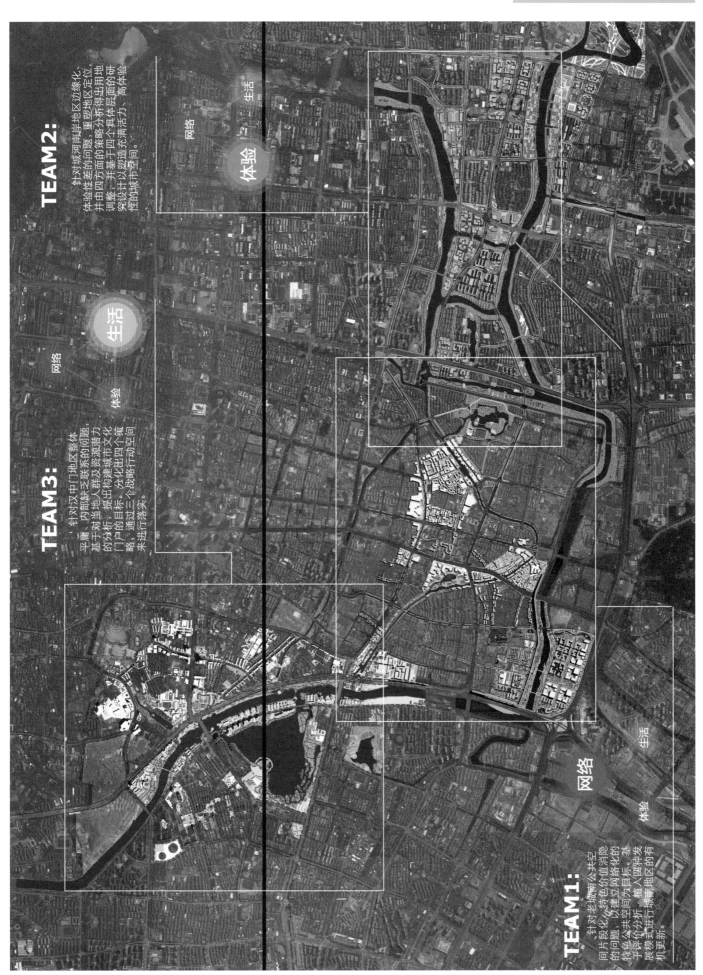

TEAM2:

针对城河两岸地区边缘化、体验性差的问题，重塑地区定位，并由四方面的策略分析得出用地调整，并基于四个具体层面的研究设计以塑造充满活力、高体验性的城市空间。

网络　生活

体验

TEAM3:

针对汉中门地区整体平庸、内部缺乏联系的问题，基于对当地人群及资源潜力的分析，提出构建城市文化门户的目标，分化出四个策略，通过三个战略行动空间来进行落实。

网络　体验

生活

TEAM1:

针对老城南公共空间片段化、特色价值网络化的问题，以建立网络化的特色公共空间为目标，基于评价分析，植入四种发展模式进行城南地区的有机更新。

网络　生活

体验

3 历史回溯

古代城池空间演变

南京历史悠久，南京建都史自东吴定都建业开始。其后，东晋、南朝、南唐、明、太平天国和民国，前后十代定都南京共 450 年。都城规划是以"君"为本。都城形制受《周礼》影响，并融合山丘环抱，河湖萦绕散布的自然地形，表现出礼制规划与因地筑城的巧妙结合。其中，明朝南京城为四重环套配置形制，城郭顺应山峦湖泊、水系等地形限制与旧城制约。其都城格局深深影响了之后的城市建设与发展。

东吴建邺城

南唐建康城

明朝应天府城

近现代城市格局发展

在新中国成立后到改革开放前、较早期的时间段里，南京城市一直呈现着平稳扩张的发展态势。而在改革开放后，在经济高速发展和快速城市化的背景下，南京城市规模和范围出现了飞速的扩张，并且呈现出多点、跳跃式的发展，至此，南京的城市空间形成了以老城为主核心，仙林，河西，江宁，浦口等多个次中心环绕的城市格局。

在这样的发展模式下，城市同时呈现山蔓延式扩张的局面，由于推进速度过快，改造、更新和建设成本过高等诸多原因，部分城市旧区中心还没有得到有效的建设和发展，城市建设的重点便已经转移到了新的城市地段，使得这些旧区中心的发展建设出现了停滞甚至是倒退。

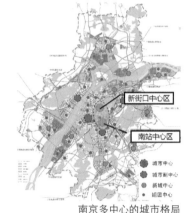
南京多中心的城市格局

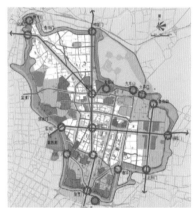
南京历史城区与城市轴线

1947

1980

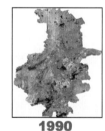
1990

2000

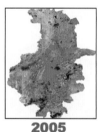
2005

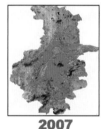
2007

快速城市化进程中的基地变迁

在快速城市化的进程中，研究范围内的三个区域呈现出不同的发展趋势。

老城南地区随着南京城市中心的变迁和发展重心的迁移，逐渐呈现出衰败的态势。众多的历史资源难以得到积极有效的保护，地区的公共空间系统破碎、活力丧失。城河南岸地区位于老城的边缘区域，随着南京多中心、跳跃式发展模式的落实，该地区在发展中被跨越，成为城市发展的阴影区，土地利用、生态修复方面面临极大的挑战。汉中门地区在南京多中心发展模式下，由于河西新城建设的带动，已经逐渐发展成熟。由于城市过快的扩张速度，片区整体氛围平庸，缺乏发展重心和发展契机。

三个地区经历不同的发展历程和不同时期的发展决策，最终在物质空间形态上体现为多元复杂性和差异矛盾性。

研究范围空间演变

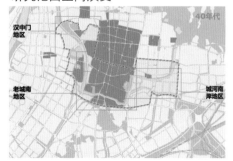
40 年代，南京市呈现传统城市发展格局，城市在城墙内发展，老城南拥有丰富的历史积淀，是城市的中心区域。

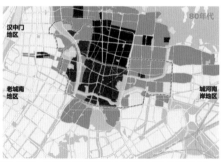
80 年代，南京市处于现代城市发展的起步阶段，南京的城市人口及功能已逐步溢出，城市突破城墙向外扩展。

到了 2000 年以后，南京市呈跳跃发展以形成多中心格局，老城南地区逐渐衰退，城河南岸地区在发展中被跨越，汉中门地区由于河西新城带动，已发展成熟。

4 提出策略

在本次设计中，各小组将问题导向思维和目标导向思维相结合，以规划的弹性与可持续性为原则，针对地区不同的情况，运用多元、差异性的策略，试图因地制宜地解决场地问题。

针对老城南地区公共空间片段化、特色价值消隐的问题，城南地区的设计以城市公共空间系统的塑造为抓手，从城市空间的可体验性、可达性、可感知性、公共设施的优劣以及用地潜力几个角度进行系统性的评价，在评价的基础上将区段分为四种类型，并植入四种针对性的发展模式来进行城南地区的有机更新，改善空间质量。

针对城河南岸地区城市空间边缘化、体验性差的问题，本次设计在定位重塑的基础上，进行生态，文化，交通，产业四方面的策略分析，以策略为依据进行地块用地调整。在具体设计方面，基于生态街区，生态交通，公共空间，智能设施这四个具体层面的研究进行空间设计落实，进而塑造充满活力、高体验性的城市空间。

针对汉中门地区整体平庸，内部缺乏联系的问题，本次设计基于对当地人群及资源潜力的研究，提出构建南京城市文化门户的目标。由目标出发，分化出四个策略：多层次空间整合策略，多元参与的设施开发策略，经济提升策略以及社区文化融合策略，并将设计区域分为三个战略行动空间，进行策略的逐一落实。

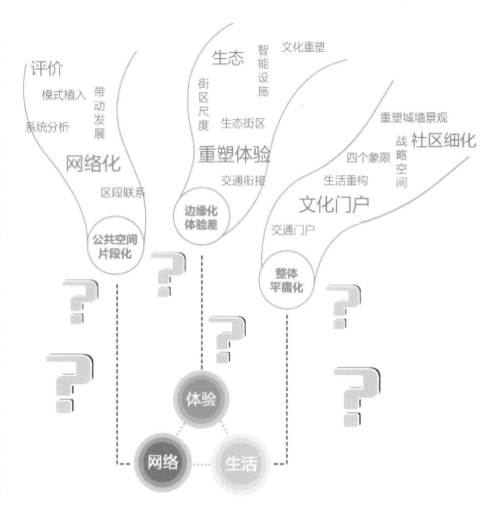

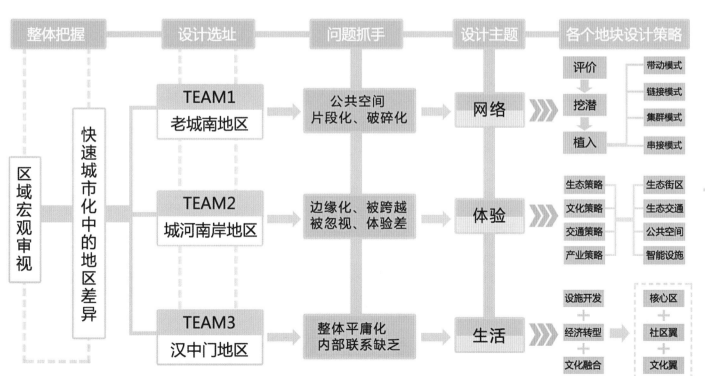

本案运用系统的思维、差异化的方法和针对性的策略开展研究设计，将网络、体验、生活作为各个地区的设计主题。核心目标都在于构建并优化城市公共空间网络，创造人与人的公共交流场所，并在本次设计的课题——城河体系的触发下进行多元的空间塑造。

城脉 · 激发 · 网络 ——老城南公共空间研究及设计

设计者：熊恩锐　　李琳　　王乐楠

1 历史背景——文化价值和资源优势

　　南京具有相当深厚的文化底蕴和丰富的历史资源，而老城南曾经是南京市民生活的中心地段，在南京城市发展历史上占据有重要的地位。同时，老城南集聚了历史街巷、历史文化街区、古树名木、非物质文化遗产等多类大量文化资源，具有相当的研究开发和改造利用的价值。

2 现状问题——公共空间片段化、消隐化、平庸化

　　老城南坐拥如此丰富的历史文化资源，城市的公共空间却缺乏体验性。其表现为，优秀的公共空间破碎而片段化，难以形成网络体系；许多较有特色的资源并未被积极利用处理，难以被人所感知，呈现消隐化的态势；另外，更多拥有开发潜质的区段，整体呈现出平庸化的问题，难以彰显自身特色。

　　片段化，消隐化，平庸化，这是老城南公共空间所面临的三大问题，它们直接导致了老城南的空间体验性差。本案的研究就以解决这三大问题为切入点。

历史文化资源丰富的老城南

3 研究框架

　　本案思路分为研究和设计两部分。在研究部分中，本案选取了区位特征，特色价值，可达程度，配套设施及用地潜力五个角度，对研究范围的公共空间进行系统评价。在此基础上，挖掘地段内部空间的潜力特色，并对其进行分类；继而经过具体的研究和分析，针对不同类型的地段，提出具有针对性的公共空间发展策略。

　　在分析和总结的基础上，本案在详细层面，以三个重点地段为代表进行概念设计，着重体现不同的改造发展策略。

　　1. 夫子庙及周边地段设计，以带动为核心策略。
　　2. 内秦淮西部地段设计，以链接为核心策略。
　　3. 赛虹桥及周边地段设计，以集群为核心策略。

老城南地区公共空间体验性较差

4 研究支撑

STEP1：评价

　　优秀的城市空间应具备独特的区位资源特征，较好的可达性和可感知性，良好的特色价值和完善的配套设施。因此，本案从五个方面进行公共空间评价。

区位特征

特色价值

可达程度

配套设施

用地潜力

区位特征评价：老城南地段内部重点空间的区位特征进行评价，选取出了一些具有较好区位条件的空间，意向明确，特色彰显。

可达程度评价：以机动车因子、慢性因子、公共交通因子为基础进行评价，得出一些典型问题区段，如城墙南端内侧可达性差。

配套设施评价：从设施功能性和多样性两个因子为基础进行评价，得出综合评价较好的区段和典型问题区段。

特色价值评价：从可体验性，多样性和活力三个角度入手进行了评价，得出结论是，老城南仅有11.7%的空间特色价值综合评价较好。

可感知性评价：研究区域存在丰富的历史资源及自然资源，但很多却难以被市民感知，例如内秦淮水绿网络。

用地潜力评价：通过评价得出保留用地、改造用地和更新用地。老城南总体土地利用潜力较低。

STEP2: 挖潜

　　从公共空间自身价值和人对公共空间的使用两方面考虑，划分出四类有价值或有潜在价值的区段。

核心带动型　综合评价_{较好}

特色潜力型　特色价值_高　**可达程度**_低　或**配套指数**_低

门户潜力型　门户型区位　特色价值_{一般}　有**改造潜力**

机会潜力型　有**更新潜力**　有**区位**_{优势}　或**资源**_{优势}

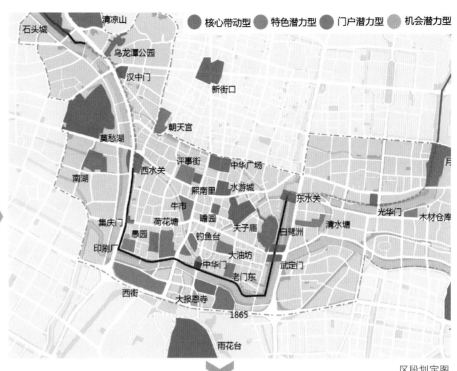

区段划定图

区段联系分析

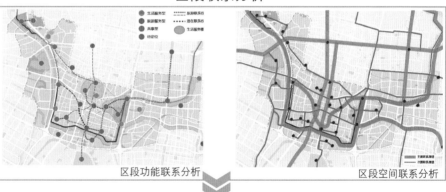

区段功能联系分析　　　　区段空间联系分析

STEP3: 植入

植入模式分析

模式一：带动　目标：**提升**
　　定义：以发展较好的区段联系潜力型区段，以提升该潜力型区段的价值。

模式二：链接　目标：**触发**
　　定义：通过强化核心带动型区段间的联系，触发并优化有潜在价值的联系载体。

模式三：集群　目标：**激活**
　　定义：增进一定区域内潜力型区段的相互联系，使其优势互补，共同激活。

模式四：串接　目标：**展示**
　　定义：打通廊道联系，将内闭而具有展示价值的特色型潜力区段串联起来。

　　在设计部分中，本案选取三个分别体现带动模式、链接模式、集群模式的典型地段进行设计。

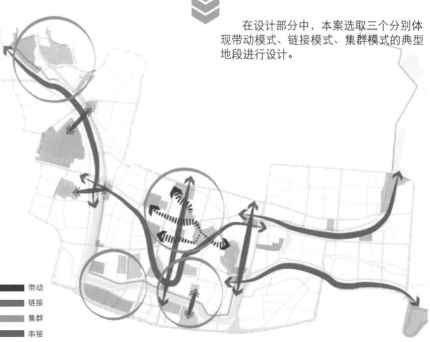

带动
链接
集群
串接

发展模式植入图

设计方案一：夫子庙及周边设计

方案目标

　　设计以城南地区具有核心带动能力的夫子庙区段为核心，以带动为核心策略，夫子庙是区域中发展较好的片区，产业功能有集聚优势，能够吸引较大的人流。牛市是机会潜力型区段，尚未开发，其区位优越、资源丰富，有较大开发价值。熙南里、白鹭洲是特色潜力型区段，自身有价值特色，但并未吸引过多的人群。该设计希望利用夫子庙的集聚优势，通过四个策略的落实，带动评事街、牛市和白鹭洲三个潜力区段进行发展。

　　在规划设计中，避免进行大规模更新，而注重以公共空间廊道为核心进行特色塑造、策略置入、问题解决，从而通过小规模改造的方式，激发区域活力。

　　在具体的设计过程中，我们将带动模式的四个策略进行了落实，希望借此表达带动发展的典型模式，对其他区段的发展带来启示。

方案带动目标

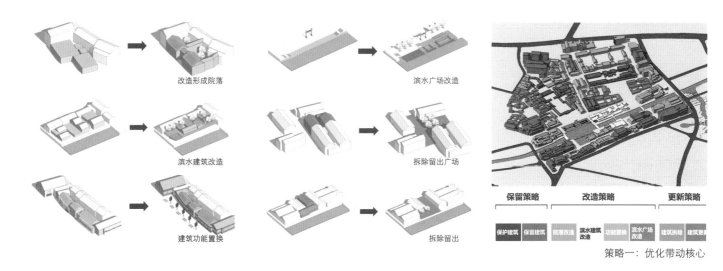

改造形成院落　　　　滨水广场改造

滨水建筑改造　　　　拆除留出广场

建筑功能置换　　　　拆除留出

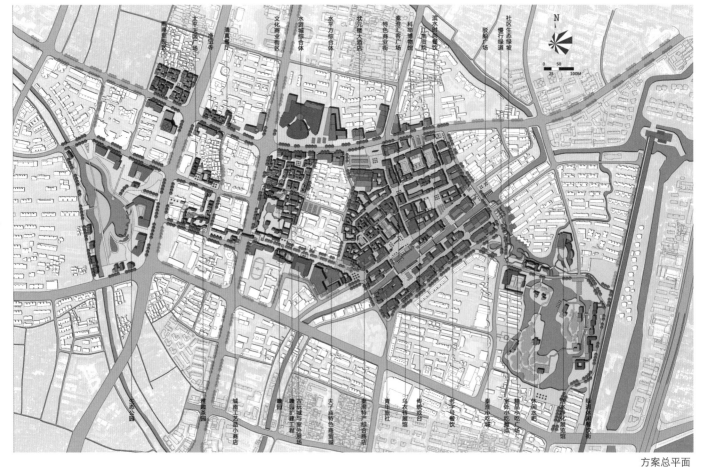

方案总平面

策略一：优化带动核心

该策略的目标是优化夫子庙区段本身，使其成为更有带动能力的核心。夫子庙具有形象、资源、区位的核心优势，也存在着功能档次低、特色缺乏，空间均质化、欠渗透的问题。在经过详细分析后，设计在夫子庙结构优化的基础上，提出八种手法对建筑和空间进行优化提升。

策略二：功能反哺提升

该策略意图引导夫子庙的功能沿公共廊道分布对潜力区段进行反哺带动。通过分析，设计将缺乏特色的现代商业功能沿商脉并迁出安置，哺育新兴商业街区。通过文化廊道对零散的文化资源进行整合。沿水脉将餐饮小吃功能进行延伸、生长。

策略三：公共体系引导

该策略通过四个步骤建立商脉、文脉和水脉的公共空间系统，以对公共活动进行引导。具体步骤包括公共建筑功能整合、公共路径建构、广场与节点标志、系统物质空间完善等。最终形成网络状的公共空间。

策略四：人流活动疏导

人流活动疏导

该策略希望从交通和活动两方面对夫子庙过渡聚集的人流进行疏导。并通过慢行交通、水运交通、公共交通系统来建立人流疏散路径。

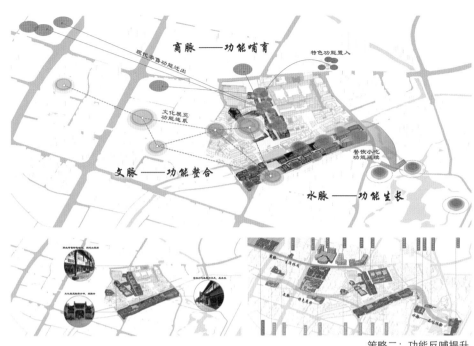

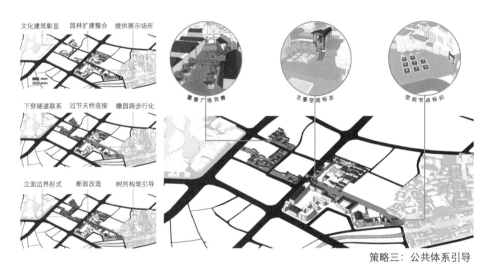

策略二：功能反哺提升

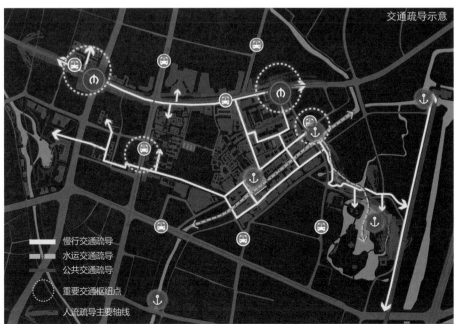

策略三：公共体系引导

活动网络现状

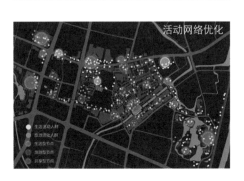

活动网络优化

交通疏导示意

慢行交通疏导
水运交通疏导
公共交通疏导
重要交通枢纽点
人流疏导主要轴线

策略四：人流活动疏导

设计方案二：内秦淮西段设计

方案目标

　　选取内秦淮西段，通过内秦淮链接西水关和中华门，激活内秦淮空间节点，丰富沿河公共空间，解决内秦淮空间封闭均质、连续性差活力低等问题。并由空间节点出发，向周围延伸公共空间网络，解决城河与周边联系性差的问题。

　　根据设计目标，依次提出三项策略提升载体价值，强化载体链接，延伸载体网络。

策略一：挖掘载体价值

　　从历史角度充分挖掘人对秦淮河的功能需求，依托功能需求提出四项载体价值和相应的功能定位，通过引入新的功能，强调运河文化延续、休闲娱乐、雨水管理、生态景观等内容，提升载体价值，促进链接生成。

策略二：强化载体链接

　　分段多样处理方向载体分别定义出"老城体验"、"老城呼吸"、"老城新居"、"老城记忆"等四段内容，并且优化节点形成连续的步行水运系统，使链接载体上的节点联系得更加紧密。

策略三：延伸载体网络

　　通过现有链接的节点，由街巷载体向周围公共空间延伸，形成新的链接，并带动整个老城的公共空间网络向系统化方向发展。

以钓鱼台片区为例，规划建议：
1.梳理现有街巷空间体系；2.优化街巷空间，并且适当拆除一定建筑，形成街巷中的空间节点。在节点中增加绿地、基础设施，满足居民的日常生活。

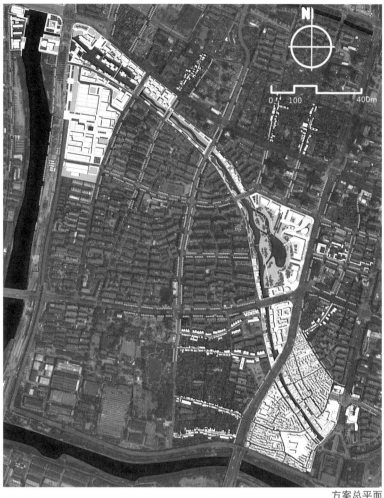

方案总平面

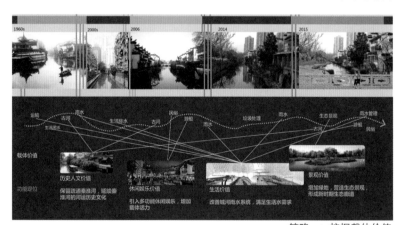

策略一：挖掘载体价值

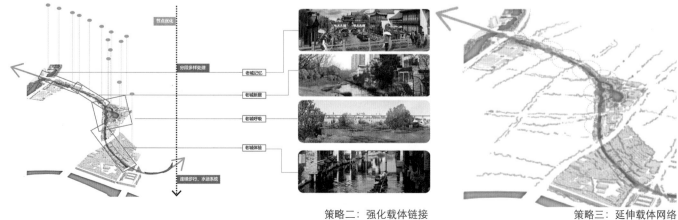

策略二：强化载体链接　　　　　　　　策略三：延伸载体网络

老城体验

将钓鱼台沿河地段打造成小桥流水，河房沿岸的氛围，使人体验老城居住风光。通过打开沿河空间，引入表演商业、手工艺作坊、民俗博物馆等功能，增加绿地、亲水平台、链桥等设施，形成连续的步行系统，增强两岸联系。

老城呼吸

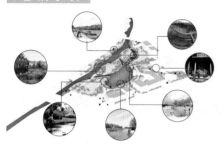

把牛市打造成具有历史人文气息的生态公园。沿河延续原有的步行系统，铺设道路引入人群，内部形成大面积生态开放绿地空间，延续周边功能引入商业文化设施。采取多样的水净化方式，带动周边的生态水循环。

老城记忆

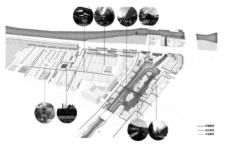

改造西水关片区，引入西水关文化广场，城墙遗址公园、酒吧餐饮街、创意园区等。疏通内外秦淮河，形成连续的街巷步行系统，滨水步行系统和水运系统。

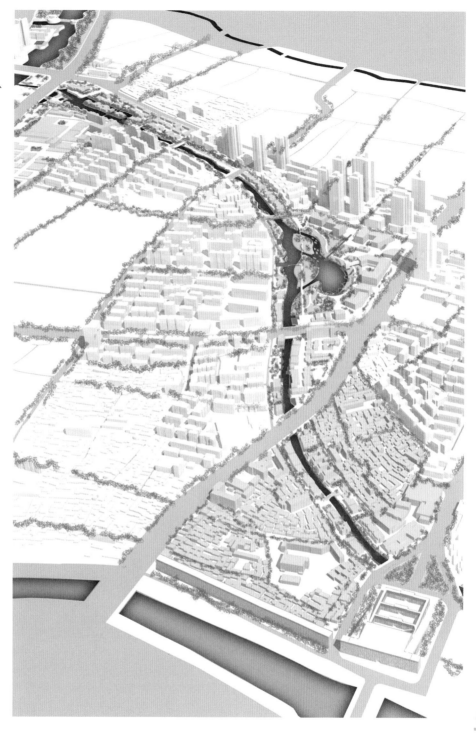

老城新居

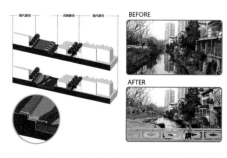

改造模式一，针对河房居住地段，进行生态驳岸处理，满足河房居民的景观需求，通过绿地净化雨水。

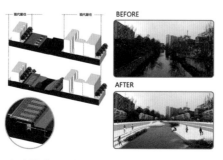

改造模式二，针对现代居住需求，将驳岸改造成沿河硬质开放空间，提供足够的活动场地，通过小型绿地等净化储存雨水。

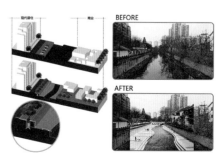

改造模式三，针对商业居住地段，结合原有商业功能，对道路打开空间，通过树池净化储水。

设计方案三：赛虹桥及周边设计

方案目标

该地段位于城墙的西南角内外两侧，内部涉及五个潜力区段，分别是旧印染厂工业地段、凤凰台愚园传统园林地段、荷花塘传统住区地段、城墙-外秦淮地段以及赛虹桥现代商业地段。

方案以集群发展为思路，在以城墙-外秦淮为核心的基础上，实现各个区段的紧密联系，联动发展，并处理好和城河系统的关系。

策略一：梳理主体特色

从绿脉网络入手，牢牢抓住城河体系这一核心特色，将跨城河广场作为核心绿核，以城河绿带为主绿轴，串接起主要绿核。同时以主绿核和主绿轴为核心向外延伸次级绿轴，串接周边次级绿核，编织形成绿色网络。

策略二：构建功能空间

分析区段及次级区段的定位需求，功能布局强调因地制宜，依据不同的建筑肌理和特色安排不同的功能。功能布局的重点是局部功能互补，使不同的区段之间产生功能需求，进而引领人流相互流动，形成交际网络。

策略三：激活设施纽带

分析周边居民需求，筛选关键节点，设置不同层级的服务设施，激活次级区段联系。针对不同的区域和人群，安置不同功能的公共服务设施。主体公共设施安排在城墙内部，以此激活衰落区段。设置公交站点和轨道交通站点，改善场地内交通设施缺乏状况，激活内部区域。

策略四：构建网络联系

在功能和设施完善的基础上，完善机动车和步行网络，同时进一步建立人际交流网络。优化机动车网络，提升地段对外可达性。优化步行网络，提升地段内部，尤其是城墙内外可达性。在以上基础上，生成人流活动交际网络。

策略一：梳理主体特色

策略二：构建功能空间

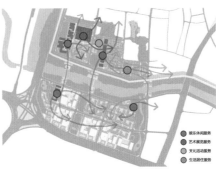

策略三：激活设施纽带

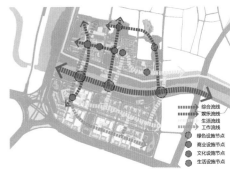

策略四：构建网络联系

方案总平面

设计方案一：带动方案

夫子庙区段是发展较好的核心带动区段。设计希望利用夫子庙的集聚优势，疏导其功能与人流动到周边，以带动整个区域的发展。

设计方案三：集群方案

基地位于城墙西南端，拥有赛虹桥、穆园、旧工厂等特色资源，现状却消极而难以感知。设计希望各个潜力点，形成集群发展模式，强化各个潜力点的联系，最终激活整个区域。

设计方案二：链接方案

内秦淮河西段拥有富集的历史资源演和文化价值。现状却平庸而隐值。设计希望通过网络激活点，延伸网络等方式实现内秦淮的活力提升。

生态·活力·体验——城河南岸地区城市设计

设计者：杨兵 王方亮

1 区位特征

地理区位：以城墙为界，两河（外秦淮河与护城河）为骨，融合了南京重要的文化脉络；

商业区位：以新街口商业中心、夫子庙文化街区、红花机场，拥有良好的商业发展前景；

文化区位：处在明故宫、老城南、城墙文化圈内，光华门遗址是重要南京历史文化点；

自然区位：拥有良好的景观区位，七桥瓮湿地位于基地东南侧，是南京重要的生态廊道。

2 焦点问题

城市肌理破碎：基地内城市肌理多样，缺少协调，片段化城市空间，无法形成整体体验。土地利用低效：城墙内土地利用混合多样，城墙外单一集中，资源潜力和土地利用不匹配。生活体验分异：城墙系统、快速路、铁道线路切割基地，阻隔社区以及公共空间之间的联系。边界线路阻隔：公共空间数量少、质量差、特色庸，要素缺乏最大化利用，配置结构待提升。公共空间平庸：城墙内外生活分异大，人群类型参差，城内生活悠然有序，城外平庸乏味。生态要素失联：基地内包含良好的生态资源，生态要素散布，未能形成完善的生态系统网络。

生态廊道

生态斑块

3 目标前景

充分挖掘城河南岸地区的区位及资源潜质：塑造属于"金陵"的产城融合生态宜居区：提升城河南岸地区的体验品质。

4 设计思路

在南京城墙为主题的框架下，针对明故宫南向地区进行了研究探索。从焦点问题入手，回到时间发展角度探求问题的本质原因，解读了该地区历史发展过程中被边缘化、被忽视的困境。

规划从生态、交通、文化、产业四个方面综合入手，在此基础上确立了方案的设计重点和策略措施，形成用地调整。在方案设计层面，发挥场地区位及资源优势，从生态街区、生态交通、公共空间三个方面展开，结合人的体验活动，提升地块的体验环境，构建良好的城市网络。

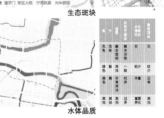

水体品质

在南京城墙为主题的框架下，针对城河南岸地区进行了研究探索。从焦点问题入手，回到时间发展角度探求问题的本质原因，解读了该地区历史发展过程中被边缘化、被跨越、被忽视的困境，从而造成的体验的现状。

设计从生态重建、文化塑造、交通优化、产业激活四个方面入手，形成用地调整。在每个策略中，我们都对接区域发展格局，梳理整合内部资源。

网络

体验

生活

焦点问题

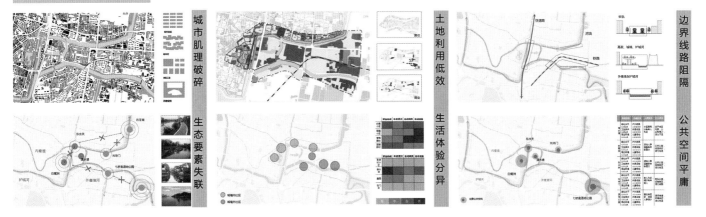

城市肌理破碎　土地利用低效　边界线路阻隔

生态要素失联　生活体验分异　公共空间平庸

追根溯源

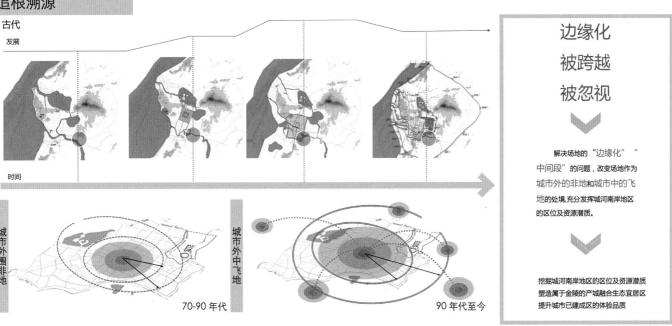

古代
发展

时间

城市外围非地

城市外中飞地

70-90年代

90年代至今

边缘化
被跨越
被忽视

解决场地的"边缘化""中间段"的问题，改变场地作为城市外的非地和城市中的飞地的处境，充分发挥城河南岸地区的区位及资源潜质。

挖掘城河南岸地区的区位及资源潜质
塑造属于金陵的产城融合生态宜居区
提升城市已建成区的体验品质

策略措施

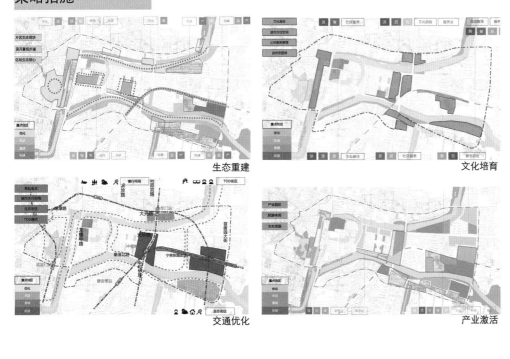

生态重建

文化培育

交通优化

产业激活

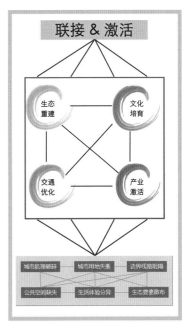

联接 & 激活

生态重建　文化培育
交通优化　产业激活

城市肌理破碎　城市用地失衡　边界线路阻隔
公共空间缺失　生活体验分异　生态要素散布

069

070

1　白鹭洲公园
2　水调歌头园
3　洲头水街
4　东水关遗址公园
5　城河公园白鹭洲段
6　登城处
7　城河渡
8　商业服务
9　清水塘公园
10　运粮公园

11　城河公园通济门段
12　牧歌公园
13　城河南岸文化博览区
14　生态公园
15　光华门遗址公园
16　铁路公园
17　铁路线形公园
18　商业商务
19　社区服务
20　光华游园

创意办公
线形公园
科技创意中心
农业区
产业园

系统架构——打造生态体验 激发空间活力

1 生态街区

在梳理现状基础上，规划形成"两轴双廊、两岛一楔"的空间格局，凸显河道骨架作用，改善层次混乱的地区面貌，创造生态体验环境。

功能上，通过用地调整和功能置换引入多元、复合的新功能，包括文化服务、创意办公、产业研发和社区配套服务等。

空间上，通过分析对比国内外步行街区尺度，选择区域内重点地段植入新型街区，鼓励步行与公共交往。

生态街区旨在从城市空间层面提高地区发展活力，促进文化、社区与自然交融，总体上体系生态体验的特征。

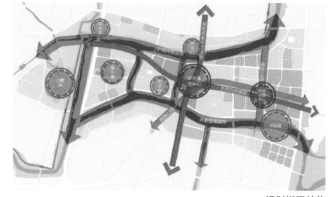

规划街区结构

2 生态交通

围绕生态交通概念，形成与生态街区相匹配的交通体系，构建以步行者为重心的步行环境，形成有魅力的生态体验生活。根据场地现状，从三个步骤为地区提供城市出行的生态体验：

改善	优化	创建
区域连接 区内联系	多模式公共交通系统 慢行系统 街道景观系统	交通空间 活动策划

通过对各个交通系统的深化设计，提高地区可达性与效率性，同时，促进人、河、城之间的联系，实现对用户友好的生态交通，从而形成人与自然亲密关系的生态社区环境。

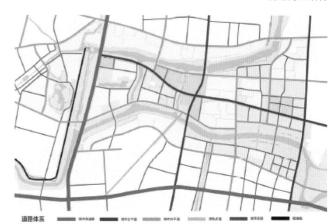

规划道路体系

3 公共空间

设计通过区域融合、绿色街道、社区花园和公园广场四个方面，构建完整的水绿网络。

梳理基地内水系与绿地系统，融入城市生态系统；打造城市绿色街道系统，通过线性空间将两河生态与景观优势引入社区内部，在此基础上，构建社区花园与公园广场等节点空间，形成完善的绿色网络系统。

结合东水关、白鹭洲休闲游园、城河游园、铁路线性文化公园以及都市田园等重点城市公园，形成丰富的城市交流场所，策划多样活动，激发场地活力。

公共空间是形成城市体验的重要因素，我们根据基地特征，打开滨河景观面，通过绿色廊道渗透入场地内，改善社区消极空间，提供生态化的社区体验。

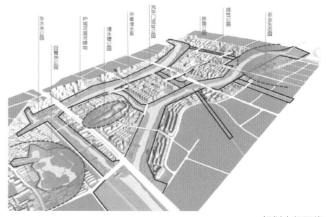

规划水绿网络

4 智能设施

智能化基础设施系统包括用水、节能和垃圾处理三个部分，从支撑系统层面，为城市生活带来生态体验。

基地内拥有丰富的水网系统，我们重点设计了雨水管理系统，规划雨水径流方向、汇水区和地下雨水管道的布置方式。为了减少雨水管道铺设成本，我们引入了生态湿地、天然蓄水池、绿道和生态调节沟。

节能与垃圾处理部分，我们主要参考了国内外生态街区案例，提炼低碳、可持续的生产生活方式模式，提高资源利用率，减轻对环境的压力。

60-65%	10%	30-40%	60-70%

在基地的生态营建中，实现雨水、节能、垃圾废物与可再生能源四个层面的智能化。

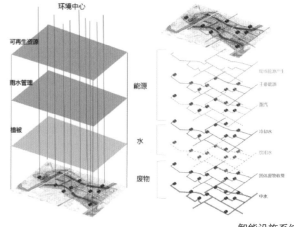

智能设施系统

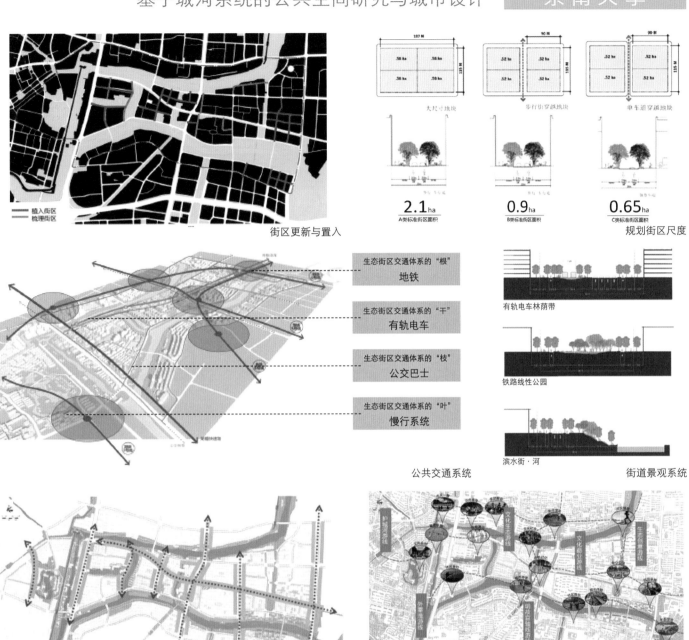

街区更新与置入

2.1 ha A类标准街区面积
0.9 ha B类标准街区面积
0.65 ha C类标准街区面积

规划街区尺度

生态街区交通体系的"根"
地铁

生态街区交通体系的"干"
有轨电车

生态街区交通体系的"枝"
公交巴士

生态街区交通体系的"叶"
慢行系统

公共交通系统

有轨电车林荫带

铁路线性公园

滨水街·河

街道景观系统

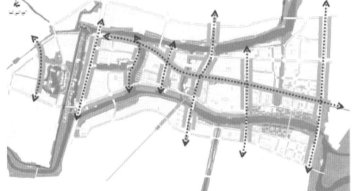

规划水绿系统

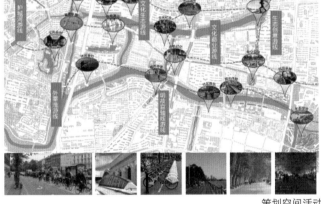

策划空间活动

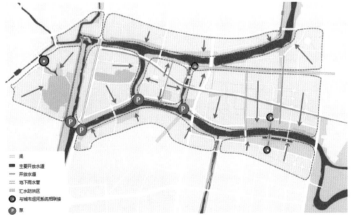

规划雨水管道

人工湿地：生物过滤

蓄水池与绿色街道
雨水收集设施

重点地段设计

区段1：白鹭水关历史体验区

区段介绍：水关白鹭区段现状拥有白鹭洲、秦淮河、东水关、清水塘四片集中开敞空间，但由于城墙和高架桥两条阻隔带，将场地分割为城内、城外，桥西和桥东。

设计目标：强化区段内核心空间的联系，促进社区融合，促进人流交往；激发文化休闲、生态休闲的潜力，提升地段价值。

设计策略：

优化：针对场地内具有潜力的要素，进行优化重塑，从点、线、面三个层次形成开放空间网络，提高空间使用率；

改造：改造场地内消极因素，促进社区融合；对城墙、高架两条阻隔带分类处理，形成动静结合的活动带。

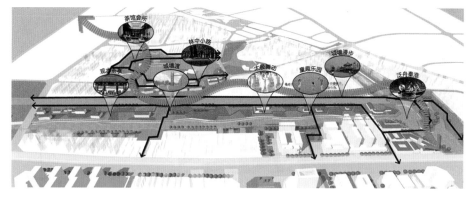

动线：城墙内外策略

梳理城墙内外步行路网，通过增设城墙渡和布置登墙设施，将城墙融入步行网络，并且围绕城河空间策划多样活动。

设计平面

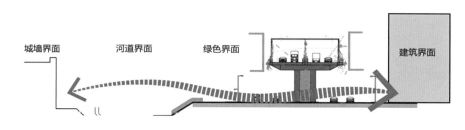

静线：高架柔化处理

生态化处理：增加高架附属绿化设施，塑造立体软质景观界面；另一方面，从生态角度降低机动车的污染，改善城市生活环境；

步行通道：为了减弱高架的阻隔作用，设置步行通道与交通管制设施，机动车道采用绿波通道，避免人机冲突。

区段2：运粮河畔都市田园区

区段介绍：场地作为旧工业区和城中村地带，功能结构衰退，整体上缺乏活力。生态状况差，流经七桥瓮湿地的洁净水体在此处又被工业废水和未经处理的生活污水所污染。

设计目标：构建都市农业区，改善生态环境；形成城市中的大型绿地公园；激发文化休闲、生态休闲的潜力，提升地段价值。

设计策略：

引入农田，划分不同功能区块；评估现状，根据地形构建水体管理系统；建筑质量评价，确定拆、改、留三类建筑，根据保留建筑的不同类型，提出不同的改建方式，满足都市农业区的使用需求；结合外秦淮河流水系，塑造富有都市农业特色的景观公园，策划乡音的休闲娱乐活动，如划船比赛，游船观赏等。

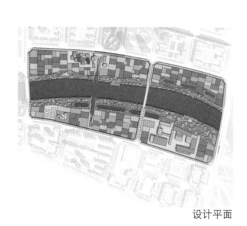

设计平面

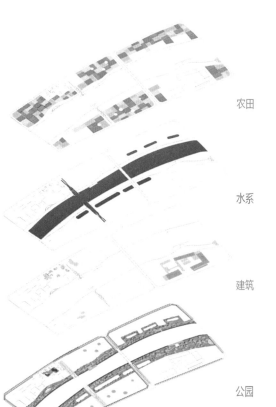

农田

水系

建筑

公园

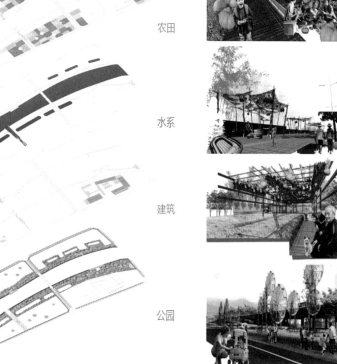

都市田园系统

城河两岸

城市体验路径

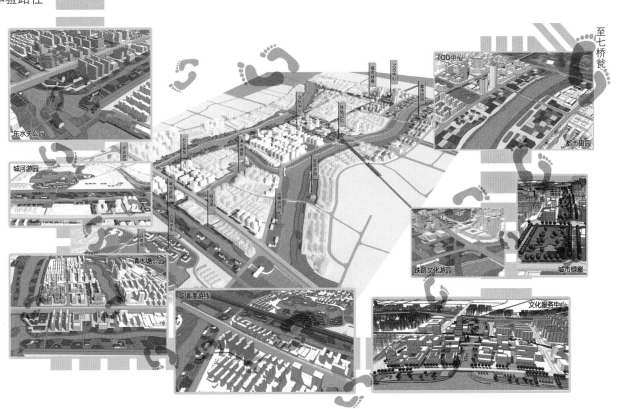

都市·文化·生活——南京汉中门地区城市设计

设计者：张涵昱　　颜雯倩　　袁俊林

1 现状问题

基地位于本次课题研究范围的西北部，用地面积 5.22 平方公里，由外秦淮河和汉中门构成的四个象限组成。在历史上，汉中门地区拥有如西水关、汉中门、堂子街、石头城、五台山等经历了悠久历史的地点。不过到了现在，尽管有着很多良好的资源点，但是各个资源点之间相对孤立，没有形成可以概括的整体特色。由于历史发展的时间顺序不同，四个象限内部形成了各自不同的特色，而且四个象限内部人群也构成也较为丰富，这些都构成了象限内部的丰富性和多样性；但是四个象限之间，由于表现较为平庸和边缘化的外秦淮河隔离了东西，两侧的联系加上周边道路等级不匹配，使汉中路在一定程度上隔离了南北。

2 价值挖潜

汉中门地区拥有良好的文化区位价值，在南京整个城市结构中，汉中门地区位于南京"城河系统"与汉中路城市发展轴的交汇点，而在南京同级别的其他位置上都形成了具有可识别性的整体特色。在南京秦淮河体系中，地区内的外秦淮河体现了明显的城中河的特点，在与其他段的分工中主要定位为都市休闲作用。而对南京整体文化设施的分布研究可以看出，南京文化设施分布较为分散，缺少具有特色的集中文化中心或文化展示区。而在片区内部，汉中门地区也拥有丰富的文化价值，如山水形胜的展示区。因此这里是丰富肌理的承载区，这里还是多样社区的共生区。

3 目标构建

我们希望用文化作为抓手，来实现地区内人与空间的互动，基于汉中门城西门户的优势区位，充分利用本段的都市休闲水岸，挖掘承载历史的丰富肌理，融合包含不同人群的多样社区，我们要创造一个文化特区，使之成为一个文化的门户、一个交流的平台、一个融合的片区。

4 策略设想

那么在汉中门这样的一块年代较旧，功能相对完整，用地局促的城市建成区，文化门户的内涵在于充分挖掘场地内原有资源点的潜力、激发它们的活力，并最终通过整合这些，形成整体的文化特色，在这样特殊场地条件下，文化门户的内涵最终转化为四个策略。

历史发展

发展基底　　　　明清　　　　民国

民国到 1980 年代　1980、1990 年代　2000 年以后

2000年以后　　民国

1980 年代　　明清

都市·文化·生活
汉中门地区城市设计
基地面积5.22平方公里
由四个象限构成

东南象限：

　　建设始于明清时期包含了南京城南历史城区的一部分，延续了城南的深厚历史积淀，同时，汉中门和由堂子街、石鼓路、陶李王巷构成的放射性道路组成的"门"与"街"的格局勾画了这个片区的城市肌理，由于历史年代较老，这里居住的主要是贫民和失业的低收入人群，构成了 History 象限。

低收入人群

东南象限：History

汉中门遗址　　　　　南京艺厂　　　　　　堂子街

东北象限：

　　包含了南京鼓楼—清凉山历史城区的一部分，主要展示了民国风貌，石头城和清凉山公园等形成的起伏地形也体现了南京山水形胜特色。象限内集中了两座大学（南京中医药大学，南京医科大学），几座医院（省人民医院，脑壳医院，胸科医院等），区域内城市活力较好。五台山体育中心是南京老城主要的市民锻炼休闲场所。这里是由大学生等知识分子构成的 Knowledge 象限。

大学生、知识分子

东北象限：Knowledge

石头城公园　　　　　南京医科大学　　　　五台山体育中心

西南象限：

　　80 年代起，南京城市建设开始向城外发展，依托汉中门通道和莫愁湖景观资源，西南象限成为南京城西地区向外发展的第一顺序地块。进入 2000 年，万科金色家园对莫愁湖二道埂子地块的改造，开始了引起全国新闻反响的围湖造城，相对于东南象限的贫民区，这里是南京的富人区。

高收入人群

西南象限：Lake

莫愁湖　　　　　　万科金色家园　　　　　莫愁女

西北象限：

　　进入 2000 年之后，南京老城内已经基本上没有集中的可开发的用地了，开发商开始从城外寻找资源，西北象限毗邻老城，又有外秦淮景观资源，开始了多个现代小区的建设，形成明显居住功能象限，如中海凤凰熙岸，漫城名苑，花开四季小区这里集中了很多了以上班族为代表的中产阶层。

中高收入人群

西北象限：Residence

中海凤凰熙岸　　　　漫城名苑　　　　　　凤凰庄小区

省人民医院
五台山体育中心
南京佛文化研究基地
五台山书院
南京中医药大学
极限运动广场
南京医科大学
明清文化漫步园
汉中门广场
堂子街古玩一条街
南京云厂创意中心

清凉山石头城公园
创意办公基地
创意办公街区
社区运动广场
滨水跌落酒吧
汉中门滨水广场
社区图书馆
社区综合服务中心
万科金色南住混合区
景观步行桥
亲水活力广场
芦苇荡观光游

方案总平面图

莫愁文化馆
莫愁剧院
秦淮都市生态体验带
南湖休闲带
南水关纪念广场

黄愁文化馆
朝天宫
秦淮原生态村
南京玄厂创意二部
西水关纪念广场
西湖夫酒吧水街

500 1000 1500 2500

N

风貌体系

自然景观
人文景观
都市景观

公共交通系统

地铁2号线及站点
水上巴士航线及码头

景观系统

中心水系绿带
门户景观道路
人文景观轴线

步行系统

开放空间/步道

079

技术路线

方案结构

三个策略

落实方法

三个行动空间

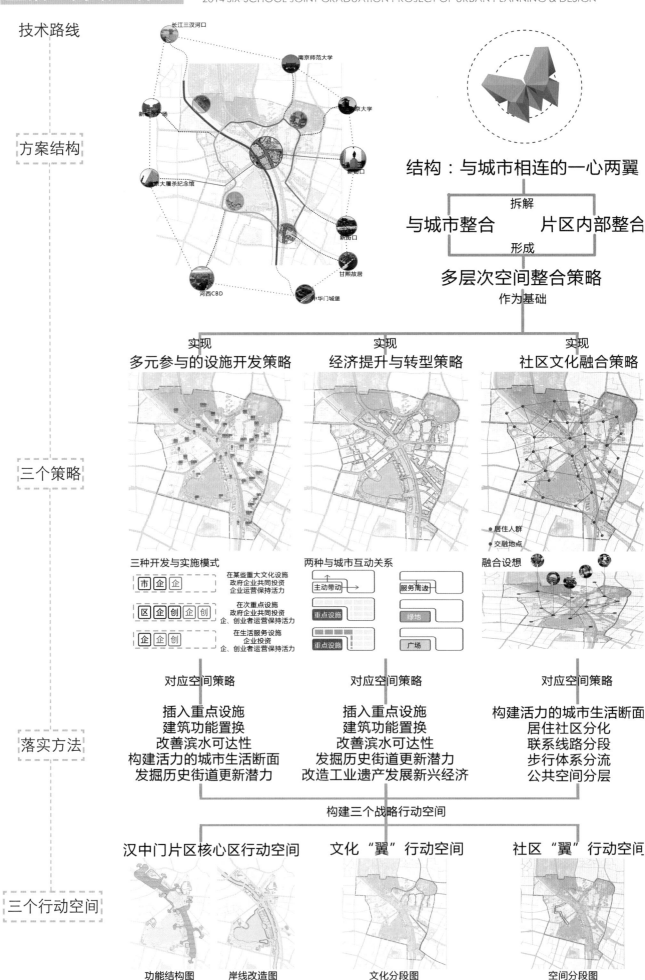

结构：与城市相连的一心两翼

拆解

与城市整合　　片区内部整合

形成

多层次空间整合策略

作为基础

实现　　　　　　实现　　　　　　实现

多元参与的设施开发策略　　经济提升与转型策略　　社区文化融合策略

三种开发与实施模式　　两种与城市互动关系　　融合设想

对应空间策略　　　　　对应空间策略　　　　　对应空间策略

插入重点设施　　　　　插入重点设施　　　　构建活力的城市生活断面
建筑功能置换　　　　　建筑功能置换　　　　　居住社区分化
改善滨水可达性　　　　改善滨水可达性　　　　联系线路分段
构建活力的城市生活断面　发掘历史街道更新潜力　　步行体系分流
发掘历史街道更新潜力　改造工业遗产发展新兴经济　公共空间分层

构建三个战略行动空间

汉中门片区核心区行动空间　　文化"翼"行动空间　　社区"翼"行动空间

功能结构图　　岸线改造图　　　文化分段图　　　　空间分段图

第一战略行动空间

汉中门文化门户核心区

设计目标：

我们的方案设计策略是在传统、历史两大空间形象特质中，打造一个集中体现地区特征的门户形象，其中包括：

- 门户可达性——通过公共交通一体化，实现可满足门户定位的高度可达性。
- 公共服务职能——通过植入文化、商业等多种功能，增强该门户的公共服务职能。

我们将重点打造汉中门核心区，构建一个具有活力的核心区域。

设计策略：

通过建立视觉中心，降低核心区域建设强度，增强步行可达性，最终打造一个满足服务周边生活的公共空间门户。我们将主要通过下面三个策略来实现目标。

1 城墙意象再创造

- 坡地亲水化——为塑造"城墙－水景"的空间氛围，我们将沿河部分硬地改造成为绿地，来增强沿河步道景观的连续性，实现坡地亲水化。
- 隧道城墙化——充分利用现状中虎踞路快速路上下两层的道路断面，同时为了削弱快速机动交通对路两侧自然景观的阻隔，我们采用了将隧道外露的设计，借由该快速路是沿明城墙原址路径建造这一历史特色，这种设计也一并获得了将隧道模拟成为残缺城墙中的一段这样的景观连续性效果，我们将其命名为隧道城墙化。

2 景观系统整合

景观系统设计目标：提升核心区公共性

重点塑造水系景观系统，构建一个具有优越生活质量的生态滨水区域。

- 码头规划——力图打破沿秦淮河游船路线的局限，将秦淮河与莫愁湖打通水系联系，并打造活动丰富的游船航线，得以充分发挥莫愁湖的公共活动平台作用。
- 水系重构——通过打开水路，规划具有独特生态性和优越生活性的生态居住岛。
- 观景平台——在整体水系中规划了多处视觉焦点景观和与其充分对景的观景平台，在沿水线性步道空间中，充分结合各种尺度的广场 进行平台设计。
- 湿地规划——为了充分利用莫愁湖在高密度城市中具有大面积绿化的独特空间资源，我们将莫愁湖沿岸部分段还原设计成为特色城市湿地，并在整个湖面贯穿设计丰富的步行桥景观。
- 立面设计——基于上述景观系统的处理，我们通过对硬质铺地、自然景观和桥景观元素的揉合，力图塑造核心水系中具有丰富空间效果的沿岸天际线。

3 地下空间一体化

在汉中门核心区内，原来的快速路虎踞路使得原本周边多样的功能——如大学，广场，商业，滨水步道等优质资源分割，在本次方案中，我们将通过发展地下空间将原本隔离的资源整合在一起，将公共性很强的文化、娱乐功能与汉中门地铁已有地下空间充分结合。方案中主要体现了隧道城墙化改造和码头－地铁地下空间一体化的开放空间设计。

汉中门地区面临着整体平庸，缺乏特色的问题，本方案将通过对汉中门文化门户核心区的设计，来着力打造能与如城中新街口、城北鼓楼、城东明故宫等这样的重要节点相匹配的南京城市门户，同时带动周边四个象限，通过一个强核心来加强象限间的联系。

设计目标

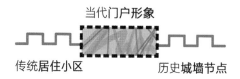

当代门户形象

传统居住小区 历史城墙节点

城墙意象再创造策略

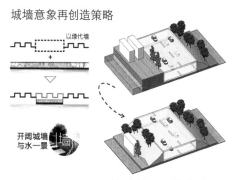

以绿代墙

开阔城墙与水一景

硬地改造-强化亲水

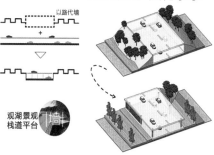

以路代墙

观湖景观栈道平台

隧道外露-模拟城墙

景观系统整合策略

核心码头景观

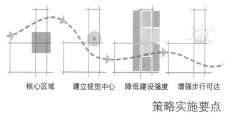

核心区域 建立视觉中心 降低建设强度 增强步行可达

策略实施要点

地下空间一体化策略

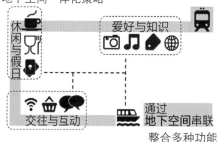

休闲与假日 爱好与知识

交往与互动 通过地下空间串联

整合多种功能

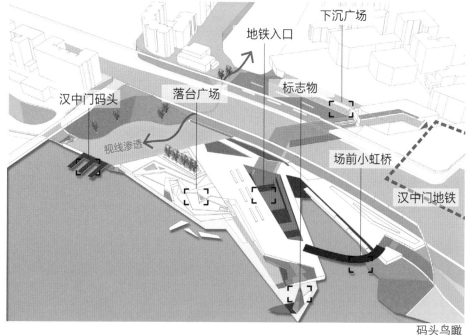

下沉广场

地铁入口

汉中门码头 落台广场 标志物

视线渗透

场前小虹桥

汉中门地铁

码头鸟瞰

社区服务中心，以提供给周边居民活动场地为主。

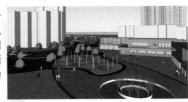

广场周边附带商业零售等基础设施，系。

社区图书馆，强调图书馆本身的建筑主体感。

图书馆同时通过二层平台加强与周边联系。

由道路围合的独立广场，服务于滨湖一侧大型文化设施。

独立广场可以作为居住区基础设施与大型公建的"纽带"

第二战略行动空间

社区"翼"

设计目的在于创造连续性的社区文化生活空间，提升住区的文化生活品质。同时，对南侧莫愁湖重新改造利用，将莫愁湖向周边开放，提升地区整体环境品质。

片区以居住功能为主，现状生活环境一般，住区之间存在院墙阻隔，分隔较为严重。

方案通过主体线路分段、步行体系整合、公共空间分层、居住社区细化四种方法，从建筑立面围合、路网改造、提高广场可达性、基础设施分区、标志物引入、景观树木植入、建筑高度控制等几个具体角度进行设计，最终达到多层次空间整合的目的。

住区现状图

社区策略

片区活动结合分段设计布置，北侧林荫大道段以大型商业为主，安排购物节等活动；中段以社区活动为主，安排社区才艺展示、老年人台球比赛等活动；南侧结合莫愁湖以大型文化活动为主，安排滨湖音乐节、芦苇荡采风等活动。不同活动之间以主线串联，达到共融的效果。

住区细化图

社区便利超市
商业广场
社区广场

城市广场

社区活动中心

社区图书馆

社区幼儿园
社区文化活动中心

莫愁剧院

莫愁文化宫

亲水平台

芦苇荡景区

莫愁湖市民公园

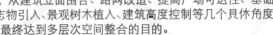

步行系统图

活动关系图

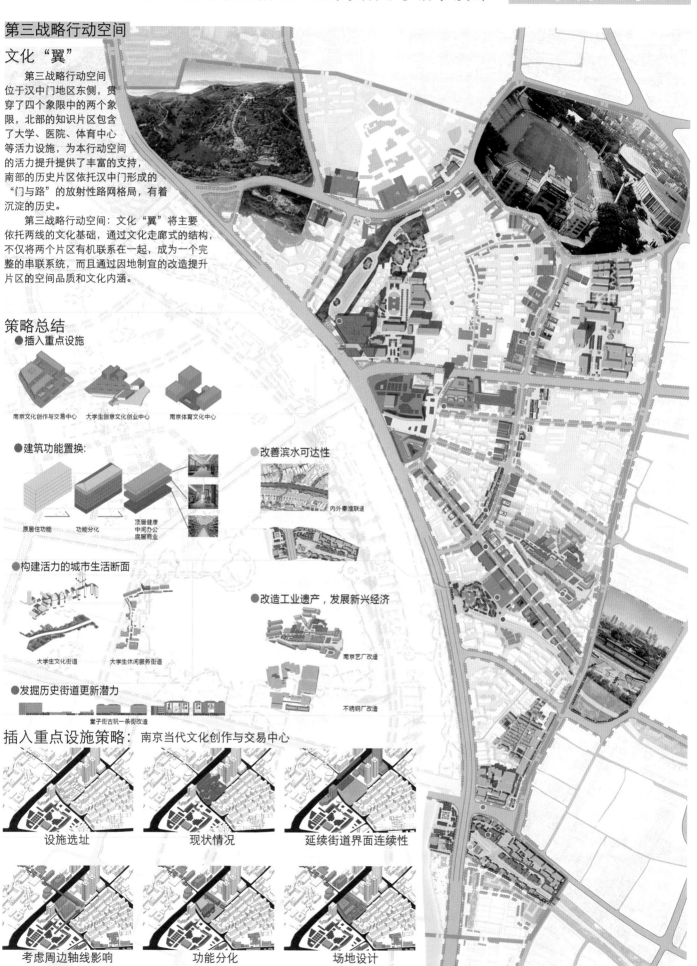

第三战略行动空间
文化"翼"

第三战略行动空间位于汉中门地区东侧，贯穿了四个象限中的两个象限，北部的知识片区包含了大学、医院、体育中心等活力设施，为本行动空间的活力提升提供了丰富的支持，南部的历史片区依托汉中门形成的"门与路"的放射性路网格局，有着沉淀的历史。

第三战略行动空间：文化"翼"将主要依托两线的文化基础，通过文化走廊式的结构，不仅将两个片区有机联系在一起，成为一个完整的串联系统，而且通过因地制宜的改造提升片区的空间品质和文化内涵。

策略总结
● 插入重点设施

南京文化创作与交易中心　　大学生创意文化创业中心　　南京体育文化中心

● 建筑功能置换：

原居住功能　　功能分化　　顶层健康中间办公底层商业

● 改善滨水可达性

内外秦淮联通

● 构建活力的城市生活断面

大学生文化街道　　大学生休闲服务街道

● 改造工业遗产，发展新兴经济

南京艺厂改造

不锈钢厂改造

● 发掘历史街道更新潜力

堂子街古玩一条街改造

插入重点设施策略：南京当代文化创作与交易中心

设施选址　　现状情况　　延续街道界面连续性

考虑周边轴线影响　　功能分化　　场地设计

083

城南表情

THE EXPRESSION OF THE SOUTH CITY

西安建筑科技大学建筑学院

王 良 王 恬 刘 佳 刘 硕 卓文淖

指导教师： 王树声　李小龙　严少飞

　　随着南京市总体规划等的实施，老城南正经历了时间的洗礼，如实的映照着时代生活方式与历史文脉的流变，发挥着传承城市文化发展与嬗变的职能。然而在政治权利与资本权利的双重作用下，老城南正经历着彻底的涤荡，摧枯拉朽式的大规模城市改造确为城市带来了经济效益，也在一定程度上改善了城市环境和基础设施，但在另一方面上，却对城市文化的传承带来了不可估量的影响。

　　本次毕业设计在南京市总体规划，南京市历史文化名城保护规划和明城墙保护规划的指导下，以老城南为研究对象，从核心价值"表情"切入，发现老城南更新改造的核心问题，即产权不明晰，从而提出多元化、小规模、渐进式的更新策略，重塑老城南的产权关系，最后再从中选取四类主要空间进行详细城市设计。在历史文化街区的改造中，以产权关系的梳理为核心手段，并结合功能流线组织、标志节点塑造等手段，探索一种历史文化街区改造的新手段，并制定适宜的规划方案。

With the implementation of the overall planning of Nanjing, the old city is experiencing the baptism of time, truthfully reflect the era of life style and the historical context of the rheological, play a heritage city culture development and the function of the change. Yet in a political rights and the rights of capital under the dual role, the conflicts of the old city is undergoing a thorough, type of large-scale urban transformation, and it was devastating for sure have brought economic benefits, also to a certain extent, improve the urban environment and infrastructure, but on the other hand, to urban cultural heritage has brought immeasurable influence.

The graduation design in the overall planning of nanjing, nanjing famous historical and cultural city protection planning and protection planning, under the guidance of Ming city wall in the old city as the research object, from the core value of "face" , found that the core issue of the old city renewal and reconstruction, the unclear property rights, and then puts forward the diversification, small, incremental updating strategy, to restore the old property relations, south of the town, and then choose the four types of main space for urban design in detail. In historical and cultural blocks, in the recovery of property right relations means of comb as the core, and combining the function streamline organization, mark shape node, to explore a kind of new methods of historical and cultural blocks transformation, and formulate appropriate planning scheme.

老城南 南京位于长江中下游地区，是长三角经济圈的重要城市，同时是著名的历史文化名城；老城南作为南京居民最为密集的地区，是老南京的代表区域，是南京的文化旅游发展中心。

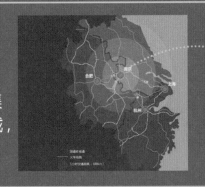

老城南

表情 "表"：通过姿势、态度等表象；"情"：感情，情意。
"表情"：由表及里，通过姿势、态度等现象或表象表达内在的感情、情意。

多样性视角下的城南表情 城市本身具有多样性，正如一面镜子，它能折射出生活在这座城市中的人们的情趣、目标与抱负

框架解析

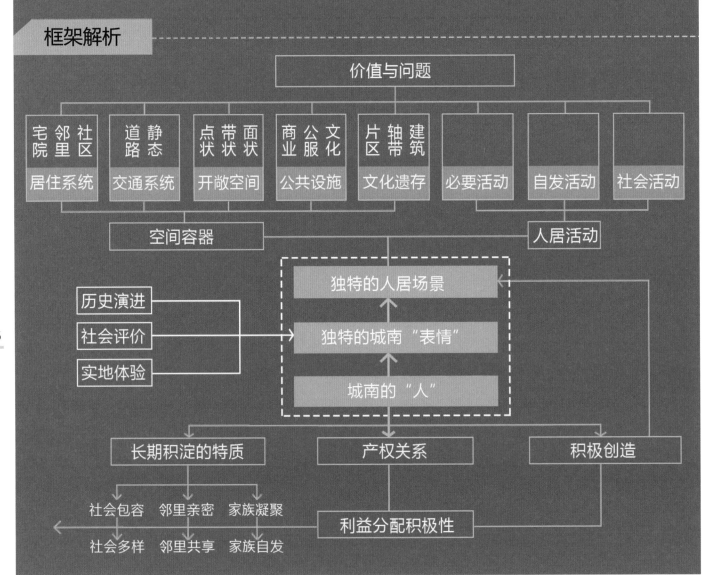

当地政府说

五大功能分区示意图　　产业布局规划图

在南京市的发展格局中，老城南在城市的文化体系和绿地体系中具有重要地位，是城市历史文化旅游的文化，也是南京市主要发展轴上的重要节点。老城南在当下迫切需要更新改造，改善困难群众住房条件，同时能够拉动内需，扩展城区发展空间，培育新的经济增长点。

文化工作者说

明《南都繁会景物图卷》局部

历史上，许多文人墨客在老城南留下笔墨："河房之外，家有露台，朱栏绮疏，竹帘纱幔"。当下的文化工作者们却对老城南感到忧虑："秦淮河两岸的古建筑早拆得所剩无几，只有粗糙而坚硬的仿古建筑竖立在河岸边，展露着职业化的笑容。"

居民说

"我们住在这里很久了！" "我们不愿意走，生活在这里很幸福！"

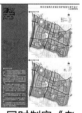

规划工作者说

在《南京历史文化名城保护规划》中涉及到老城南地区，同时制定《老城南历史城区保护规划与城市设计》，以加强各类历史文化遗产的保护，提升地段环境品质，保护历史城区整体格局与风貌，彰显文化特色。

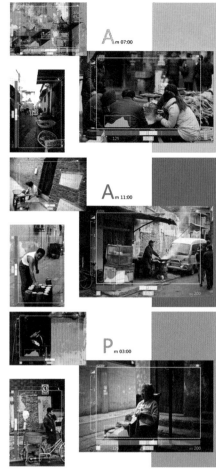

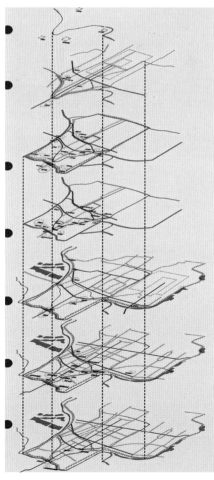

东吴：结合群山起伏及江河环抱的地形，城市分区部署，城郭配置及总体规划结构保持严谨的整体性。

南北朝：城市遵循以宫为中心，且城廓分工的规划结构形制。城内的建康宫的南北中轴线即为全城的主轴线，各地段按照各自功能独立城区，同时根据轴线进行部署。

南唐：城市革新外廓规划传统，使外廓功能由经济活动，转化为政治经济相结合的双重功能，为大城市外廓规划开拓了新格局。

宋朝：加强对市的规划，体制已超越了传统的集中商业区的范畴，正向市场网络形式过渡，以承担繁荣的商品交换活动。

明朝：城市从全局看，仍然结构严谨，整体性很强。分区布置也因地制宜，新旧配合协调，井然有序。

清朝：宫城的主体功能减弱沿秦淮河的逐渐形成集中繁荣的市场，市井氛围浓厚。

民国：城市的规划定位是首都，在交通与公园广场规划方面体现了近代西方道路网络格局与城市"公共空间"。

独特的空间容器

■ 居住系统

居住系统构成具有层级性：
片区—社区—邻里—家庭

■ 道路交通

交通系统构成具有层级性：
干道—次干道—街巷

■ 文化遗存

类型多样，呈散点式分布
，空间上与现代社区交织

■ 公共服务

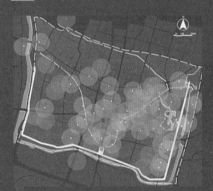

具有多样性与高度混合的特
征，且分布不成规模体系，
但高密度、小业态的形式是
其独特性与便捷性的体现

■ 独特性空间提取

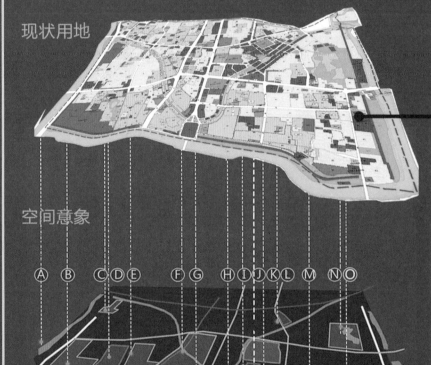

现状用地

空间意象

Ⓐ Ⓑ ⒸⒹⒺ Ⓕ Ⓖ ⒽⒾⒿⓀⓁ Ⓜ ⓃⓄ

A.外秦淮河　　　G.中华门城堡
B.集庆门片区　　H.报恩寺塔　　　M.门东商业街
C.水西门　　　　I.沈万三故居　　N.白鹭洲公园
D.愚园　　　　　J.大油坊住区　　O.护城河
E.荷花塘片区　　K.明城墙
F.钓鱼台片区　　L.夫子庙

■ 开敞空间

以点、线、面的方式组织，
分别对应公园和广场，街巷
对应古树、古井与街角

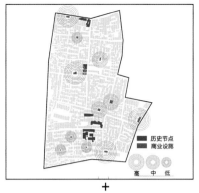

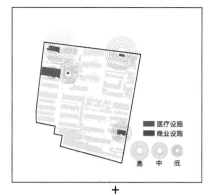

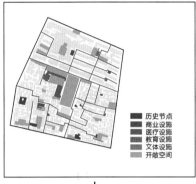

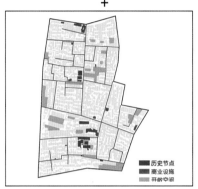

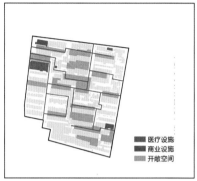

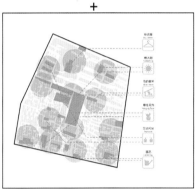

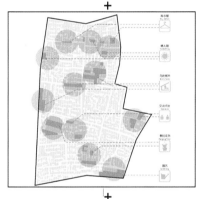

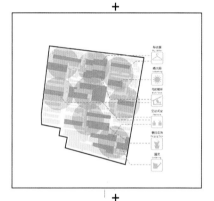

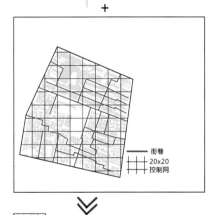

总结

大油坊街区是一个混合街区，既有现代高层住宅，同时还有传统院落

社区内部街巷密度约为0.12km/ha，传统社区密度较大

街区内部的公服差异较大，现代社区公服类型较为完备，按照服务半径进行布置，传统住区主要以商业为主，数量较多，规模较小

开敞空间数量多层级性较强，既有小尺度宅间绿地，同时也有较大规模的社区公园
空间界面

总结

荷花塘片区是一个传统居住片区，建筑以低层传统民居为主

社区内部街巷纵横交错，相互贯穿形成一个完整的街巷网络，街巷整体尺度较窄，适宜步行，D/H多为1~1.5

社区内部共有11处商业，都是小规模家庭作坊式，多分布在开敞空间或街巷交叉口附近，使用频率高

开敞空间数量多，并且都是小尺度，分布在院落之间，承载丰富的日常活动

总结

集庆门片区是一个近代住区，建筑以多层为主，兼有部分厂房；

社区内部街巷密度约为0.078km/ha,道路主要为横向街巷，纵向多为建筑宅间步道

社区内部公服有五处，多分布在道路附近人流量大的区域，使用频率差异大

开敞空间以宅间绿地为主，服务范围较小，功能较为单一

空间界面

1 人群职业构成　　2 人群年龄构成

- 小商贩
- 手艺人
- 中小学生
- 白领
- 游客

- 7%
- 10%
- 23%
- 60%

- 少年
- 青年
- 中年
- 老年

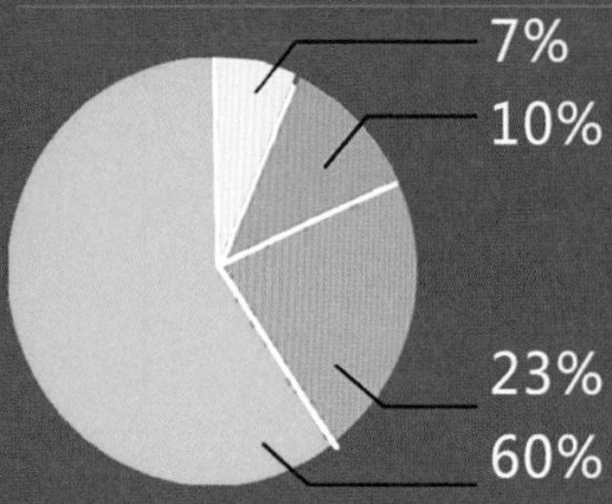

3 人群活动构成

根据《交往与空间》，人群活动可以分为必要性活动、自发性活动以及社会性活动。因此针对基地内不同活动类型，梳理了对应主体人群、活动时间、活动场所。

必要性活动

活动类型	活动主体	主要活动时间	活动场所
出行		早晨/傍晚	街巷
购物		白天	街巷/商区
交通工具存放		早晨/傍晚	停车场/车库
保安/医护		全天	街巷/居委会

自发性活动

活动类型	活动主体	主要活动时间	活动场所
休憩		白天	公园/绿地/广场/庭院
散步		白天	开放空间/街巷
健身		清晨/傍晚	公园/广场/居住区绿地
文化休闲		夜晚	广场/商业区/文化区

社会性活动

活动类型	活动主体	主要活动时间	活动场所
嬉戏		节庆日	街巷/广场
聚会交友		白天	街巷/集会场所
商业展销		节假日	商业广场
餐饮		全天	酒店/街巷
宗教活动		节假日/祭日	祠庙/宗祠/街巷
民俗节庆		节假日/祭日	祠庙/街巷

06:00-09:00

B. 集庆门片区人群活动

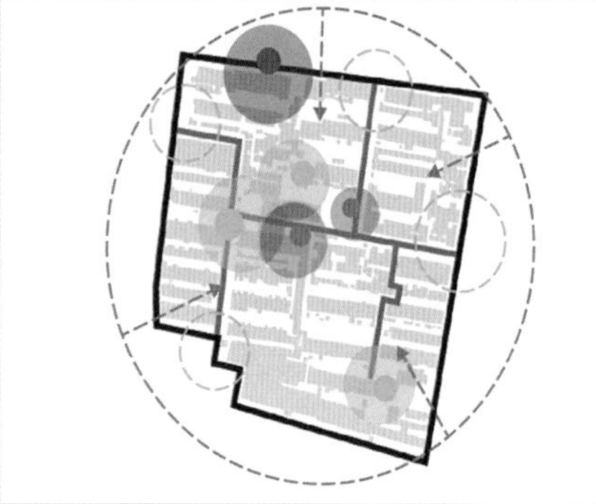

E. 荷花塘片区人群活动

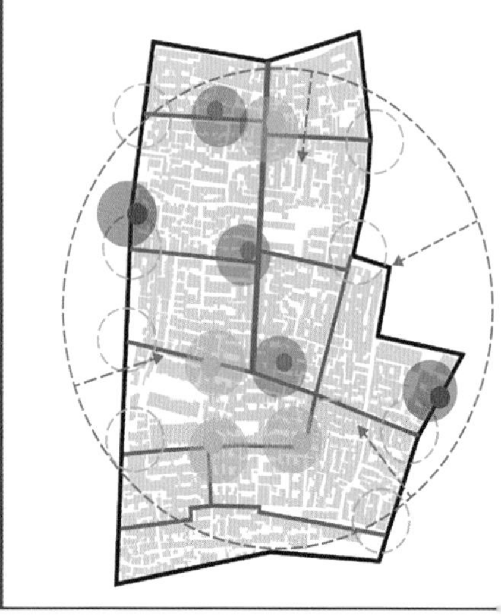

J. 大油坊住区人群活动

总体空间特征

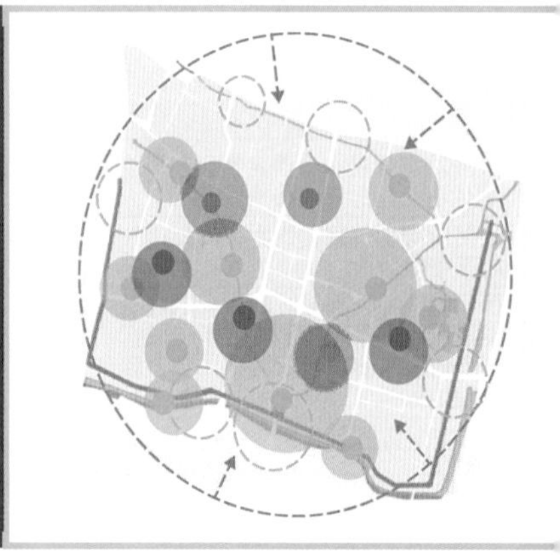

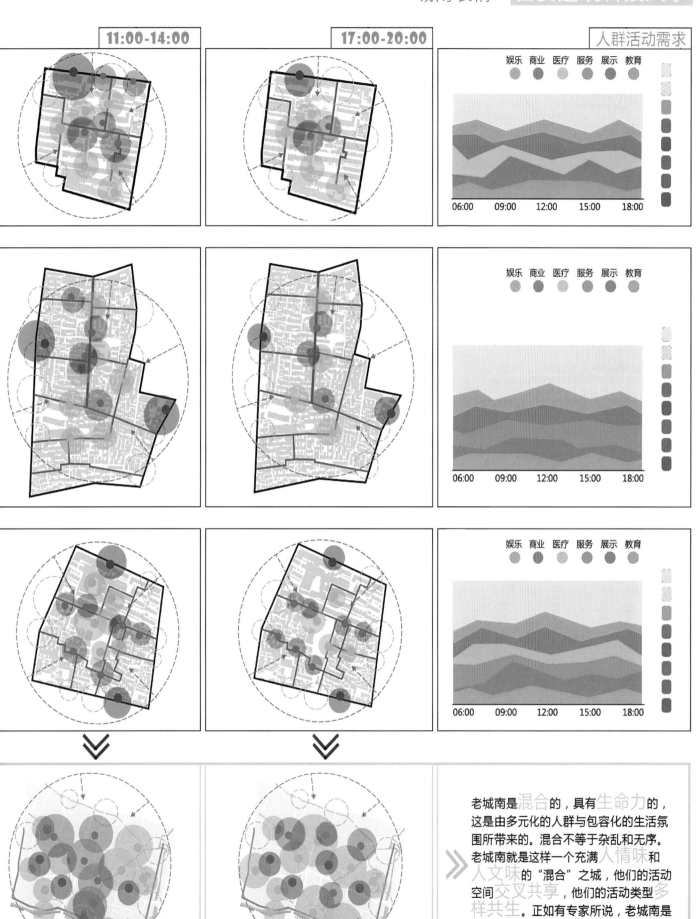

老城南是混合的，具有生命力的，这是由多元化的人群与包容化的生活氛围所带来的。混合不等于杂乱和无序。老城南就是这样一个充满人情味和人文味的"混合"之城，他们的活动空间交叉共享，他们的活动类型多样共生。正如有专家所说，老城南是一个躺着的巨人，不高但是能量无穷。

老城南长期积淀特质分析

老城南的 "人"

老城南的人的独特性体现在了长期积淀下来的特质，其本质是社会包容、邻里亲密、家族凝聚下的生活样态。

■ 评事街

新中国成立后，郑师傅的面馆生意依然火爆，又引来了许多商户，包括九旬老太的"皮肚面"，"章云板鸭"及"旺鸡蛋"。这些店铺都延续至今，深受街坊邻居的喜爱。

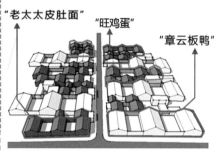

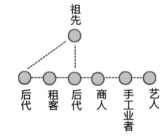

■ 高岗里

新中国成立后，好多织锦作坊被充公，然后租给外来务工人员，王本炽的老宅也被租了出去，仅剩客堂和一个厢房，其他原有的织锦商人后裔及外来租客仍在此幸福的生活着。

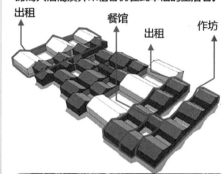

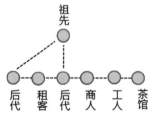

■ 殷高巷

新中国成立后，部分后裔搬出，空出的房屋成为外来租客在老城南的容身之所。形形色色的人行走其间，虽找不到当年大户人家的气派，但是新的街坊邻里正在滋生。

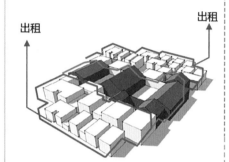

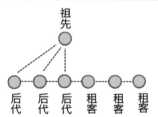

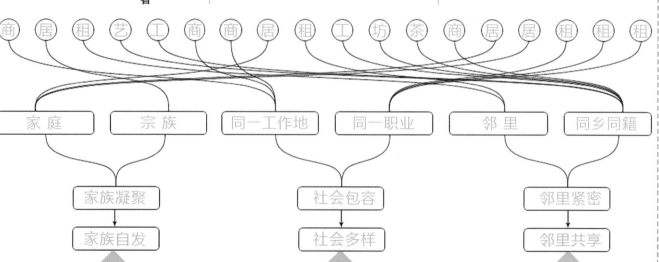

不积极创造　　不积极创造　　不积极创造

产权描述

■ 产权明确

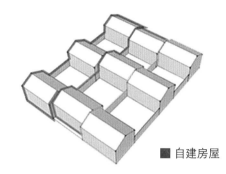
■ 自建房屋

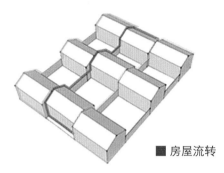
■ 房屋流转

现状产权问题

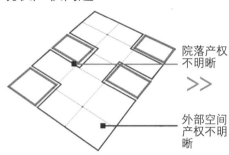

院落产权不明晰

外部空间产权不明晰

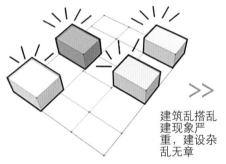

建筑乱搭乱建现象严重，建设杂乱无章

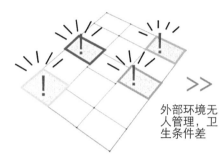

外部环境无人管理，卫生条件差

问题的城南　产权不明晰以及政府侵占产权等问题导致了老城南的表象问题，具体体现在了居住系统、道路系统、开敞空间系统、公共服务设施系统以及历史文化遗存等方面

居住系统

　　场地内的建筑以低层和多层为主，东部片区有部分高层。
　　主要拆除建筑集中在老城南片区整个基地内新旧住区交错分布。

道路交通系统

　　老城南与外部区域主要以两条快速路和两条主干路链接。
　　内部交通系统较为破碎，次干路密度不足，支路系统不成体系，联系度较弱。

开敞空间系统

　　现代住区开敞空间分级设置、有机联系。
　　传统社区则是"见缝插针"式的，规划的主观性作用不强。

公共服务设施系统

　　现代住区的公共服务设施整体使用频率较高，能够吸引人群的聚集。传统社区公服主要是靠近交通干道的公服设施使用率较高，内向型公服设施几乎无人问津。

历史文化遗存

　　文化资源丰富，类型多样，现代城市发展与资源保护的矛盾突出。

活着的老城南

发放网上问卷200份（157份有效），对老城南居民关注的问题进行梳理与分级，并结合这些问题再次问卷调查

邻里和睦　生活多样　时间积淀　环境依赖
↓
尽管老城南的问题诸多，当地居民仍会为了维持原本的生活习惯、邻里关系留守于此。

	第一步 居住条件	第二步 基础设施	第三步 公服设施	第四步 绿化环境	第五步 邻里问题	问题关注度
	住房产权不明					70%
	住房质量差					95%
	住房面积小					90%
		如厕问题				90%
		上下水问题				87%
		交通消防问题				70%
			子女就学便捷			90%
			就医便捷			85%
			日常购物便捷			80%
				卫生脏乱差		70%
				绿化不足		60%
				缺少游憩场所		60%
					治安问题	80%
					邻里和睦	75%
	55% 的人愿意留下	63% 的人愿意留下	68% 的人愿意留下	76% 的人愿意留下	89% 的人愿意留下	

当下更新模式反思

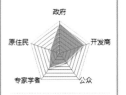

	更新模式一	更新模式二	更新模式三
更新群体			
更新目标	1.改变地段形象 2.改善区域发展条件	1.打造城市个性名片 2.城市营销	营造特色活动，吸引人气，提高商业范围，刺激经济
问题总结	1.原有氛围丢失 2.建筑风貌破坏	1.原有氛围丢失 2.街巷格局丢失，尺度与历史尺度不同	1.原有氛围丢失 2.院落格局丢失 3.业态植入不合理

当代反思

- □ 当下旧城更新忽视了对老城中存在的社会要素"人"的考虑；
- □ 欠缺对于老城生活内涵的思考，对"场所精神"未能很好的延续；
- □ 通过功能置换将现代居住、商业文化消费植入传统社区，破坏了老城的原真性；
- □ 更新过程中，政府和开发商占据主导位置，经济目标被无限放大

在当下的三类改造方式中，所谓的"改善民生"，却是大肆拆迁，原住民强制的外迁。

其本质上忽视了对老城中存在的社会要素"人"的考虑，对老城内涵的思考，同时破坏了老城的原真性，在更新过程中，政府和开发商占据主导地位，经济目标被无限放大。

老城南经历了时间的洗礼，如实映照着时代生活方式与历史文脉的流变，发挥着传承城市文化发展与嬗变的职能。然而在政治权利与资本权利的双重作用下，老城南正经历着彻底的涤荡，摧枯拉朽式的大规模城市改造的确为城市带来了经济效益，也在一定程度上改善了城市环境和基础设施，但在另一方面上，却对城市文化的传承带来了不可估量的影响。

当下更新模式借鉴——西安模式

德福巷 (1997 年 -1999 年)

1997 年德福巷的改造工作开始进行。在此之前，国内外学者进行了大量的研究工作，并提出了改造方案。但是，实施时并没有按照这个方案进行。

德福巷的实施方案将原有的老的传统居住区几乎全部拆除，取而代之的是现代的单元式住宅楼。街道改造与书院门相似，是完全新建的仿古建筑。有价值的历史遗存——湘子庙由于产权归属问题，保留了下来。而今，湘子庙已破败不堪，历经不适当的改造而面目全非。与前两者的改造相比，德福巷的改造不仅完全破坏了原有街区的结构，而且原有建筑也几乎荡然无存，取而代之的是全新的一切。

书院门 (1989 年 -1992 年)

书院门的改造规划以《西安市市中心区规划》为主要依据，以开发文化商业街、满足旅游的要求为主要目的，同时改造现状，改善居民区居住条件。

规划以碑林和关中书院的历史文化背景为出发点，将街道商业建设主题定为书法，组织有关书法商店、书法学院和书法广场。规划在实施中将沿街商业建筑与道路整修一新，同时改善完善了基础设施。

这次规划及改造工作虽然对街道以及沿街的商业建筑进行了全面的重建，而从大的方面上讲，街区及居民区总体结构基本上保留下来。这样的改造结果与改造的操作方式有很大关系。

北院门 (1993 年 -1996 年)

北院门的改造规划以《西安市市中心区规划》为主要依据，以恢复西安地区古城风貌为主要目的，同时也为了促进旅游事业的发展。

与书院门相比，北院门的规划强调了居住区和街道的整体性，保护不只是注重单体建筑，同时也开始关注街的保护，北院门原有的沿街建筑的改造没有像书院门那样全部拆除，全部新建，而是保留、维修和重建相结合。据统计在北院门改造中，沿街老建筑大约有 45% 保留，35% 进行了改造，20% 进行了拆除。改善完善了基础设施。这次北院门的改造规划与书院门相比加强了保护工作。

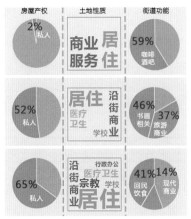

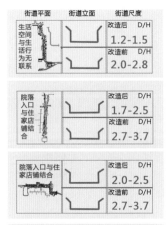

德福巷	6% 原住民　80% 咖啡酒吧 餐饮　业缘性为主	房屋产权 2% 私人／土地性质 商业服务 居住／街道功能 59% 咖啡酒吧	街道平面／街道立面／街道尺度 改造后 D/H 1.2-1.5　改造前 D/H 2.0-2.8	必要活动 现代商业服务／自发活动 几乎没有／社会活动 几乎没有
书院门	52% 原住民　66% 旅游工艺品 字画　血源性与业缘性	52% 私人／居住 医疗卫生 学校 沿街商业／46% 书画相关 37% 旅游商业	改造后 D/H 1.7-2.5　改造前 D/H 2.7-3.7	"贩卖" 技艺展示／下棋 打牌／几乎没有
北院门	66% 原住民　72% 传统餐饮　宗教性与血缘性	65% 私人／沿街商业 行政办公 医疗卫生 宗教 学校 居住／41% 回民饮食 14% 现代商业	改造后 D/H 2.0-2.5　改造前 D/H 2.7-3.7	食品摊点 日杂小摊／邻里交往 打牌 家庭活动 下棋／寺庙祭拜
总结	长期形成的稳定的社会结构，使许多传统的因素会沉积下来，形成特有的文化。	土地利用方式本身就是一种可见的，历史信息的载体，包括在利用方式基础上建立起来的功能体系。	实体空间环境的改变直接影响到街区内的活动与人群关系。	如果旧有的人口结构及街道实体环境遭到破坏，传统的街道生活就会改变或消失。

规划策略提出

ASPECT1
空间权属明确

□ 公有权属空间
□ 个人权属空间
□ 集体权属空间

对老城南的空间进行权属划分，明确产权所属，作为规划建设的有力支撑。同时建立社区的第三方组织，在协调各方的基础上采取积极保护策略，并在取得实质性成效后分配增值收益

ASPECT2
产业功能引导

■ 创业产业区　□ 创业产业区
■ 现代商业区　□ 现代商业区
■ 传统商业区

针对老城南已有功能片区，在尊重已有社会生态的基础上，旧产业进行转型发展，同时添加生活性服务业与符合当下需求的生产性服务业，最终对各片区产业与功能进行适应性引导

ASPECT3
活力点梳理与植入

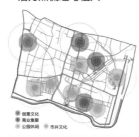

● 创意文化
● 商业集聚
● 公园休闲　■ 市井文化

针对老城南的衰落空间，结合上位规划引导与现实需求，梳理现状活力点，并植入新类型的活力点，形成多样性特征，最终通过规模集聚效应激发地区的整体活力，实现多元文化复兴

ASPECT4
路径整合

— 外向型公共路径
— 内向型公共路径

针对老城南片段状、破碎化的独特空间，试图通过公共路径进行整合与连接。同时将公共路径的属性分为外向型与内向型两种类型，实现各地段的内部空间组织与对外空间联系

ASPECT5
多元管理平台

■ 政府主导
■ 社区自治、第三方组织协助
■ 社区、政府、开发商管理

针对老城南不同的空间类型和多头管控、权责不明的管理现状，建立多元管理平台：社区、政府、开发商共同管理；社区自治、第三方组织协助；政府主导。最终确保规划得以实施。

STEP1
起源

STEP2
自给

STEP3
拓展

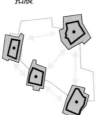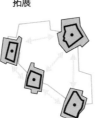

STEP4
互动

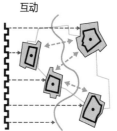

STEP5
共生

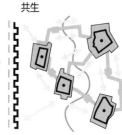

更新主体　　　　　更新目标

自下而上的更新序列

原住民

公众

专家学者

开发商

政府

完善生活服务设施
改善修护生活环境
保护修复历史建筑与历史街巷
植入地区激活点
改善物质基础

改善片区整体风貌
置换部分土地进行城市产业植入
完善城市服务功能体系
建立居民自我更新制度
提升生活品质

增加文化消费与人文特色消费植入
焕发旧城魅力，提升城市文化品味与竞争力
实现全方位的城市经济发展，实现老城区在多方面的经济收益
实现经济增长

095

敏感度分析

自然因素

+

道路因素

+

活动因素

+

公服因素

+

自然因素

=

因素叠加

方案推导

明确权属

首先，将老城南用地划分为为三种权属关系，调动原住民的改造积极性，达到自上而下与自下而上同步进行的高效更新模式。

选取活力节点

其次，在老城南中选取8个节点空间，进行前期建设，在节点的选取中考虑到政府、本原住民及城市市民各方的目标利益诉求。

构建空间联系

然后，将8个节点建立空间上的联系，实现相互支撑发展的良性循环模式。

引导老城南更新

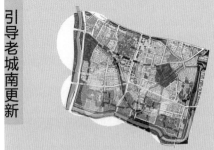

最后，以点带线辐射面，进行区域的分期发展建设，形成区域的共同发展。

系统分析

功能分区

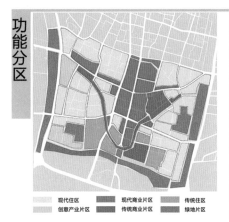

现代住区　　创意产业片区　　现代商业片区　　传统商业片区　　传统住区　　绿地片区

道路系统结构

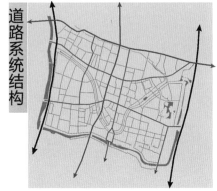

快速路　　主干路　　次干路　　支路

公服系统结构

公服轴线　　○ 公服节点

绿地系统结构

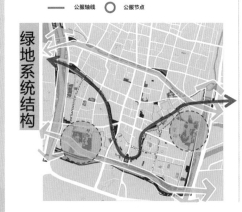

总平面

整体功能结构按照总体"一环、两带、三轴、四节点"的结构，与中华门外报恩寺及近现代工厂区等相关历史文化资源的利用同一协调考虑，与周边功能发展构成互补，将形成如下功能轴带：

一环：外秦淮河绿化环

两带：城墙滨河景观带，内秦淮景观带

三轴：中华路城市轴线，建康路历史文化，资源展示轴，传统民居展示轴

四节点：夫子庙传统商业节点，中华门地标节点，凤凰台传统文化展示节点，周处台历史文化节点

道路结构：1 历史街区改造地段的交通以保护为主，历史街巷保留原有尺度空间。
　　　　　2 在城墙内侧形成以服务旅游慢行交通为主的交通环路，加强城墙空间的可达性

绿地结构：1 规划绿环绕城，淮水穿城，凤凰的绿地景观格局。
　　　　　2 沿城墙结合城墙的保护与展示展示，提升城墙沿线环境的品质
　　　　　3 在城墙内侧形成以服务旅游慢行交通为主的交通环路，加强城墙空间的可达性。

公服结构：1 加强中华路、建康路的公服轴线体系。
　　　　　2 完善水游城、夫子庙的公共服务中心。

基于以上的分析，得到了我们的总平面

传统社区新生活

1 基地背景

　　老城南当下的传统社区空间特色鲜明，具有独特的市井文化生活氛围，然而随着外部环境不断施加的压力，传统社区逐渐变得消极衰落。其中，空间权属不明以及权属被侵占是导致建设性破坏以及居民自建意识薄弱的根本原因。基于这一点，我们试图通过空间权属的明晰与划分引导社区的自主更新。

2 荷花塘历史街区节点

　　荷花塘历史街区规划功能分区以居住为主，沿内部主街巷布置旅游商业及旅游体验服务，并增加街巷空间以弥补现状交通空间的不足，最后根据现有场地环境，植入新的开敞空间。

　　对于荷花塘的旅游线路策划，我们设计了作坊展示，传统民居，特色饮食，民俗演绎，记忆残桓，休闲广场等十个节点。

　　对于传统社区的院落空间改造，我们选取了十个典型民居，抽取建筑单体并进行单元组合，形成了 10 种不同功能类型的院落模式，包括：居住院落、展览空间、餐饮空间、办公场所、手工作坊、青年旅社、艺术家工作室、老年之家、戏曲之家。

　　基于以上的设计思路，我们希望打造的是"一树一院一人家，几街几巷尽芳华。"的一种传统社区生活模式。

3 钓鱼台历史街区节点

　　钓鱼台历史街区通过整理基地的综合现状，发现基地现状产权混乱，部分权属不明空间无人管理，在对公共服务设施层面进行了梳理与整合之后，我们进一步进行了产权重置，主要将院落进行二级产权再划分，最终得出我们的规划方案。

　　历史的积淀形成了传统社区丰富多样的生活，为了重塑或者强化这样的意象，我们通过植入建筑以及功能置换的方式，来恢复基地在过去的一种繁荣场景。

　　在原有建筑的基础上，我们打造了钓鱼台社区的戏台与花鸟市场。通过保留实体墙面以及 坡屋顶语言，以木构架的方式连接墙面与地面两个维度，实现院落—街巷—坡屋顶的空间起伏。进而形成一种良辰美景奈何天？赏心乐事谁家院的美好愿景。

综合现状

权属现状

规划公服

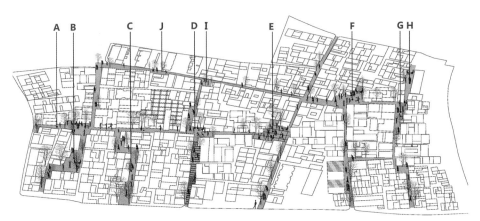

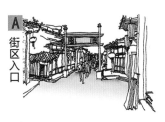

A 街区入口

C 传统民居

B 作坊展示

D 特色饮食

E 节点空间

G 曲径通幽

F 民俗演艺

H 记忆残垣

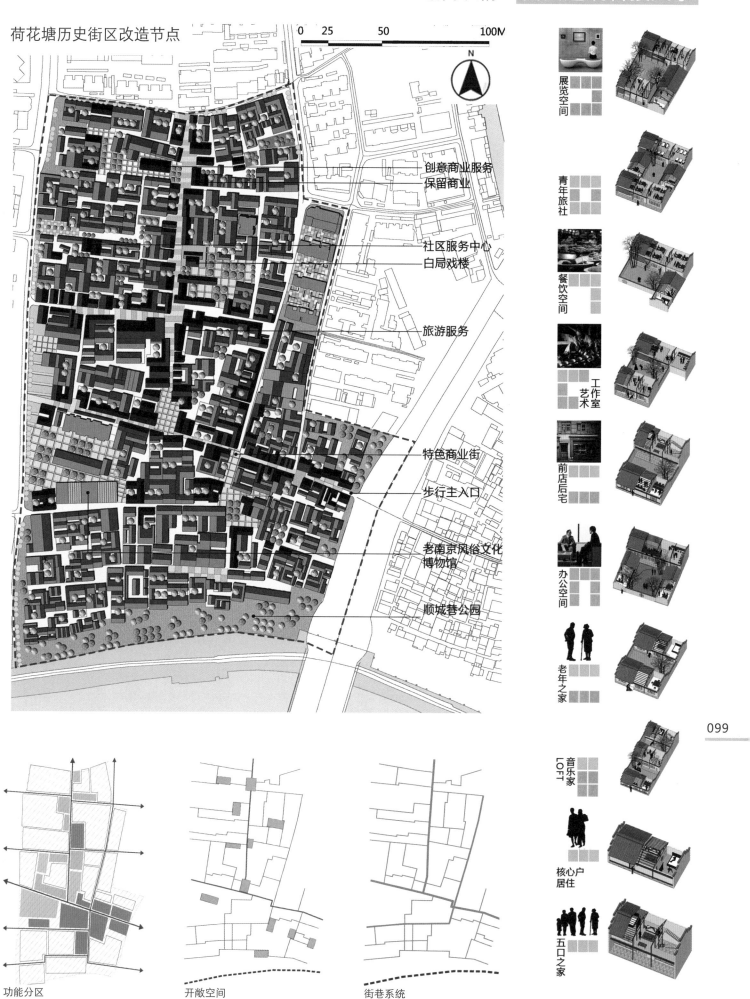

荷花塘历史街区改造节点

0　25　50　100M

N

创意商业服务
保留商业

社区服务中心
白局戏楼

旅游服务

特色商业街

步行主入口

老南京风俗文化
博物馆

顺城巷公园

展览空间

青年旅社

餐饮空间

工作室艺术

前店后宅

办公空间

老年之家

099

LOFT 音乐家

核心户居住

五口之家

功能分区

开敞空间

街巷系统

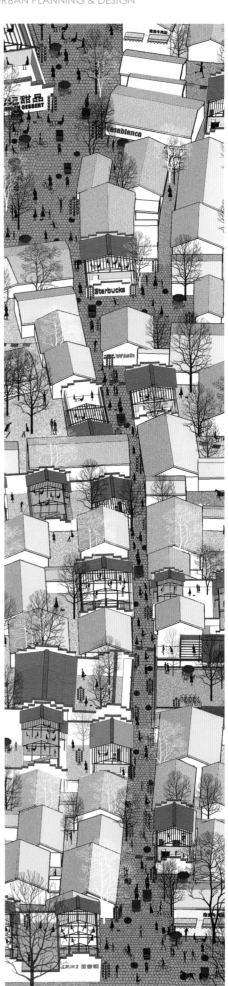

综合现状　　权属现状　　控制网络

规划道路　　规划公服　　规划权属

钓鱼台历史街区改造节点

0　25　50　100M

N

保留小学

旅游服务中心

入口节点

古戏台(复建)

花鸟市场

特色商业

茶楼
饮马巷商业街
中心绿地
入口节点
保留中学

旅游服务

水西门厂房改造节点

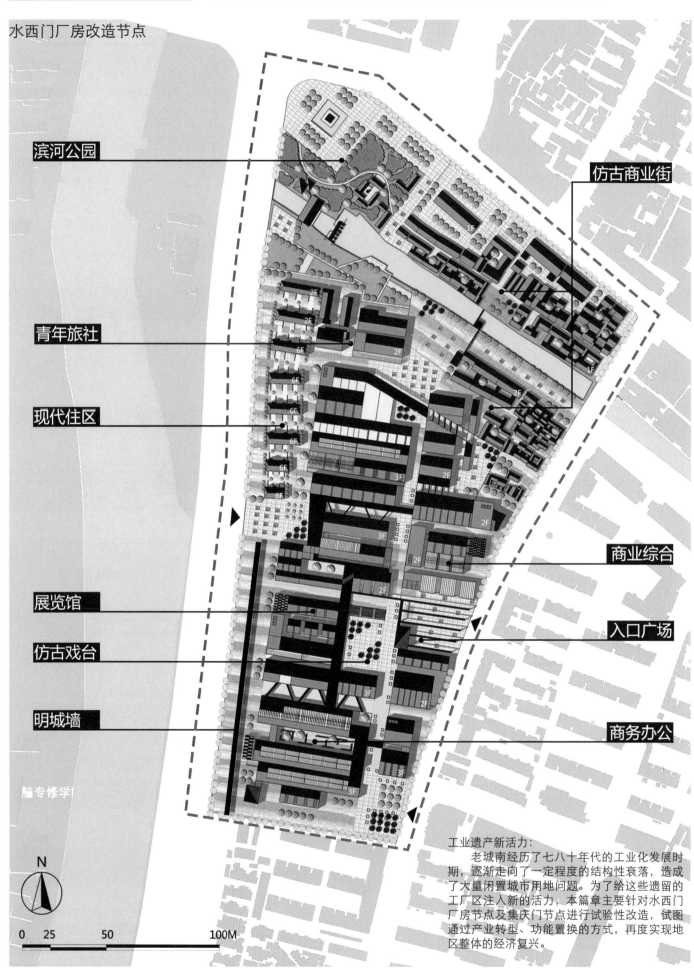

滨河公园

仿古商业街

青年旅社

现代住区

展览馆

仿古戏台

明城墙

商业综合

入口广场

商务办公

脑专修学

N

0　25　　50　　　　　100M

工业遗产新活力：
　　老城南经历了七八十年代的工业化发展时期，逐渐走向了一定程度的结构性衰落，造成了大量闲置城市用地问题。为了给这些遗留的工厂区注入新的活力，本篇章主要针对水西门厂房节点及集庆门节点进行试验性改造，试图通过产业转型、功能置换的方式，再度实现地区整体的经济复兴。

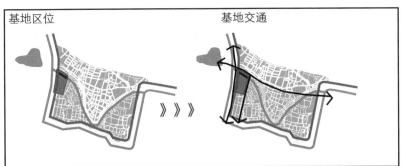

基地区位　基地交通

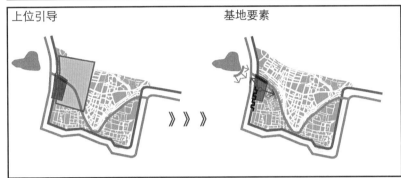

上位引导　基地要素

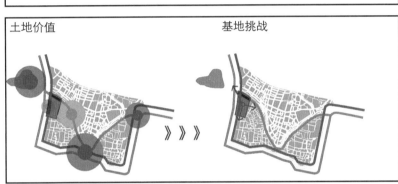

土地价值　基地挑战

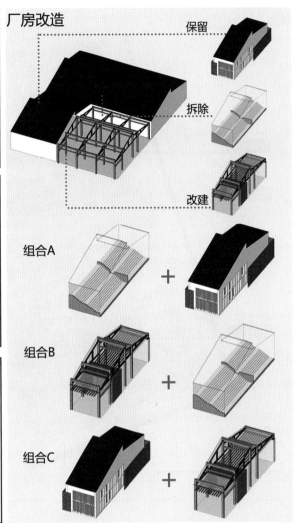

厂房改造　保留　拆除　改建　组合A　组合B　组合C

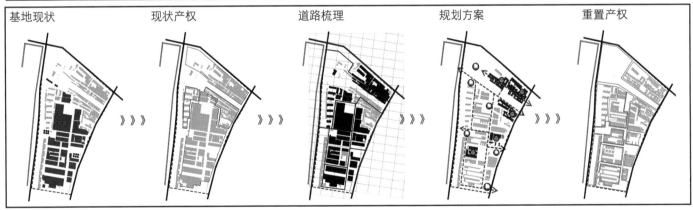

基地现状　现状产权　道路梳理　规划方案　重置产权

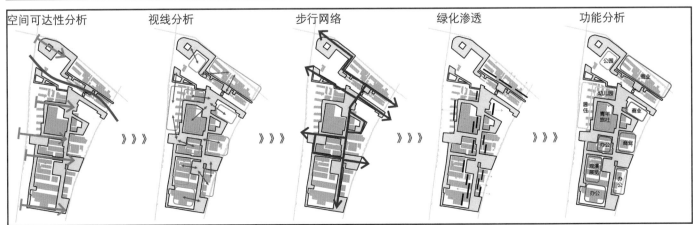

空间可达性分析　视线分析　步行网络　绿化渗透　功能分析

集庆门厂房改造节点

迷宫广场

宅间绿地

小区中心

明城墙

瓦官寺遗址广场

商务办公

中心广场

商务办公

厂房改造

入口广场

N

0 25   50   100M

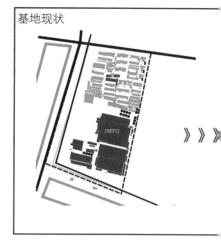

基地现状

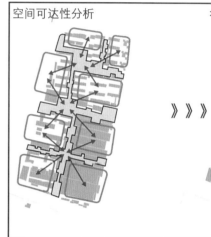

空间可达性分析

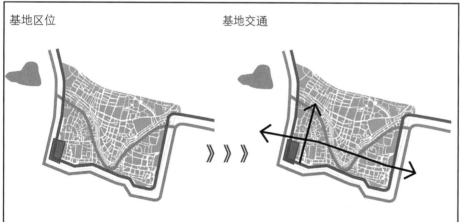

基地区位

基地交通

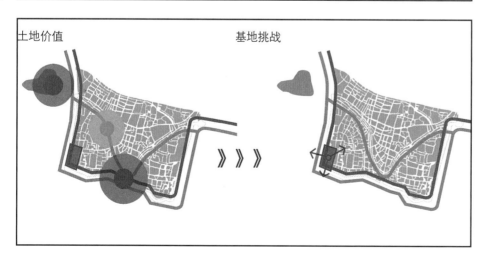

土地价值

基地挑战

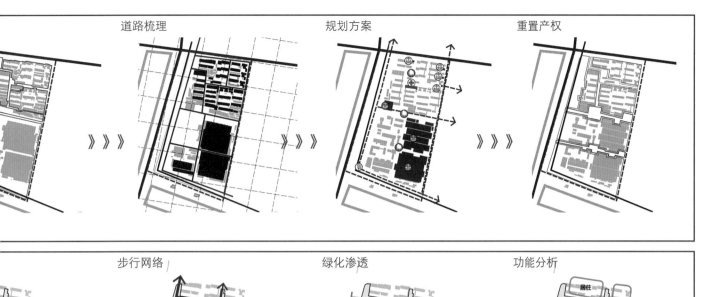

道路梳理　　　　　　规划方案　　　　　　重置产权

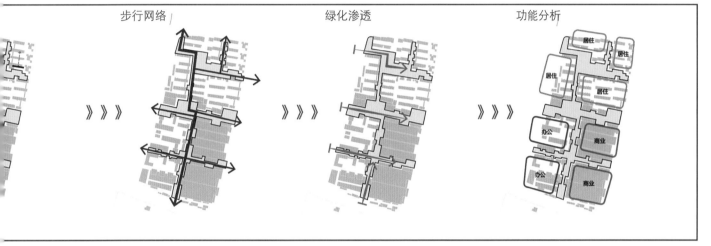

步行网络　　　　　　绿化渗透　　　　　　功能分析

节点设计——混合社区新交融

1.1 研究背景

在调研过程当中，我们发现老城南的社区构成复杂多样，且分异现象严重，带来了一定的社会问题。同时，这些地段自身遗留着大量被居民忽视的历史文化资源。因此我们希望结合这些文化资源，通过外部环境的提升、公共服务设施的影响，以线性空间的组织方式，实现传统社区与现代社区的空间共享与人群互动。

1.2 基地描述

方案选取大油坊和周处台社区为研究基地：大油坊社区位于秦淮河畔，北侧为现代社区，南侧为传统社区，内有小学、事业单位、文保单位等现状设施；周处台混合住区位于门东，紧邻南侧城墙，用地构成复杂，包括已改造成"老门东"的传统商业区、传统社区、现代社区，同时交织着学校、事业单位等场地。
首先通过明确空间权属，作为规划建设的有力支撑。其次，考虑到社区居民的生活样态，我们将文保单位改造成了社区的活动场所，同时结合小学等公共服务设施，打造了居民的公共交流平台。最后，通过美化街巷以串接各个节点空间，强化线性空间的共享性。

1.3 开放式校园建筑改造

为了打造开放式的校园环境，我们将一半用地，即操场部分作为室外的公共空间，在开放时段为附近的社区居民提供了锻炼健身的场地。其次，对操场一侧的教学楼进行改造，重新组织内部空间流线与功能，用于展览以及技艺教授，同时在二楼增设平台作为表演舞台，在操场另一侧设计对应的看台，用于定期展演。

1.4 现代住区环境提升

2013 年传统社区周边多为居民自建房和计划经济时代的居民楼，整体环境消极，社区活力较低。同时社区临街商业空间与居民日常生活私密空间较为矛盾，社区室外空间消极，居民日常公共活动空间缺失。因此，针对现代住区内的改造，考虑楼与楼之间、楼与街道之间的空间消极单调且使用不当。设计试图通过软质、灵活的手法对这些负空间进行改造，给社区提供一种新的功能复合的生活方式。

周处台混合住区鸟瞰图

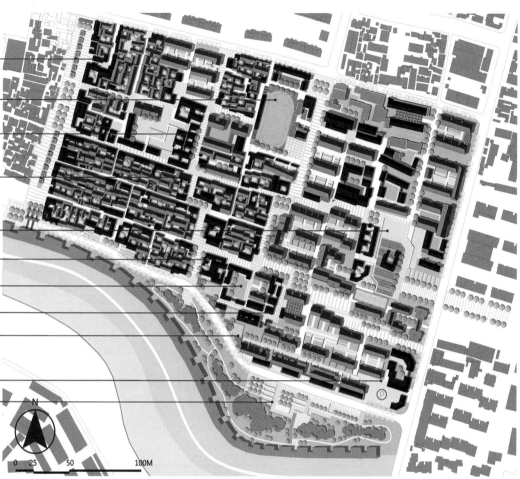

门东商业街

小学

蒋百万故居

社区小商业

周处读书台

社区服务中心

小学

社区健身场地

停车场

停车场

登城墙公园

N

0 25 50 100M

周处台混合住区总平面图

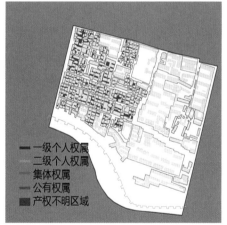

━ 一级个人权属
二级个人权属
集体权属
公有权属
产权不明区域

现状权属梳理

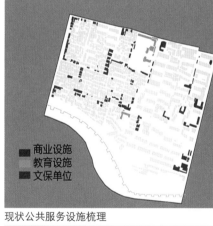

■ 商业设施
教育设施
■ 文保单位

现状公共服务设施梳理

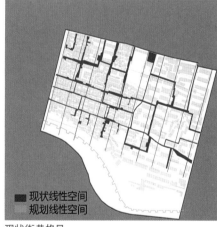

■ 现状线性空间
规划线性空间

现状街巷格局

━ 一级个人权属
二级个人权属
集体权属
公有权属

综合权属规划

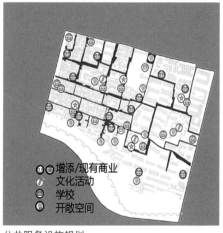

增添/现有商业
文化活动
学校
开敞空间

公共服务设施规划

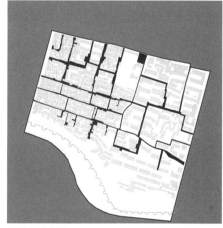

街巷格局规划

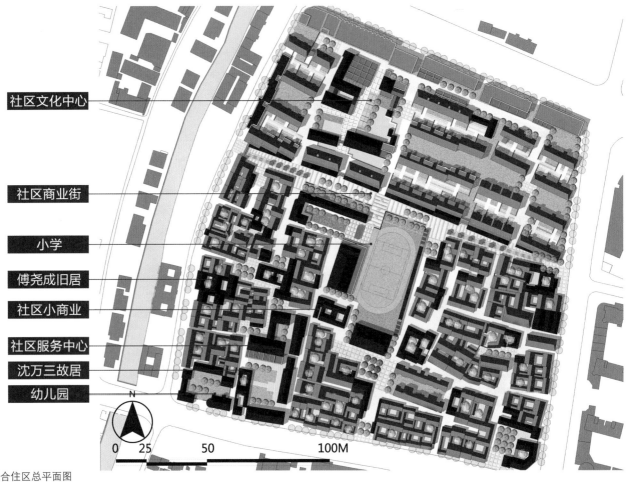

社区文化中心

社区商业街

小学

傅尧成旧居

社区小商业

社区服务中心

沈万三故居

幼儿园

 N

0　25　　50　　　　　　100M

大油坊混合住区总平面图

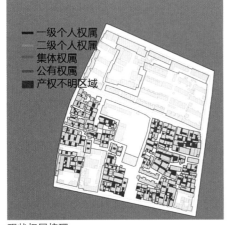

一级个人权属
二级个人权属
集体权属
公有权属
产权不明区域

现状权属梳理

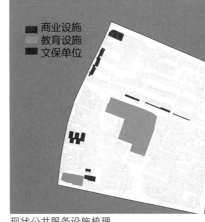

商业设施
教育设施
文保单位

现状公共服务设施梳理

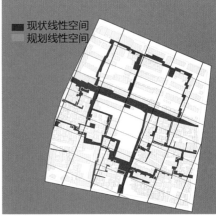

现状线性空间
规划线性空间

现状街巷格局

一级个人权属
二级个人权属
集体权属
公有权属

综合权属规划

增添/现有商业
文化活动
学校
开敞空间

公共服务设施规划

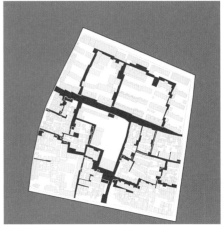

街巷格局规划

大油坊混合住区开放式校园改造设计

操作方法1：传统商铺门板提取

操作方法2：传统商铺门板抽离

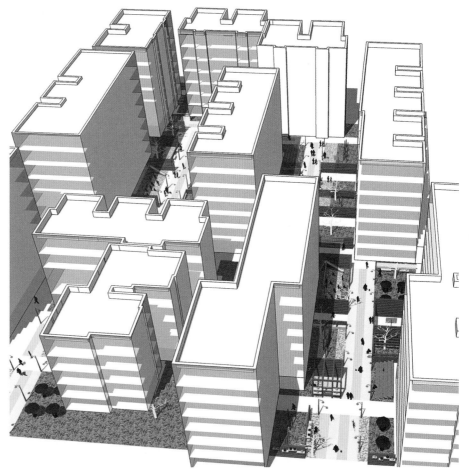

现代住区环境提升：节点意向

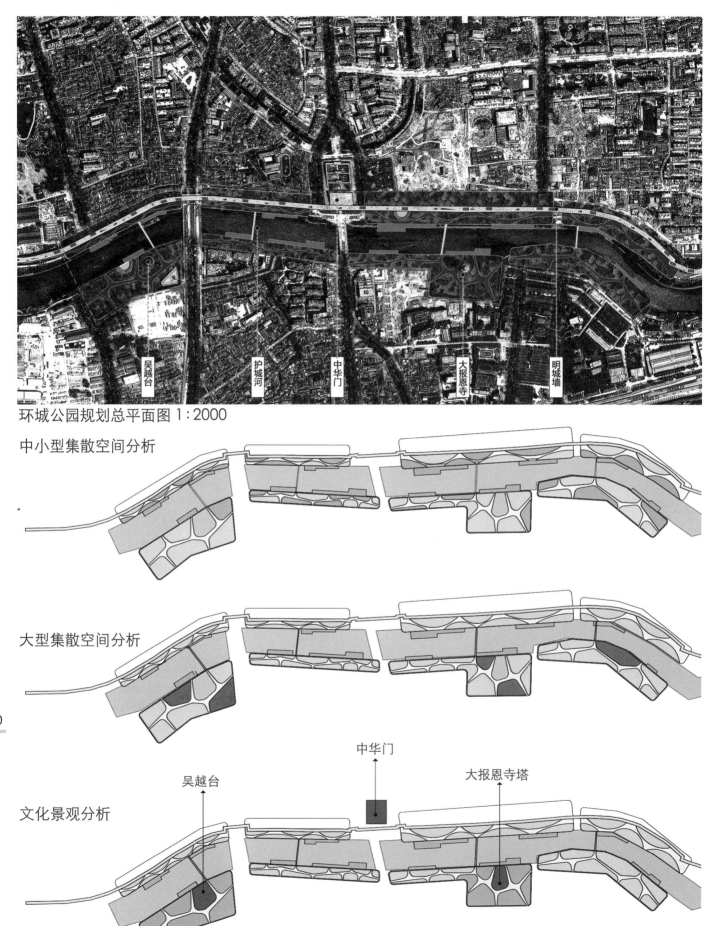

吴越台　　护城河　　中华门　　大报恩寺　　明城墙

环城公园规划总平面图 1 : 2000

中小型集散空间分析

大型集散空间分析

文化景观分析

吴越台　　中华门　　大报恩寺塔

water+green+man=project

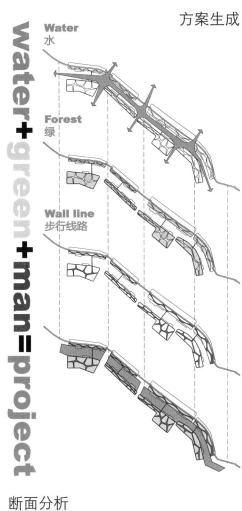

Water
水

Forest
绿

Wall line
步行线路

方案生成

景观节点透视

Water：外秦淮河两侧的线性渗透空间为河流提供了净水、收集暴雨降水、建立新的栖地，并催化亲水的生活形态

Forest：公园的绿地系统达到生态的多样性，大规模的丰富的林带，建立新的都市地标，以及固碳的目标体系

Wall line：步行路线、小径、遮阴结构、桥梁与城墙缩减构成的网络，将城市肌理牵引至公园内组织流线和活动，配合人群集散活动，在园内关键的地点强化网络，或是缩减以创造精密时刻

断面分析

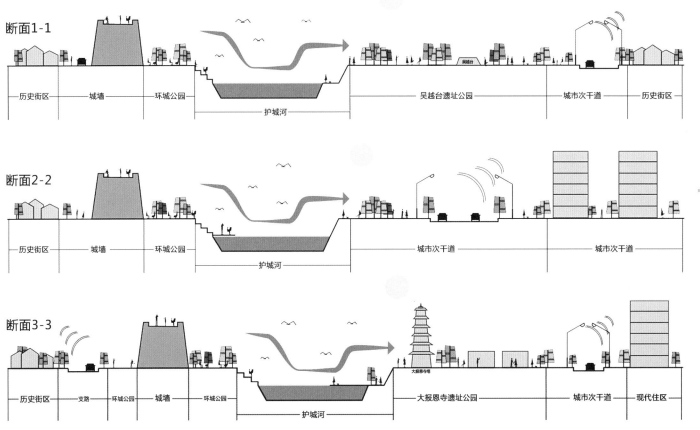

断面1-1

历史街区　城墙　环城公园　护城河　吴越台遗址公园　城市次干道　历史街区

断面2-2

历史街区　城墙　环城公园　护城河　城市次干道　城市次干道

断面3-3

历史街区　支路　环城公园　城墙　环城公园　护城河　大报恩寺遗址公园　城市次干道　现代住区

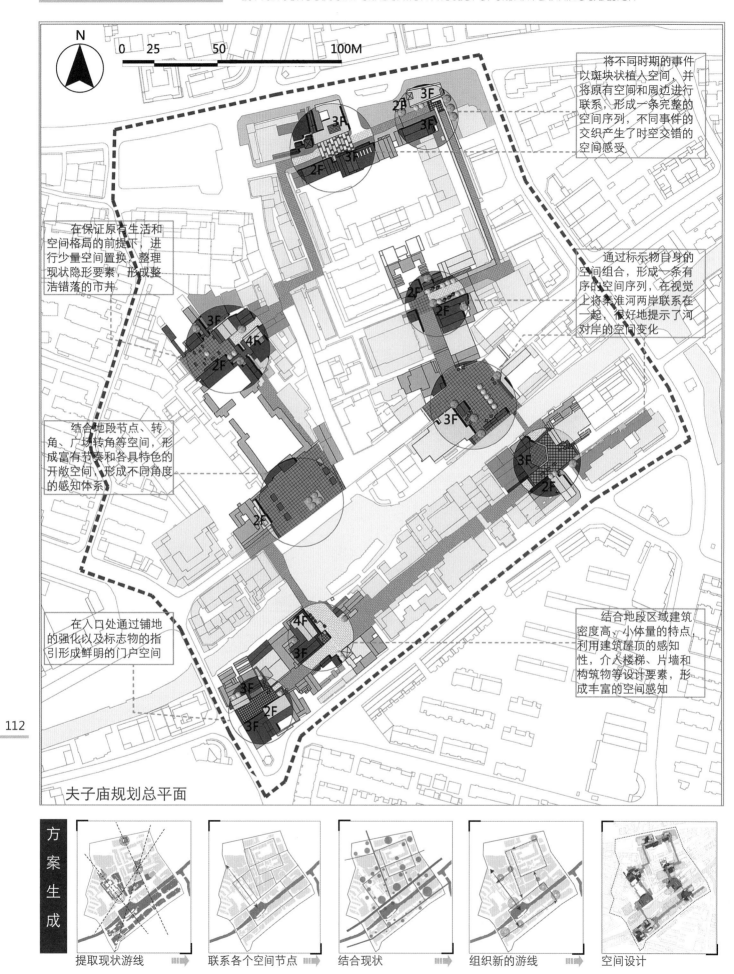

将不同时期的事件以斑块状植入空间，并将原有空间和周边进行联系，形成一条完整的空间序列，不同事件的交织产生了时空交错的空间感受

在保证原有生活和空间格局的前提下，进行少量空间置换，整理现状隐形要素，形成整洁错落的市井

通过标示物自身的空间组合，形成一条有序的空间序列，在视觉上将秦淮河两岸联系在一起，很好地提示了河对岸的空间变化

结合地段节点、转角、广场转角等空间，形成富有节奏和各具特色的开敞空间，形成不同角度的感知体系

在入口处通过铺地的强化以及标志物的指引形成鲜明的门户空间

结合地段区域建筑密度高、小体量的特点，利用建筑屋顶的感知性，介入楼梯、片墙和构筑物等设计要素，形成丰富的空间感知

夫子庙规划总平面

方案生成

提取现状游线　联系各个空间节点　结合现状　组织新的游线　空间设计

游线分析

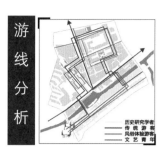

历史研究学者

传统游客

传统风俗体验游客

文艺青年

标识系统规划分析

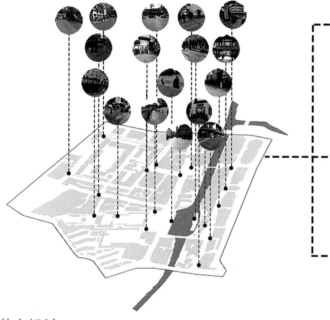

1. 设施小品

A. 与座椅小品结合
B. 在屋檐下面
C. 在屋顶连廊下

2. 景观

D. 与行道树结合
E. 双侧行道树下
F. 立体景观下

3. 建筑界面

G. D/H=1 的街巷中
H. 底层玻璃面旁
I. 底层连廊下

节点设计

通过基础设施和铺地相结合的形式，提示空间的延续性

建建筑底层玻璃面与标示物形成呼应关系，提示空间

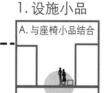

在线性空间内，将一些小的设施改变为标示物

入口空间设置较大尺度的标示物，加强空间的可识别性

利用基础设施，与之相结合，具有很强的标识性

铺地之间形成线性交叉空间，增强空间的提示性

广告牌宇标示物的线性指示关系

标示物进行阵列布置，形成标示区域

路缘石与标示物共同指示空间序列

通过墙面浮雕对空间进行提示

113

铺地之间形成线性交叉空间，增强空间的提示性

标示物与树池相结合，线性阵列分布

改变建筑物的窗户，形成有序的空间序列

通过基础设施和铺地相结合的形式，提示空间的延续性

入口的面状提示和内部空间的线性延续形成了完整的提示序列

对沿街建筑的外轮廓线进行处理，使之成为街巷中的标示物

入口处线性铺地交织变化，形成一个焦点区域

建筑底层连廊与广告牌共同形成标识系统

城南八景

古瓦铺缝

晚朝东进日闲饶，朝送吉祥到紫宫。
黄墙黑瓦混小巷，树下尝得明老翁。
老翁不惊鬓华事，新韵尝绕世纪风。
气及轮院以雄合，何言伟细有神工。

四连河名国精，兵工维殿园之猎，
今朝讫天又横地，善尾卷甲展昆党。

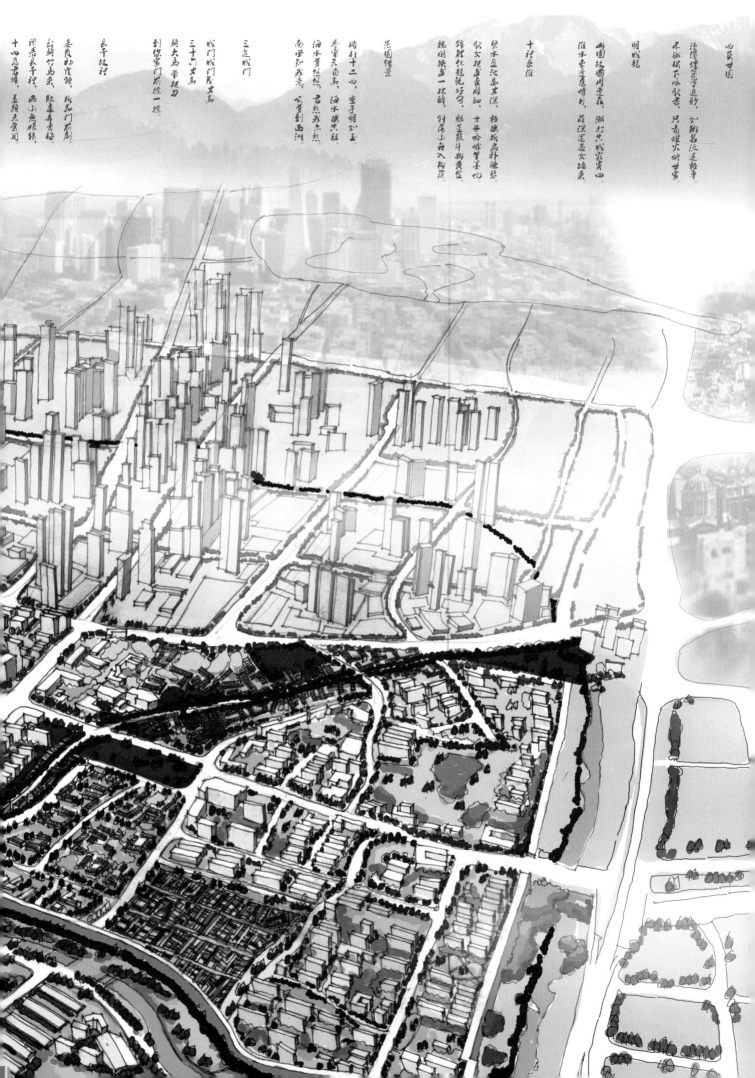

曲藝甘園
沿漢煙炎學逸韵，
不繳紅下咏散者，
只有燈火映甘家。

明蛾龍
山暖故國闲還在，
淮水東邊意時月，
临淮迆女墙枝。

十裡茱祇
硯水盈盈面文深，
歌女把壺垂睡張。
錦鲜化龍況好句，
親明決盈一探醉，
南墨知我意，
水箋到西洲。

澡園憧景
橋柱十二曲，重手明如玉，
老寶天自馬，海水摄快器，

三迸蛾門
城門蛾門殿文高
三十六丈高
騎大馬當把刀
剑你宅門前探一探

長千政理
安荒和嬉顏，
劝你竹為來，統康青梅。
同君長千理，两小無嫌猜。
十四為君妇，羞顏未曾闻。

南京老城南地区有机更新与发展规划
AN ORGANIC RENEWAL AND DEVELOPMENT PLAN OF THE SOUTH DISTRICT OF NANJING

同济大学建筑与城市规划学院

章丽娜　谢　航　彭　程　庞　璐　卜义洁　徐晨晔　吴雨帷　王　俊

指导教师：包小枫　田宝江

　　基地选取南京老城南地区，包含夫子庙、门东、门西等地区，规划面积约 5.48 平方公里。从全局出发，结合南京市发展战略，通过横向、纵向交叉分析比较，考虑老城南地区在南京整体城市结构中的功能定位；运用问题导向结合需求导向的研究方法，确定老城南地区的规划目标，以及"有机更新、文化提升、产业转型、空间整合"四大发展策略，作为整体规划的系统指导性内容。

　　以老城南的产业研究作为切入点，进一步发掘老城南地区的文化价值，借助"差异引导法"、"内生引申法"、"社会热点提炼法"等方法进行产业选择，确立了以体验旅游、创意文化、养老服务作为老城南地区三大特色产业；以有机更新、体验旅游、创意文化、养老服务、滨水空间和城墙空间六大研究专题作为研究落脚点，其中，有机更新专题具体分析了老城南地区特色空间要素以及其可能适宜的产业类型，体验旅游、创意文化、养老服务三大专题则结合老城南地区的物质空间环境进行相应的产业转型策略布局，而滨水空间、城墙空间专题则进一步结合特色产业进行空间整合策略的整体布局。从而，规划在保护的基础上，探索城市有机更新的发展策略，同时激发了老城南地区产业经济的内生驱动力以及改善了物质空间的外在环境要素，营造南京城墙内外体现城市活力与多样性的全景画。

　　This urban plan choose the south district of Nanjing, of about 5.48 square kilometers, as base, including Confucius temple, Mendong, Menxi, etc. Combined with the nanjing city development strategy, through the analysis of the horizontal and vertical cross comparison, we consider the base's function orientation in the structure of the whole urban ; Combining problem oriented research method and demand oriented method, we determine the planning objectives of the base, and four development strategies, "organic renewal, cultural promotion, industrial transformation, spatial integration", as nstructional content of a whole system plan.

1 研究背景

1.1 课程选题

南京明城墙是我国乃至世界上保留至今最大的古代城垣，奠定了近代以来南京城市发展的格局，是南京"山水城林"城市特色的重要组成部分。

由南段明城墙围合的老城南地区自古就是市民集居、商业繁华的市井地区，也是南京历史积淀最深厚的老城区。但是由于资金不足、社会保护意识缺乏和保护措施不足等原因，老城南地区空间肌理、整体历史风貌已有较大改观，老城南改造方式也曾引发诸多争议。

为解决"民生"问题，南京政府于2006年和2008年两次承担并执行了针对衰败地区的老城改造，但2006年到2009年的三年时间内，"历史"环境中的"民生"行为引发了两次广泛的社会大讨论、温家宝总理的两度批示和南京老城南保护格局的重大改变。

如何解决保护与发展之间的惯性矛盾？如何在保留南京传统的历史人文价值的同时改善物质空间环境？如何为老城区注入新的地区活力？面对空间肌理、历史风貌破碎片面化的现状，应当塑造怎样的城区风貌？

我们选择了历史积淀最为深厚的老城南，即亦选择了城市发展进程中保护与发展矛盾最为突出、发展现状最为困窘，面临着物质空间改善、产业经济的激活、历史文化的保护以及社会人口的融合等多重发展挑战。通过对老城南地区外部需求、内部发展问题的分析，以老城南的产业研究作为切入点，结合其文化价值、空间特征、人群需求等的充分挖掘深入与重组，打造以"城-河体系"为空间骨架，以体验旅游、创意旅游、养老服务为特色产业，激发了老城南地区产业经济的内生驱动力以及改善了物质空间的外在环境要素，为地区发展提供新的发展模式。

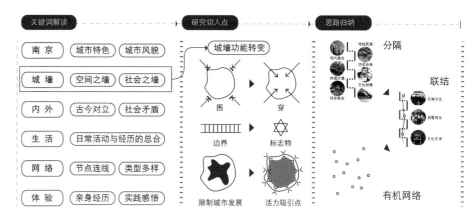

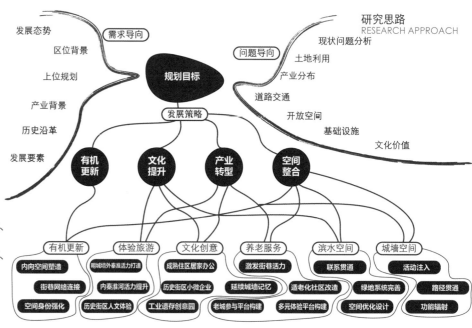

研究思路
RESEARCH APPROACH

技术路线
PROJECT BACKGROUND

- ■ 发展定位
  - □ 需求分析　区域背景 历史沿革
  - □ 问题研究　土地利用 产业布局 道路交通 开放空间……
  - □ 规划定位　规划目标 发展策略

- ■ 系统整合
  - □ 用地评价　　□ 功能片区　　□ 道路交通
  - □ 规划结构　　□ 产业布局　　□ 绿地景观

- ■ 专项研究

  社会人文 ┊ 物质空间
  - □ 文化创意　　　　　　□ 有机更新
  - □ 体验旅游　　　　　　□ 滨水空间
  - □ 养老服务　　　　　　□ 城墙周边

1.2 研究方式

问题导向结合需求导向

南京老城南地区作为南京历史积淀最深厚的老城区，长期面临保护与发展的两难困境，历史发展的遗留问题诸多，引发的社会问题反映强烈，片区内矛盾重重。如何解决现有矛盾，使老城南地区在保留史文脉同时激发新的地区活力是规划研究的重点。

因而，结合上位规划与区域层面的发展趋势，从外部发展需求角度出发，结合分析老城南地区的现状问题与发展优势分析，深入发掘地区的文化价值，形成问题导向结合需求导向的研究方式，以研究确定老城南地区在城市整体结构中的功能定位，并进一步探索其有机更新的发展策略。

2 规划定位

2.1 需求分析

在区域层面，南京是长江中上游辐射的主轴线的门户城市，是长三角辐射带动中西部地区发展的重要门户。区域发展背景中，长三角地区经济已处于工业化后期阶段，大力发展现代服务业。

在城市层面，基地地理特征明显，位于三个市级中心（新街口中心区、河西中心区、南部新中心区）辐射范围中心。基地处衔接老城与外城新城的门户节点，且基地南部紧邻两城市级绿楔。

在片区层面，上位规划对基地的功能定位是以历史文化、商贸旅游、佛教文化、创意产业为主的地区。与基地相关的产业空间布局要素包括：内情淮河十里餐饮、休闲、文化创意产业带、中山南路商务集聚带、中华路传统商贸产业带、夫子庙秦淮河文化旅游片、门东门西老南京历史文化产业片、中华门大报恩寺佛教文化片以及 1865 科技创意产业片。

2.2 问题分析

对基地进行了系统分析，发现基地具有缺乏绿地广场、建筑风貌矛盾、传统街巷肌理断裂、城墙水系隔离严重、片区人口压力大、历史资源质量较差、旅游模式缺乏特色等问题。

图 1　南京在长三角层面的区位分析

图 2　老城南地区在城市层面的区位分析

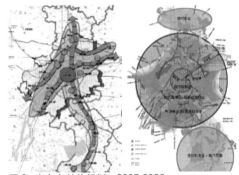

图 3　南京市总体规划《2007-2020》

图 4　秦淮区总体规划《2013-2030》
产业空间布局引导图

图 5　公共空间系统分析

图 8　城墙内侧可达性分析

图 6　街区建筑风貌分析

图 9　城墙新旧段分析

图 7　街道空间系统分析

图 10　城墙公共空间与活动分析

图 11　河岸岸线类型分析

图 12　河岸设施分布分析

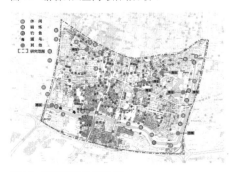

图 13　河岸活动类型分析

119

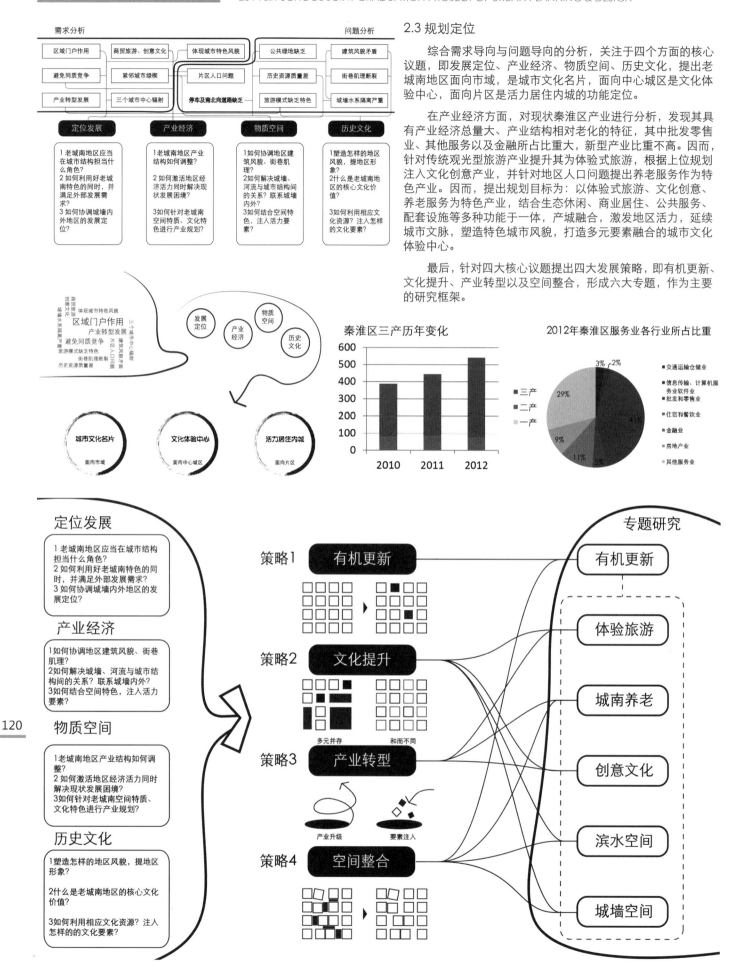

2.3 规划定位

综合需求导向与问题导向的分析，关注于四个方面的核心议题，即发展定位、产业经济、物质空间、历史文化，提出老城南地区面向市域，是城市文化名片，面向中心城区是文化体验中心，面向片区是活力居住内城的功能定位。

在产业经济方面，对现状秦淮区产业进行分析，发现其具有产业经济总量大、产业结构相对老化的特征，其中批发零售业、其他服务以及金融所占比重大，新型产业比重不高。因而，针对传统观光型旅游产业提升其为体验式旅游，根据上位规划注入文化创意产业，并针对地区人口问题提出养老服务作为特色产业。因而，提出规划目标为：以体验式旅游、文化创意、养老服务为特色产业，结合生态休闲、商业居住、公共服务、配套设施等多种功能为一体，产城融合，激发地区活力，延续城市文脉，塑造特色城市风貌，打造多元要素融合的城市文化体验中心。

最后，针对四大核心议题提出四大发展策略，即有机更新、文化提升、产业转型以及空间整合，形成六大专题，作为主要的研究框架。

3 专题研究

3.1 有机更新专题

在有机更新专题中将南京老城南的街巷网络特征进行横向比较分析，发现老城南街巷密度更高，街巷尺度普遍更小，街巷分布非均质，街巷网络形态更有机。在街区层面，南京老城南由于历史成因造成的中心区小尺度街区、多层次的街巷网络穿插形成的丰富层级结构、面向城市的大型商业空间与面向社区邻里的小商业空间；上海老城厢，则由于近代成片开发形成的均质路网和小尺度街区，但街区规模较南京老城更大。相对较为明晰的商业街与居住性街道的分异。

通过空间句法对基地内路网的连接值、控制值以及集成度进行分析，得出功能行为分布初步意向图。

在有机更新专题中，以城市尺度作为物质基础、将公共空间塑造作为潜在触媒点、寻找空间个性，形成多样空间的统一。尊重历史与现状，避免将公共空间限于标准化和定量化；地块更新，以平衡预算，策划活动，以激发活力；反思"明清风格"的定位、寻找适合老城南的城市空间身份，体现总体空间身份同时展现地区多样性。最后，形成三大策略：内向空间改善，前期公共空间改造投入，鼓励自发半公共空间塑造；街巷网络连接，街道环境改善、弥补城市割裂，营造街巷界面对话；空间身份塑造，进行外围肌理织补，进行居住空间更新，设置活动触媒点。

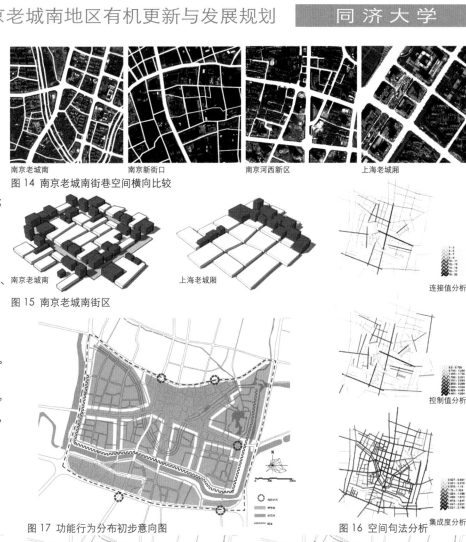

图 14 南京老城南街巷空间横向比较

南京老城南　　南京新街口　　南京河西新区　　上海老城厢

图 15 南京老城南街区

南京老城南　　上海老城厢

连接值分析

控制值分析

集成度分析

图 17 功能行为分布初步意向图

图 16 空间句法分析

图 18 有机更新策略一：内向空间改善

图 19 有机更新策略二：街巷网络连接

图 20 有机更新策略三：空间身份塑造

3.2 体验旅游专题

结合西侧内秦淮河的开发，打造传统手工艺体验，地方戏曲体验，文学书画体验，特色民居 体验、庙会体验、传统科举考试体验。将内秦淮河打造为历史文化体验区。

以明城墙及外秦淮河为纽带，打造城墙文化体验，历史剧实景演出体验，5D 灯光秀体验，特色民居体验，历史场景还原体验，创意文化体验，传统商业体验。将明城墙外秦淮河沿岸打造为体现老城南历史文化的现代娱乐体验区。

结合历史文化保护区、历史风貌区的渐进式改造，打造特色民宿旅馆体验，民俗文化体验，园林体验，传统商业庙会体验。历史文化街区及历史风貌区打造为具有人文气息的民俗文化、市井文化体验区。

121

图 21 体验旅游策略一：内秦淮河活力提升

图 22 体验旅游策略二：明城墙外秦淮魅力打造

图 23 体验旅游策略三：历史环境身份塑造

3.3 创意文化专题

将现有工业遗存改造为创意园区，包括：晨光1865科技创意园，南京无为创意产业园、通济都市创意产业园、国家领军人才创业园等。

现状大多为多层现代住宅小区，建筑质量良好，适宜进行功能和内部空间改造，局部增加居家办公式的创意企业。

历史风貌区及其周边地区的老建筑街区内，通过小微企业的形式，充分发掘和利用小空间的潜在功能。在老建筑间的夹缝空间设计小而紧密的办公、展示空间。

图24 文化创意策略一：工业遗存改造为园区　　图25 文化创意策略二：成熟住区增加居家办公　　图26 文化创意策略三：老街区插入微小企业

3.4 养老服务专题

针对老城南特有的传统街巷肌理，打开街区内部原先封闭的空间。通过老年友好型街道贯通相邻街区，实现街巷空间共享。

以明城墙作为历史记忆的承载体，唤起老年人对昨天的深情回忆；以立体化活动来丰富城墙空间，提升老年人生活品质。

基于老年人对秦淮文化的深厚情感，注入秦淮文化体验，鼓励老年人积极参与秦淮文化的传播事业。

对应老城南空间特质，并针对城墙及水系周边的社区进行适老化空间改造，营造多样交往空间。

图27 养老服务策略一：激发街巷活力　　图28 养老服务策略二：延续城墙记忆　图29 养老服务策略三：老城参与平台构建　图30 养老服务策略四：适老化社区改造

3.5 滨水空间专题

内外秦淮河在空间与功能上形成联系与贯通。空间上形成资源共享，通过体验式旅游的活动游线提高滨水区活力。

对内外秦淮河的滨河绿地进行细化功能划分，植入或完善绿地环境设计。在完善系统的基础上注重老年友好型设计。

秦淮河滨水区体验与周边功能的有机联系。通过串联创意产业、体验式旅游及适老化优化空间等来丰富滨水活动类型。

针对内外秦淮河所特有的空间条件及周边环境进行空间特色优化。

图31 滨水空间策略一：联系与贯通　　图32 滨水空间策略二：绿地系统完善　图33 滨水空间策略三：多元体验平台构建　　图34 滨水空间策略四：空间优化利用

3.6 城墙空间专题

在当今城市语境下实现城墙的功能转变，焕发其新的活力，注入文、娱、体、旅等各类面向居民、游客、老年人、年轻人的活动。

将城墙与城市慢性系统贯通、城墙沿线的道路贯通、城墙内外、上下的可能途径贯通，增加城墙的可达性与公共性。

发挥城墙对城市周边的触媒作用，形成城墙与城市的互相激活。

  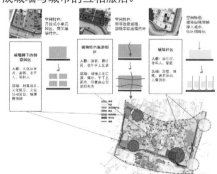

图35 城墙空间策略一：活动注入　　图36 城墙空间策略二：路径贯通　　图37 城墙空间策略三：城市触媒点

4 系统整合

　　将现有六大专题的空间策略布局进行叠加，生成了综合的功能布局图，形成了以内外秦淮河为空间骨架，中华门地区为核心节点，以牛市、夫子庙、体验旅游片区与1865创意园区为触媒点的规划结构。

　　结合功能布局与规划结构，进行了系统梳理与整合，形成了研究范围内5.48平方公里的道路交通系统与绿地景观系统。

　　以各个专题为指导，生成相应地块的城市设计方案，并形成最后的城市设计总平面。

图 38　规划结构图

图 39　功能布局图

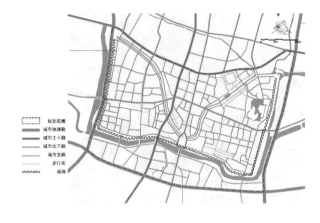

图 40　道路交通系统分析

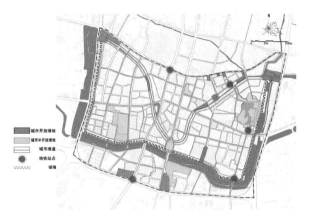

图 41　绿地景观系统分析

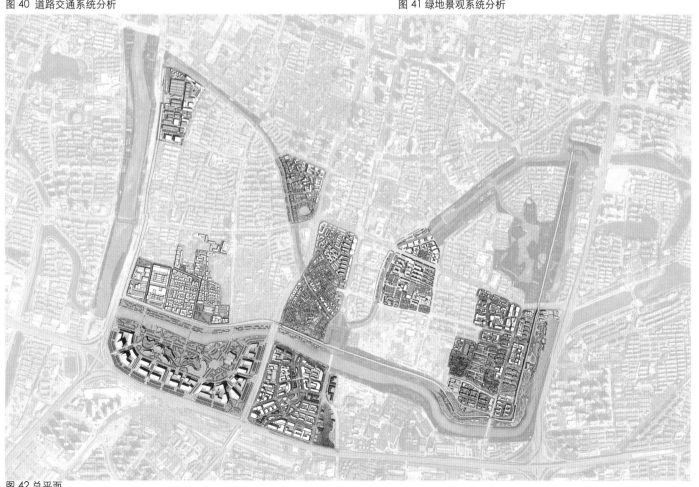

图 42　总平面

123

外 城 内 生

发展策略专题指导下的城市设计　章丽娜　（090409）

Endogenous Outer Urban

课题背景

　　设计选取中华门南侧，大报恩寺西侧约 30.01 公顷地块。基地位于外秦淮河南部，基地内部新街口 - 中华门 - 雨花台城市重要发展轴线贯穿，基地西南角毗邻中华门地铁站点，是"外城"进入"内城"（以城墙为边界）的重要门户节点。

　　现状——地块内现状主要为拆迁工地，缺乏历史资源及遗存。基地位于外秦淮河南岸，正对中华门，是中华门鸟瞰的重要节点。基地西侧为规划体验旅游片区，东侧为大报恩寺及 1865 创意园区，南侧为雨花台风景区，北侧又紧邻外秦淮河与中华门瓮城，周边旅游资源集聚。

　　愿景——打造富有活力、丰富多彩的混合社区，作为游客游览内城的门户节点，同时也是居民宜居住区，为外城地区注入居住活力，形成集办公、居住、商业、娱乐等多功能的开放社区，体现城市新风貌。

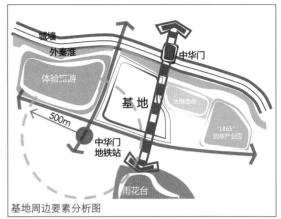

基地周边要素分析图

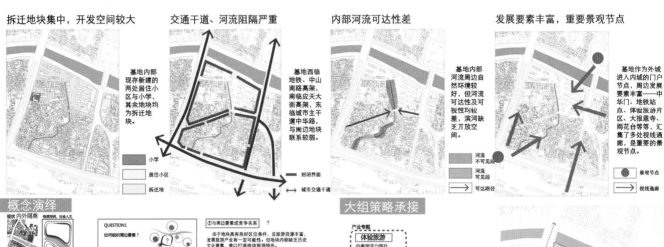

拆迁地块集中，开发空间较大　交通干道、河流阻隔严重　　内部河流可达性差　　　发展要素丰富，重要景观节点

概念演绎

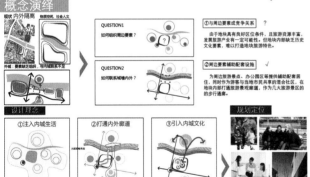

大组策略承接

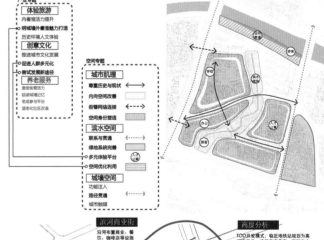

设计手法

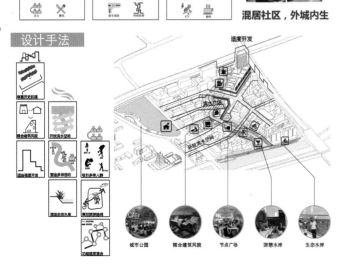

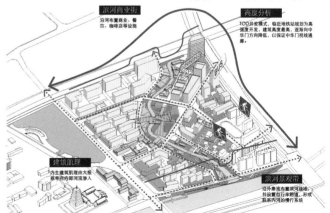

功能混合

商业
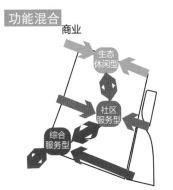

居住
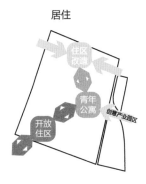

文化
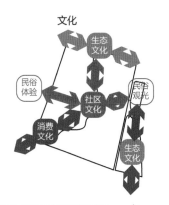

生态

混合模式

商业+居住

商业+居住+生态

综合分析
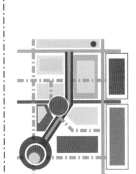

商业+文化

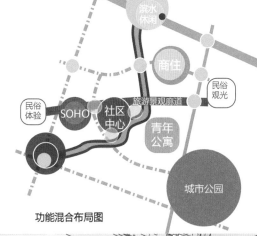

功能混合模式图　　　　功能混合布局图

方案生成

主要技术经济指标：

规划用地面积：31.01 公顷

规划建筑面积：　32.87 万平方米
其中，居住建筑：　9.86 万平方米
商业商务建筑：14.79 万平方米
商住混合建筑：　4.93 万平方米
文化娱乐建筑：　3.28 万平方米

容积率：1.06
建筑密度32.55%
绿地率：31.45%

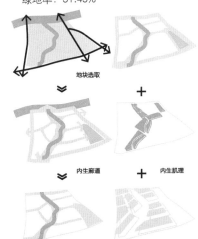

地块选取　＋

内生廊道　＋　内生肌理

公共空间系统　外入肌理

方案生成图

总平面

外城内生——发展策略专题指导下的城市设计

尊重基地原有空间肌理，以外秦淮河及基地内部河流作为空间骨架，营造滨河公共空间带，并通过三大绿色廊道串联基地东西两侧的大报恩寺、城市楔形绿地以及体验旅游片区等重要资源，塑造居住、办公、娱乐为一体的混合社区，相对于周边地块的传统历史风貌，营造城市门户形象。

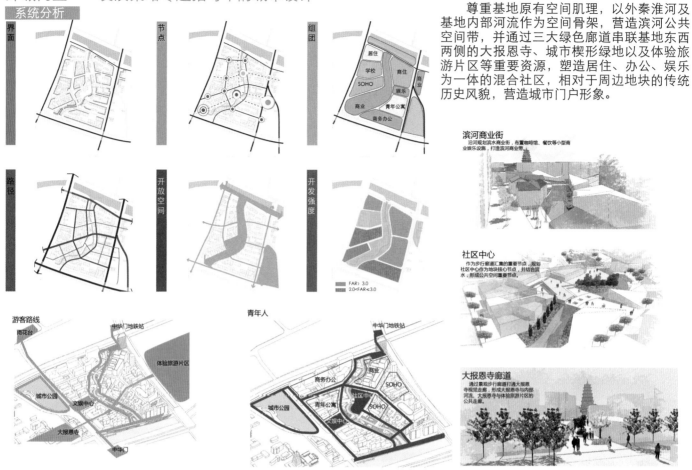

系统分析

滨河商业街
沿河规划滨水商业街，布置咖啡馆、餐饮等小型商业娱乐设施，打造滨河商业带。

社区中心
作为慢行廊道汇集的重要节点，规划社区中心作为地块核心节点，并结合滨水，形成公共空间重要节点。

大报恩寺廊道
通过景观步行廊道打通大报恩寺视觉走廊，形成大报恩寺与内部河流。大报恩寺与体验旅游片区的公共走廊。

鸟瞰图

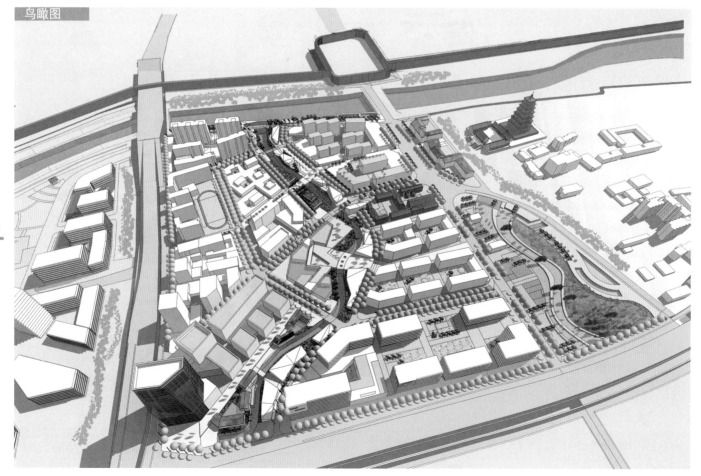

外城内生——发展策略专题指导下的城市设计

追忆 · 寻续 · 纳新
RECOLLECTING · FOLLOWING · RENEWING
城市肌理研究指导下的城市设计　王俊　（090401）

地块区位

建筑现状

周边肌理类型

初步密度意向

1930s　　2010s

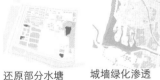

还原部分水塘　　城墙绿化渗透

　　基地位于南京老城西南角。一直到 1930 年代这里还是城市的边缘地带，半城半乡且水塘密布。在后续建设中被大体量厂房建筑占据。现状局部厂房已经过改造，其余已拆除，同时基地内的老民居已大部分拆平。基地规划发展定位为以创意办公和会展为主的城墙脚下活力社区，以企业办公、soho、展示空间的植入为形式。

　　设计中以城市忆，巷之忆，水之忆，绿之忆为思考的切入点，通过城市肌理的研究，分析南京的空间特征，旨在新功能植入的同时，空间尺度、空间上体现南京老城南的特点，缝合城市肌理。

　　城之忆着眼于基地由城市边缘走来的历史。应对丰富的历史肌理层叠，对基地内新建设地块的初步预判为：由西向东尺度逐渐变大，由北向南建筑形式逐渐向条带状过度，从而缝合周边肌理。

　　老南京的街巷鱼骨状延伸至城墙脚下，巷之忆着眼于历史为南京带来的街巷格局。

　　对于水系，希望部分还原原先的基地中几个水塘以丰富厂区单调的空间。

　　绿之忆着眼于城墙脚下曾经半城半乡的面貌，遵循原先的历史记忆，希望在新建设中利用街道绿化、街头公园等形成渗透性的绿化网络。

127

城之忆

巷之忆

水之忆（深色为近 80 年城市建设中消失的水体）

绿之忆

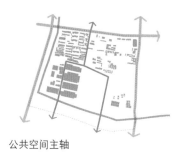

公共空间主轴　　　　　　　街巷路径梳理　　　　　　　地下空间开发　　　　绿地体系

依据现有城墙开口确定公共空间主轴，在此基础上完善路网体系。通过周围道路进行疏导，保护原有街巷的断面尺度，同时通过地下交通的建设和地下空间开发保证地面的小街巷格局和建筑高度控制。绿地系统上，遵循历史的记忆还原部分水塘形成绿色节点，并以公共空间主轴串联。

南京巷里：基地东南部主要新建地区希望在一定程度上体现南京空间特点。传统的南京街巷线形曲折，具有大量错开的丁字路口形成鱼骨状的结构，保证了有静有闹的多样化街巷。基地中的新建街巷遵循原先厂房留下的正交网格，同时在保证基本车行骨架功能合理的基础上，次一级的路径保留曲折的特点，也使得街区内部容易形成与公共空间主轴不一样的宁静氛围。在地块内部，用过小型公共院落的组织提升环境品质。

南京肌理：城市肌理的延续根植于街区的地块形态之中。老城南传统的条带状小面宽大进深的地块划分形成了其上建筑肌理的骨架。在建筑单体排布之前，通过研究老城南传统街区的内在形态逻辑，在新建社区引入南京老城的地块划分方式。具体操作上通过增加规整程度，加大面宽减小进深适应新功能的需要。在此基础上再植入多样化的单体适应功能需要。

南京表里：南京老城的城市空间特点概括为"表——里"的二元空间特征。穿插于干道之间的旧街巷展现丰富的生活氛围，满足各种日常生活需要，延续城市历史文化。而干道两侧空间面向城市带来时代活力，形成第二重界面。

设计中对在公共空间主轴上串联中大尺度广场，同时建筑尺度高度适当放大形成城市的表层界面。与内部的小尺度街巷相对集中商业与公共活动。

凤游寺/凤凰台公园

处在凤凰台高低南缘。希望保留历史记忆但不刻意做展示性的内容。在保留部分纺织厂建筑的基础上改造成为具有会展功能的小型公园。

纺织厂公园

现状的的厂房建筑改造尚不尽如人意，并没有缓解大尺度广场空间带来的不协调。设计中通过还原历史水系、建设绿地、并增加景观小品创造多层次小尺度的空间体验，从而与雄伟大尺度的城墙背景相协调。

工厂改造

现状工厂已经过改造，不宜再做重复建设，以承认现状为主。希望在下一轮建设中适应多样化的办公/展览的功能需要，以增加内院的方式提升空间多样性。

覆盖物

城墙内侧大尺度建筑与大尺度城墙界面没有形成宜人的空间室外体验，通过增覆盖物和绿化进行改善，结合厂房内外功能互通，可用作餐饮、零售等用途。

西南入口活力设施

作为基地南侧的入口，在城墙外增加小型商业/展览空间，并增加硬质地面铺装，形成内外贯通的活力带。

运用空间句法对设计优化验证，保证主轴空间具有更高的活力而小巷空间具有更好的生活氛围。

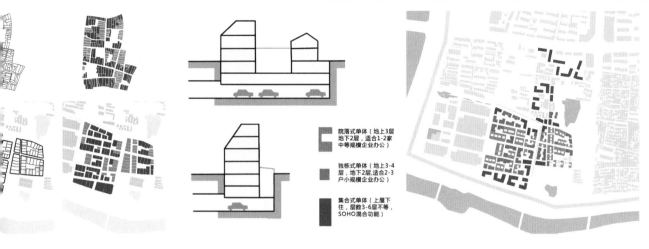

院落式单体（地上3层 地下2层，适合1-2家 中等规模企业办公）

独栋式单体（地上3-4 层，地下2层,适合2-3 户小规模企业办公）

集合式单体（上居下 住，层数3-6层不等， SOHO混合功能）

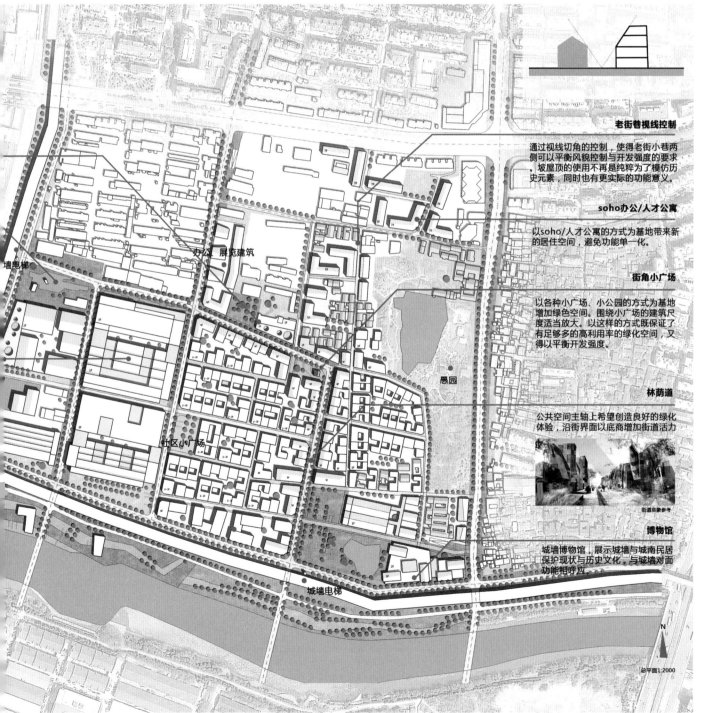

老街巷视线控制

通过视线切角的控制，使得老街小巷两侧可以平衡风貌控制与开发强度的要求，坡屋顶的使用不再是纯粹为了模仿历史元素，同时也有更实际的功能意义。

soho办公/人才公寓

以soho/人才公寓的方式为基地带来新的居住空间，避免功能单一化。

街角小广场

以各种小广场、小公园的方式为基地增加绿色空间。围绕小广场的建筑尺度适当放大。以这样的方式既保证了有足够多的高利用率的绿化空间，又得以平衡开发强度。

林荫道

公共空间主轴上希望创造良好的绿化体验，沿街界面以底商增加街道活力

街道总意象参考

博物馆

城墙博物馆，展示城墙与城南民居保护现状与历史文化，与城墙对面功能相呼应。

办公、展览建筑

墙电梯

愚园

社区小广场

城墙电梯

N

总平面1:2000

129

京

总平面

城南新韵
NEW LIFE IN THE OLD CITY OF SOUTH NANJING
体验旅游专题指导下的城市设计　谢航（090408）

外秦淮河现状

基地内现状

高架路现状

设计说明

本次设计以南京城墙内外：生活·网络·体验为题，以体验式旅游专题作为设计切入点，在旅游市场游客需求日益差异化个性化的背景下，希望完成传统观光式旅游到体验式旅游的逐步转变。通过梳理与挖掘南京老城南丰富的历史文化资源，以体验式旅游的视角策划旅游项目：城墙内以民俗文化、市井生活的传统历史文化体验为主，城墙外以历史文化资源为素材的现代娱乐体验为主，为老城南地区注入新的活力，促进老城南的发展，最终通过城市设计方案寻找开发模式，在空间上落实体验式旅游项目。

基地现状

课题基地位于规划范围西南角，位于明城墙之外，外秦淮河之南，基地北面城墙内部有荷花塘历史文化街区及钓鱼台历史风貌区，基地东面有中华门城堡，基地东南面是地铁中华门站。

土地使用现状图

土地使用现状以西侧商业东侧三类居住为主，基地中有少量二类居住用地、市政设施用地、道路停车场用地。土地使用现状外秦淮河南侧无公共绿地，高架旁无防护绿地。

风貌现状

根据现状调研，现状基地内绝大多数房屋均已拆除，少量未拆迁房屋已完成征收工作，仅个别住户还未和政府有关部门达成拆迁补偿协议。基地内堆放大量建筑废料，基地北侧有滨河绿道。

基地周边要素

基地北侧为明城墙及外秦淮河，基地东、南、西侧为高架路，其中东侧为中山南路及地铁1号线，南侧为应天大街高架，西侧为凤台路高架，基地南面有宁芜铁路及规划地铁8号线，东南面有中华门地铁站。

原规划土地使用性质

原规划将鸣羊街向南延伸，同时规划一条东西向主要道路。外秦淮河南侧规划滨河绿地，高架旁为防护绿地。基地西侧土地使用性质为商业及娱乐、东北角为二类居住、东南角为市政设施及停车场。

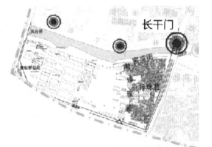

基地周边新开城门

根据现状调研，现状基地北侧城墙开有三门，长干门处于开启状态，其余两门处于关闭状态，其中鸣羊街南侧城门在原有规划中已将其打通可以通车，西侧城门为原工厂出入用，城门较小。

体验旅游策略承接

1.内秦淮活力提升

结合西侧内秦淮河的开发打造

传统手工艺体验
地方戏曲体验
文学书画体验
特色民居体验
庙会体验
传统科举考试体验

2.明城墙外秦淮魅力打造

以明城墙及外秦淮河为纽带打造

城墙文化体验
实景演出体验
5D 灯光秀
特色民居体验
文化历史剧体验
历史场景还原体验
游船观景体验
创意文化体验
传统商业体验

3.历史环境人文体验

结合历史文化保护区、历史风貌街区的渐进式改造打造

特色民俗旅馆体验
民俗文化体验
园林体验
传统商业庙会体验

愿景效果

主要节点透视

外秦淮河沿岸小透视

滨河公园地被建筑小透视

设计策略

1. 旅游与地产互补的开发模式

旅游开发具有提升土地价值、获得政府支持的特点，但其需要大量资金投入。而地产开发可以为旅游提供资金支持，反之旅游提升的土地价值可使地产项目后期收益最大化。

2. 观光式旅游向体验式旅游转变

在游客需求差异化、个性化的大背景下，体验式旅游将成为未来的发展趋势。基地拥有明城墙及外秦淮河优质的空间资源以及南京历史文化资源。基地内运用现代科技手段，以历史文化为素材打造区别于城墙内的旅游体验。

3. 明城墙外秦淮河景观资源引入

基地北侧为明城墙及外秦淮河，将滨河绿地及水系引入地块内部，提升环境景观品质，从而提高地块价值，同时打通地块与明城墙及外秦淮河之间的通廊。

4. 商业建筑与绿地的融合

商业建筑与绿地融合以地被建筑的形式出现，在满足一定开发量的同时能够使环境品质得到很大提升。

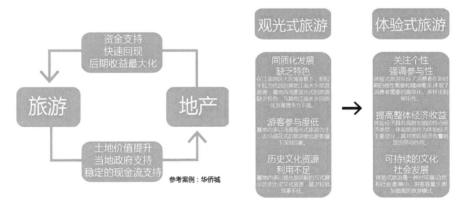

资金支持
快速回现
后期收益最大化

旅游 ⇄ 地产

土地价值提升
当地政府支持
稳定的现金流支持

参考案例：华侨城

观光式旅游 → 体验式旅游

观光式旅游
同质化发展
缺乏特色
游客参与度低
历史文化资源利用不足

体验式旅游
关注个性
强调参与性
提高整体经济收益
可持续的文化社会发展

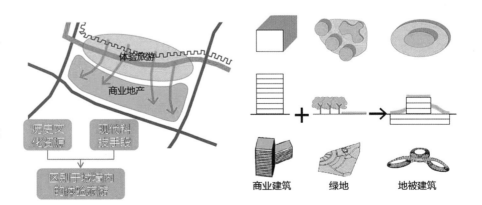

商业建筑　　绿地　　地被建筑

生活·网络·体验

城南新韵——体验旅游专题指导下的城市设计

总平面图

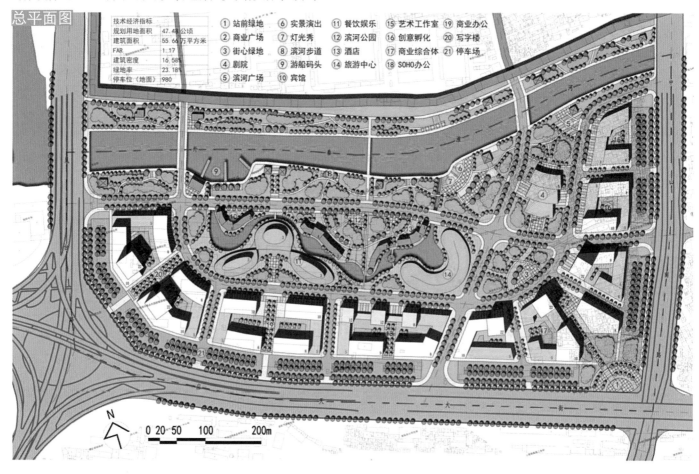

技术经济指标	
规划用地面积	47.48公顷
建筑面积	55.66万平方米
FAR	1.17
建筑密度	16.58%
绿地率	23.18%
停车位（地面）	980

① 站前绿地　⑥ 实景演出　⑪ 餐饮娱乐　⑮ 艺术工作室　⑲ 商业办公
② 商业广场　⑦ 灯光秀　　⑫ 滨河公园　⑯ 创意孵化　⑳ 写字楼
③ 街心绿地　⑧ 滨河步道　⑬ 酒店　　　⑰ 商业综合体　㉑ 停车场
④ 剧院　　　⑨ 游船码头　⑭ 旅游中心　⑱ SOHO办公
⑤ 滨河广场　⑩ 宾馆

0 20 50 100 200m

方案生成

系统分析

1. 现状要素
北侧明城墙外秦淮旅游资源，东南西三面高架环绕，东南侧地铁站点

2. 建立联系
结合上位规划确定南北向城墙内外联系、基地东西向联系及与地铁站联系

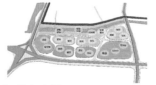

3. 落实功能
结合上位规划，落实大组方案功能：商业、旅游、娱乐、休闲、酒店、办公、文化等

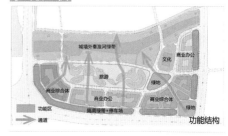

功能结构

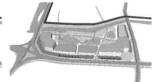

4. 确定总量
确定每个地块的开发强度：靠近高架一侧开发强度高、靠近城墙一侧开发强度低

5. 引入绿带
在地块中部引入水系及绿地，提升环境品质，建筑层数降低或屋顶覆土

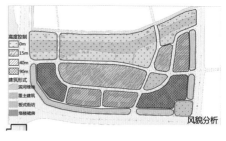

风貌分析

7. 打通通道
切分地块，打通地块与城墙外秦淮河之间的通道，使地块与城墙关系更加紧密

8. 调整体量
建筑高度总体遵循由高架向城墙依次降低的规则，在地铁站及转角高强度开发

6. 回避高架
高架与地块之间设置防护绿带＋停车场减轻对地块的不利影响

9. 注入活动
根据地块相应功能注入活动：城墙灯光秀、实景演出、文化节、戏剧演出等

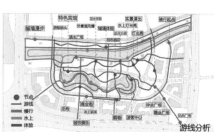

游线分析

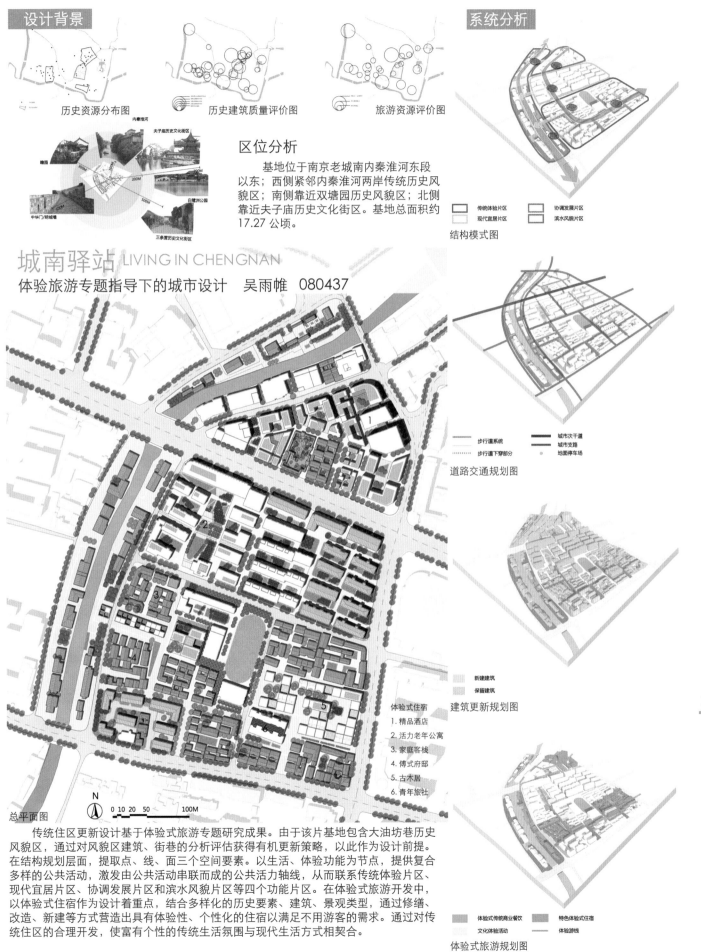

设计背景

历史资源分布图　　历史建筑质量评价图　　旅游资源评价图

区位分析

　　基地位于南京老城南内秦淮河东段以东；西侧紧邻内秦淮河两岸传统历史风貌区；南侧靠近双塘园历史风貌区；北侧靠近夫子庙历史文化街区。基地总面积约17.27公顷。

城南驿站 LIVING IN CHENGNAN

体验旅游专题指导下的城市设计　吴雨帷　080437

系统分析

传统体验片区　协调发展片区
现代宜居片区　滨水风貌片区

结构模式图

步行道系统　城市次干道
步行道下穿部分　城市支路
地面停车场

道路交通规划图

新建建筑
保留建筑

建筑更新规划图

体验式传统商业餐饮　特色体验式住宿
文化体验活动　体验游线

体验式旅游规划图

体验式住宿

1. 精品酒店
2. 活力老年公寓
3. 家庭客栈
4. 傅式府邸
5. 古木居
6. 青年旅社

N
0 10 20 50　　100M

总平面图

　　传统住区更新设计基于体验式旅游专题研究成果。由于该片基地包含大油坊巷历史风貌区，通过对风貌区建筑、街巷的分析评估获得有机更新策略，以此作为设计前提。在结构规划层面，提取点、线、面三个空间要素。以生活、体验功能为节点，提供复合多样的公共活动，激发由公共活动串联而成的公共活力轴线，从而联系传统体验片区、现代宜居片区、协调发展片区和滨水风貌片区等四个功能片区。在体验式旅游开发中，以体验式住宿作为设计着重点，结合多样化的历史要素、建筑、景观类型，通过修缮、改造、新建等方式营造出具有体验性、个性化的住宿以满足不用游客的需求。通过对传统住区的合理开发，使富有个性的传统生活氛围与现代生活方式相契合。

133

沿河步行文化体验　河上泛舟　传统餐饮小食品鉴　　明清府邸文化体验　传统街巷体验　　家庭客栈住宿

秦大士故居

将原有故居建筑与传统园林相结合，强化景点的体验性。同时该传统园林也为街区内的居民提供了一个新的交往与活动的场所。

国医疗养中心

位于长乐路的巾草医院具有浓郁中医传统特色，是一所擅用中草药及秘方、验方、经方诊治疾病的中医医院。张简斋国医医术是南京市非物质文化遗产，张氏中医学术自成一体，重视养生保健的国医医术。整合地块现有医疗资源，传承南京特色医术传统，形成国医疗养中心。

活力老年公寓

依托丰富的医疗资源和旅游资源，老年公寓面向注重健康养生、崇尚生活品质、热爱交往与体验的老人。

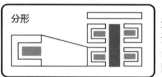

在空间设计上，适老住宅和绿化景观形成具有层次的空间关系，满足不同老人的需求。

秦淮人文艺术馆

人文艺术馆所在基地有三棵现存古树，通过建筑与公共空间的整理，界定了建筑与古树、人与自然的关系。

围合　　　　分散

傅式府邸

大油坊巷 71 号，曾是太平天国天王洪秀全的侍卫长傅尧成故居，为典型的江南风格建筑。传统明清多进穿堂式民居建筑质量较好。通过整体修缮和修护，成为府邸文化主题民宿。

鸟瞰图

134

体验式住宿分析

在"体验经济"的时代中，历史文化资源成为推动城市发展的文化资本。通过空间设计、更新模式创新和功能配套等手段可将体验式住宿与传统住宅有机结合。依托体验式开发，带动传统住区发展，提供就业机会、促进物质环境改善。

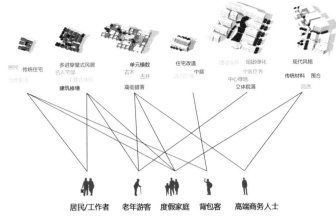

古木居——中庭

精品酒店

该片区紧邻秦大士故居，北侧靠近夫子庙历史文化街区。新建建筑功能为精品酒店和文化创意产业商业办公为主。为了与周边具有历史特征的环境相协调，以小体量建筑围合庭院，形成宜人的街区尺度，建筑材质上也使用了砖木等传统，与紧邻的秦大士故居建筑风貌相协调。

住宅改造

沿街住宅通过平改坡，改善建筑风貌和住宅居住质量。屋顶改造以南京常见的双坡屋顶。

古木居

该片区有十三棵古树和一口古井，是传统公共空间重要的组织元素也是历史风貌与地域文化的特色载体。在该地块体验式住宿设计中，利用古木、古井等一系列历史资源，形成具有特色的住宿空间。

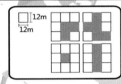

体块组合模式

在空间塑造中结合两栋现有多层住宅形成12*12的单元模数，围合成高低错落的围合空间，中庭以保留的古树、古井作为主题景观，创造出独特的步行和居住体验。

青年旅社——宅间广场

青年旅社

青年旅社由两栋多层住宅改造而成，为青年人提供便宜、便捷的住宿。利用棚架整合两栋住宅间的开敞空间，使其成为活动发生地，使青年旅社成为活力之所。

街区更新回迁住宅

宅间空间改造

活力老年公寓——漫步道

135

精品酒店——休闲庭院

钓鱼台 I-FUN 智慧坊——创意产业专题指导下的城市设计

规划愿景

基地位于老城南门西地区，包括钓鱼台历史风貌区及其北侧地块，总面积约 24.6 公顷。

区位分析

聚活力

云共享

微手术

概念阐释

钓鱼台 I-FUN 智慧坊

创意产业专题指导下的城市设计
卜义洁（090440）

I:Informatization，信息化。信息化社会背景下，文化创意产业发展趋势显著。

FUN: 趣味。老城区空间发展的趣味性和创造性，结合自身空间特质，在小而有限的空间里发挥大智慧。

当大数据和云共享已经越来越走进我们的生活，随处可见二维码"扫一扫、有惊喜"，在这样一个社交平台纷繁复杂的时代，在建成度很高的老城区如何有趣有效地利用小空间？这是在老城南门西的钓鱼台历史风貌区及其北部地块的城市设计的探索和尝试。

设计策略

现状分析

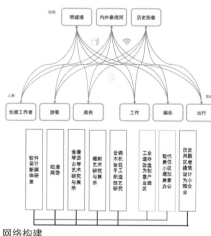

网络构建

136

肌理整饬与演绎

公共空间网络

新建地块联系

老建筑

创意工作坊

现代居住小区

三类空间的设计手法

总平面图

独栋企业共享庭院
适宜人数：10到20人

多家企业合租共享广场
适宜人数：20人及以上

增加居家办公
适宜人数：10人以下

典型地块

钓鱼台 I-FUN 智慧坊——创意产业专题指导下的城市设计

将老街区部分历史建筑改造为创意产业办公空间，已建设成熟的居住小区进行室内布局改造，并选取若干处夹缝中的空间进行小空间设计。通过虚实两种网络的搭建，巩固人与人之间的关系网络，这正是对本次课题网络、生活、体验的理解和回答。通过钓鱼台风貌区及其北部地块的城市设计，采取三个空间类型的不同做法，尝试在老城区内新的空间增长途径，在小空间的设计中彰显大智慧。

小空间设计

改造前

改造后

鸟瞰图

138

基于前期养老服务专题的研究成果，以老城南东南侧地块为例，进行适老化更新改造设计。对历史街区住宅采取梳理保留态度，创新植入预制混凝土盆栽花卉，形成小巷花园；对普通住宅采取保留为主，更新为辅的态度，结合各栋入户方式，增加外挂式电梯，并形成屋顶花园，适当提高老城绿地数量；对棚户区采用重新塑造的态度，新建养生度假酒店、老年大学、疗养别苑等区域级服务设施，以及社区日间照料中心、微型养老院等社区级服务设施。

养老·生活·新生

养老服务专题指导下的城市设计 庞璐 (083897)

承接大组策略

策略1 激发街巷活力

策略2 延续城墙记忆

策略3 服务平台构建

策略4 适老化改造

专题背景

严峻挑战

序号	城市名称	65岁及以上人口比例/%
1	重庆	11.56
2	沈阳	10.37
3	上海	10.12
4	成都	9.71
5	南京	9.20
6	济南	9.15
7	长沙	9.03
8	杭州	9.02
9	南宁	8.90
10	兰州	8.77

秦淮区与亚洲主要城市人口密度的对比

街道名称	总人口（人）	65岁及以上老年人（人）	65岁及以上人口比例（%）
夫子庙街道	44075	4756	10.79
双塘街道	51736	5540	10.71

区位分析

现状用地

功能定位

基地环境

资源禀赋

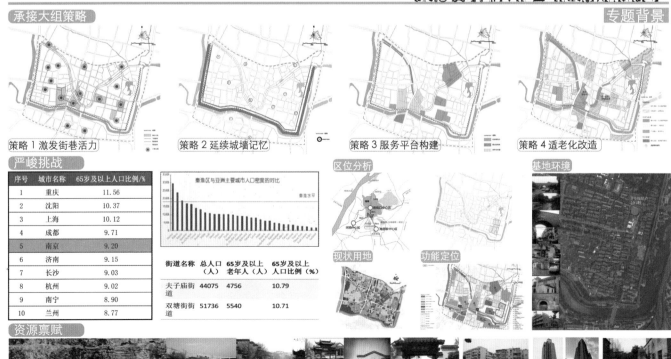

养老·生活·新生——养老服务专题指导下的城市设计

主题目标　目标——构建复合养老服务模式下的活力生活空间

原则——有机更新 微手术改造 空间功能复合

策略——重点从功能与空间的复合着手，适应不同年龄段老年人对照护程度和照护内容的不同需求，由积极养老、互助养老向机构养老自然过渡，将居民养生与老年人养老融为一体。

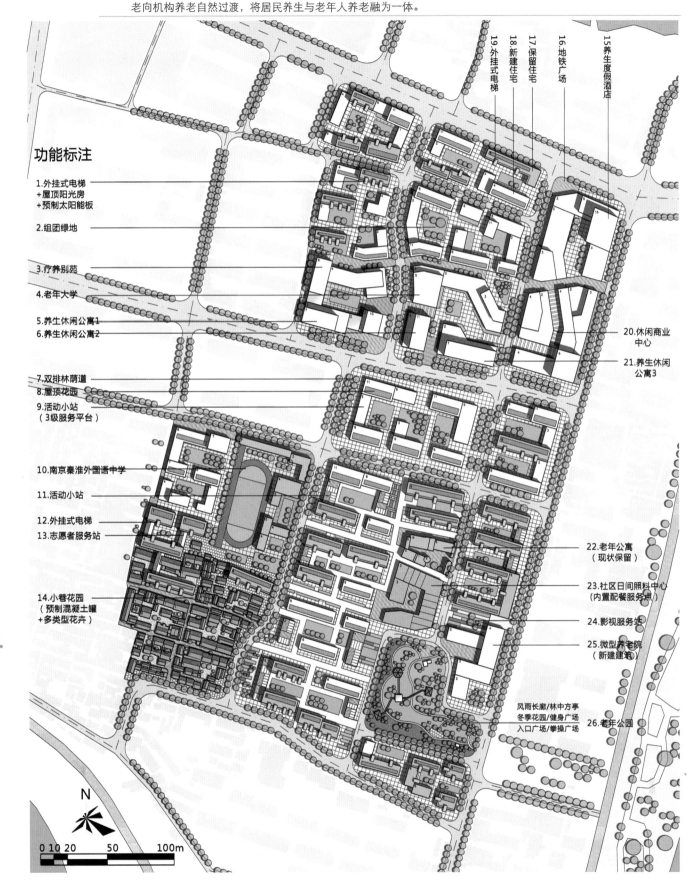

功能标注

1.外挂式电梯
　+屋顶阳光房
　+预制太阳能板

2.组团绿地

3.疗养别苑

4.老年大学

5.养生休闲公寓1
6.养生休闲公寓2

7.双排林荫道
8.屋顶花园
9.活动小站
　（3级服务平台）

10.南京秦淮外国语中学

11.活动小站

12.外挂式电梯

13.志愿者服务站

14.小巷花园
　（预制混凝土罐
　+多类型花卉）

15.养生度假酒店
16.地铁广场
17.保留住宅
18.新建住宅
19.外挂式电梯

20.休闲商业中心

21.养生休闲公寓3

22.老年公寓
　（现状保留）

23.社区日间照料中心
　（内置配餐服务点）

24.影视服务站

25.微型养老院
　（新建建筑）

风雨长廊/林中方亭
冬季花园/健身广场
入口广场/拳操广场

26.老年公园

N

0 10 20　50　100m

养老服务系统

1 植入服务设施

2 注入服务内容

A影视服务站
社区中心为投影背景，构筑户外观影空间。

B志愿者服务站
整合南京中学学生义工资源，设置站点，服务周边社区老年人。

C银发餐桌服务站
解决老年人吃饭难的问题，提供配餐服务及老年集中就餐空间。

3 提升物质环境

b阳光屋顶
在保留住宅屋顶上，结合外挂式电梯构造，布置阳光玻璃房以及太阳能板，适当提高老城屋顶绿化率。

d小巷花园
于小巷两侧，植入预制混凝土箱子，种植多样花卉，丰富小巷环境。

1养生度假酒店
满足候鸟式养老日益增长的需求，提供连锁假日酒店服务。

2老年大学
服务区域，老有所学。

3疗养别苑
为老年人提供全天候看护及医疗等服务。

4养生休闲公寓
适老化公寓设计，周边配套养生服务。

5老年公寓
保留基地老年公寓，梳理路径，完善绿地环境及外部开放空间。

6社区日间照料中心
为周边老年人提供配餐服务、看护服务。

7微型养老院
弥补现状老年人无处可养的空缺，为其提供其乐融融的居住大家庭。

a外挂式电梯
着力解决老年人"爬楼难，难下楼"的现实问题，为保留的多层住宅增加外挂式电梯。

c老年公园
设计有入口广场、舒心亭、拳操广场、风雨长廊、冬季花园、林中方亭、健身广场等适老化微小空间，满足老人活动需求，丰富老人户外活动形式。

方案系统分析

规划结构分析

交通系统分析

老年活动系统分析

服务平台系统分析

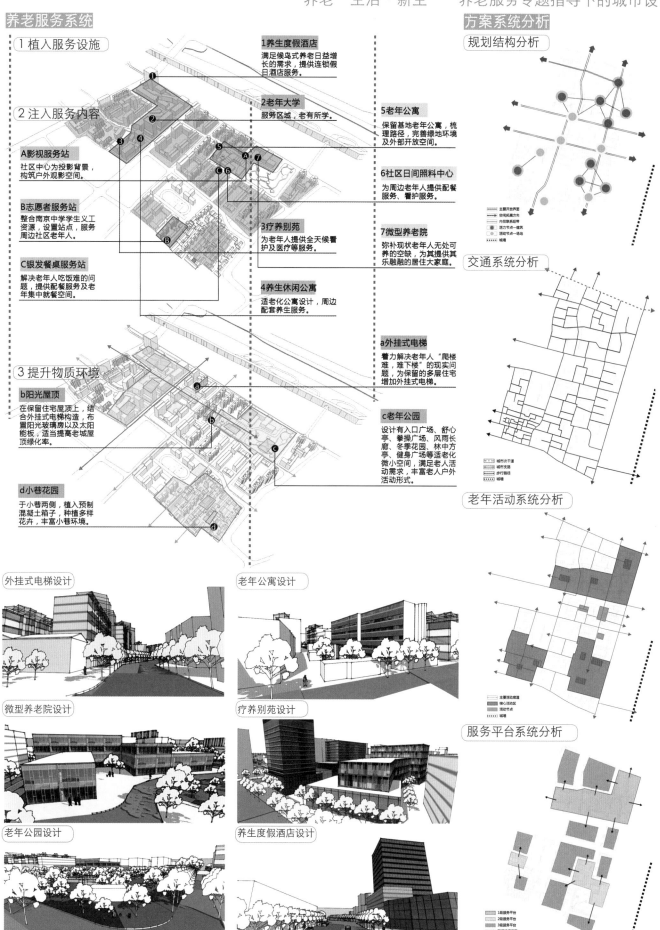

外挂式电梯设计

老年公寓设计

微型养老院设计

疗养别苑设计

老年公园设计

养生度假酒店设计

141

水绿融城·滨水乐活——滨水空间专题研究指导下的城市设计

设计背景

区位概况

空间现状

核心问题

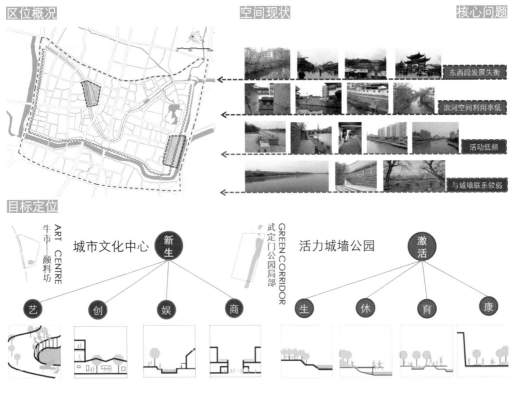

东西段发展失衡

滨河空间利用率低

活动低频

与城墙联系较弱

目标定位

城市文化中心 新生

活力城墙公园 激活

艺　创　娱　商

生　休　育　康

内外秦淮河具有各自的特征及问题。内秦淮河东西段发展较为不平衡。东段为以夫子庙为核心的商业带，而西段则多为住宅，滨河空间私有化程度高，且未整治岸线居多。而外秦淮河滨河虽然具有较好的绿化基础，但滨河空间的设计较为粗放，活动类型与人群都较为单一，同时，滨水空间与城墙之间未形成良好呼应。

针对内秦淮河滨水空间设计，选取牛市·颜料坊片区。该片区为内秦淮河西段的核心，目前已拆迁，仅保留片区内部一文保单位。具有较高的开发余地，其自身也具备良好的资源优势，通过艺术活动、文化创意、娱乐休闲及商业活动的引入，能够作为内秦淮河西段活力新生的带动点。

针对外秦淮河滨水空间设计，选取武定门公园靠近武定门的局部段落。通过城门的开放及城墙内外联通空间的设计来激活城墙公园所具有的多个活动带。

水绿融城·滨水乐活
LOHAS IN GREEN WATERFRONT

滨水空间专题研究指导下的城市设计　　彭程　　090414

基地 I——牛市-颜料坊片区城市设计

设计旨在塑造内秦淮河西段的活力点，以历史空间网络为基础，在保护历史资源的同时，以公园绿地、艺术活动及创意设计给地区带来新生。设计中保持了沿内秦淮河水系体验游线的延续性，向南呼应中华门，向北联系西水关，形成与夫子庙、水游城相区别的文化休闲中心。开敞公园的设计不仅提升了片区的生态、景观品质，更为市民的日常休闲提供了一个好去处。

创意SOHO

公寓式酒店

创意订制工坊

内秦淮河休闲带

文化步行街

声乐博物馆

综合艺术公园

保留仿古商业

牛市-颜料坊片区城设计鸟瞰图

基地分析

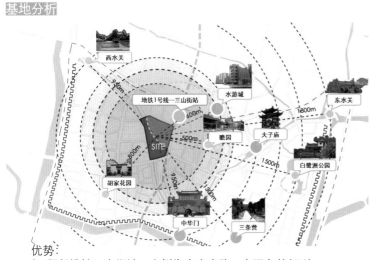

优势：
1 紧邻地铁三山街站，东侧为中山南路，交通条件便利。
2 自身具有历史建筑及水系文化资源，处于历史风貌协调区。
挑战：
1 区域层面——需避免与现有的商业中心形成同质竞争。
　　　　——需为市民提供一定的绿地开敞空间。
2 自身层面——与周边环境的空间协调，包括东南角钓鱼台历史风貌区以及西面及北面的高层住宅区。
　　　　——滨水环境的设计与片区历史文脉的延续。

方案生成

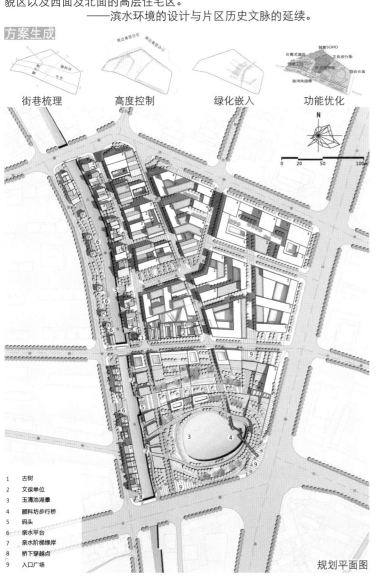

街巷梳理　　高度控制　　绿化嵌入　　功能优化

1 古树
2 文保单位
3 玉清池湖景
4 颜料坊步行桥
5 码头
6 亲水平台
7 亲水阶梯绿岸
8 桥下穿越点
9 入口广场

规划平面图

设计策略解析

梳理

保留历史街巷格局　　控制建筑肌理变化

联系

交通空间的设计与改善　　码头空间　　桥下空间

植入

绿化空间的嵌入与渗透　　公园绿地　　屋顶绿化

改造

滨河岸线的多样化设计　　◎阶梯岸线　◎平台岸线　●建筑岸线

优化——功能与活动的多元

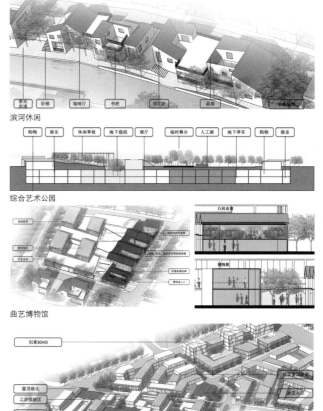

滨河休闲

综合艺术公园

曲艺博物馆

当代"十八坊"

143

水绿融城·滨水乐活——滨水空间专题研究指导下的城市设计

设计通过开放两个现有城门，并在中段设计沟通滨水活动带、绿林活动带及城墙活动带的公园服务中心，在原有生态休闲功能的基础上，以教育、运动和服务功能激活静谧的城墙公园，为市民及游客提供从平面到空间的多元交流体验。

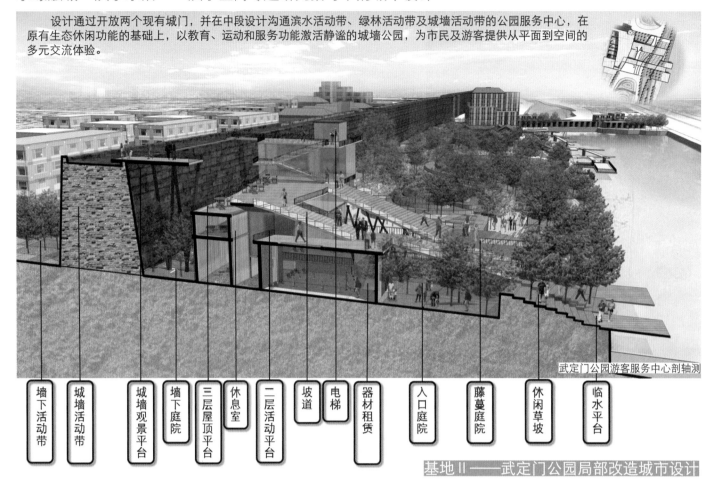

武定门公园游客服务中心剖轴测

墙下活动带　城墙活动带　城墙观景平台　墙下庭院　三层屋顶平台　休息室　二层活动平台　坡道　电梯　器材租赁　入口庭院　藤蔓庭院　休闲草坡　临水平台

基地Ⅱ——武定门公园局部改造城市设计

基地分析

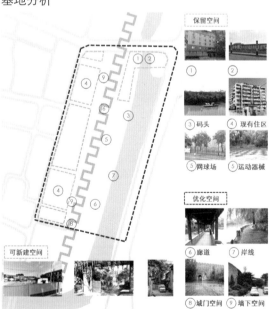

保留空间
① ②
③ 码头　④ 现有住区
⑤ 网球场　⑤ 运动器械

优化空间
⑥ 廊道　⑦ 岸线
⑧ 城门空间　⑨ 墙下空间

可新建空间

方案设计

公共服务设施
商业设施
居住区
人才公寓
公园绿地
水系

功能布局

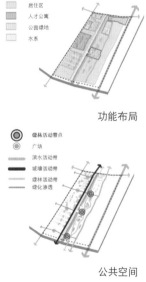

绿林活动带节点
广场
滨水活动带
城墙活动带
绿林活动带
绿化渗透

公共空间

规划平面图

1 纪念操场广场
2 城墙活动带
3 城门广场
4 电梯
5 原有住区
6 人才公寓
7 公园入口广场
8 南京建康医院
9 武定门管理所
10 亲水平台
11 亲水栈道
12 番薯家餐饮
13 武定门码头
14 公园服务中心
15 公园绿林

屋顶保留建筑
平屋顶保留建筑
新建建筑
屋顶平台
城墙

节点设计

墙下活动带

绿林活动带

滨水活动带

围城·共生

2014 年春季学期城市规划专业六校联合毕业设计
2014 SPRING SEMESTER SIX-SCHOOL JOINT GRADUATION DESIGN OF URBAN PLANNING

THE CITY WALL AND WALLED CITY: SYMBIOSIS

城墙空间专题指导下的城市设计　　徐晨晔 090428

"围"即城墙，"城"即城市。城墙功能与价值，经历了由昔日的"军事型"到今天的"文化型"的重大转变。设计对城墙与城市的空间秩序进行重塑，通过"缝线"和"触媒"两大空间策略达到当今语境下城墙与城市的共生。

基础工作

现状城门分布调研　现状城墙新旧段调研　现状城墙内侧可达性调研　现状城墙活动调研

系统策略

1　城墙腹地功能规划

2　结合腹地的城墙活动分布规划

3　空间策略一：触媒

4　空间策略二：缝线

选点设计

基地一：
城墙产业园

基地二：
城墙社区

基地一：
　　明城墙自基地向北一段被拆除，在基地中形成断墙。基地隔路相对内外秦淮河，西北部为西水关遗址公园。
上位规划：B29 与 G1 用地为主

基地二：
　　基地处于明城墙东南转角处，城墙内侧有一段南京明城墙中较有特色的包山墙。
上位规划：R2 与 G1 用地为主

145

围城 · 共生——城墙空间专题指导下的城市设计

现状梳理

"断墙"空间现状被"集装箱式"住宅与工业厂房挤压，而断墙作为基地的特色要素，恰恰可以成为园区规划设计的"触媒"。

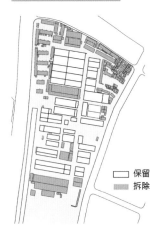

断墙作为基地的特色要素，恰恰成为园区新"触媒"。

旧厂房建筑拆除后开放出公共通廊作为园区的西入口。

南京教育管理中心建筑质量较差，重新建造后保留原用地性质。

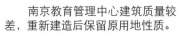

保留
拆除

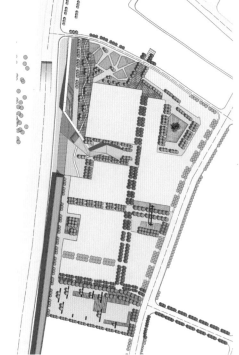

设计策略　触媒

1
保留旧建筑

2
打通基地向北、向东的两条公共通道

3
植入办公、居住新功能与新建筑

4
"断墙"空间向外伸发形成突触

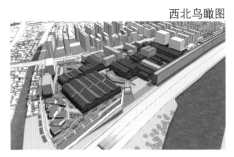
西北鸟瞰图

公共空间触媒：休闲草坡

公共空间触媒：交流空间

城墙产业园设计平面图

围城·共生——城墙空间专题指导下的城市设计

缝线

基地二
SITE 2

面积：
16.1 公顷

设计对策

2 廊道缝合

缝线一　社区微型化，通过社区间的路径 **缝合城墙空间与城市内部**。

缝线二　打通城墙脚下的慢行道，**缝合城墙沿线空间**。

缝线三　开放现有的城门，**缝合城墙内外空间**。

缝线四　通过城墙内外用地功能的协调与呼应，**缝合城内与城外**。

缝线五　水上巴士线路 **缝合护城河两岸**。

1 肌理缝合

现状
基地及周边肌理

规划设计
基地及周边肌理

南京老城南民居建筑组合形式

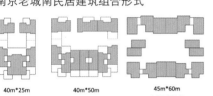

规划设计城墙社区建筑组合形式

3 视线缝合

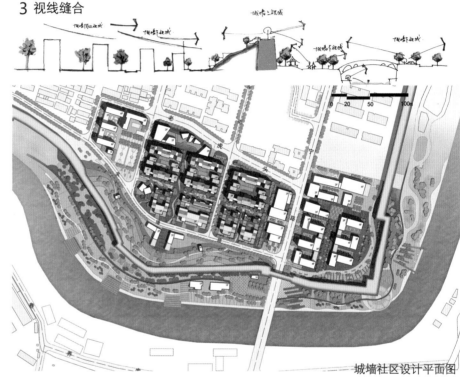

城墙社区设计平面图

城墙社区设计鸟瞰图

147

重构城南

RE-CITY

重庆大学建筑城规学院

曹越皓　吴　璐　吴　骞　王皓羽　谢　鑫　朱　刚　杨文驰

刘雅莹　甘欣悦　夏清清　朱红兵　李弈诗琴

指导教师：李和平　戴　彦

　　针对"南京城墙内外——生活 • 网络 • 体验"这一课题，项目组通过现状调研与分析，总结出"被展示的文化和被忽视的生活"这一根本问题。基于核心目标"重构生活的老城南"的确定，将规划区分解为"城河"、"历史街区"、"社区"三大系统，并对应提出"连接、整合、激活"三大策略来展开城市设计工作。

　　秉持系统思维，项目组在系统因子评价分析的基础上，将评估生成的空间结构与用地功能进行叠加，得到总体城市设计的初步框架；同时，结合上位规划对初步框架在功能定位、结构关系、绿地布局、交通系统四方面的内容进行修正、优化和深化，拟定设计导则，完成最终总体城市设计。

　　在详细城市设计层面，项目组从三系统切入，以地块为依托提出了 12 条分项思路来解决具体问题。"城河系统"关注滨水及城墙带"公共生活、休闲生活、网络生活、艺术生活"的重构；历史街区系统从"文化景观、文化身份、艺术文化、文化体验"的角度重构"文化生活"；社区系统则以"设施完善、空间优化、产业引导、活动策划"为导向重构"社区生活"。

　　项目组力图通过"问题导向、系统切入"的方式，基于规划方案的拟定，为南京老城南地区的发展提供一种思路，也为国内类似地区的问题解决探索一条路径。

Aiming at the topic of "Life, Network and Experience inside and out of the Wall", our team summarized a fundamental issue which is "the exhibited culture and the ignored life" by the method of site survey and analysis. Based on our core goal, to re-construct life in south part of the old-city, that we determined, we divided the planning site into three systems following as "river and wall", "historical district", "community". We also proposed three corresponding strategies as "connect", "integrate", "activate" to develop our urban design. By adhering to the way of systematic thinking, our group based on the evaluation of systematic factors to overlap the generated spatial structure and land use, in order to achieve the preliminary frame of master urban design. Meanwhile, we combined the upper plan to amend, optimize and deepen our preliminary frame from four aspects including land use, structural relationship, green space layout, transportation system. Thus, we protocol the design ordinance to finish our final design.

On the layout of detailed urban design, the group cut-over from three systems to propose twelve component ideas to resolve specific issues relying on the site.

Our group strived to adopt the way of "issue-oriented and systematic pitching-in" to provide a development thought for the old-city area in Nanjing. And we also hope to explore a path for similar issues in China.

1 背景解读

南京明城墙是明代开国皇帝朱元璋定都南京而修建的四重城垣（宫城、皇城、都城和外廓）中的都城城墙，周长约33.7公里，目前保留下来的城墙长度累计约21.35公里。原有城门13座、水关2座，目前尚存明代城门4座（中华门（古聚宝门）、神策门、清凉门、汉西门）、水关1座（东水关）。南京明城墙于1988年被国务院列为全国重点文物保护单位。

南京明城墙是我国乃至世界上保留至今最大的古代城垣，奠定了近代以来南京城市发展的格局。其形态走势充分利用了山水资源，布局自由，利用丘岗筑城墙、利用河湖为城河，与紫金山系、秦淮水系、金川水系、玄武湖等融为一体，是南京"山水城林"城市特色的重要组成部分。

由南段明城墙围合的老城南地区自古就是市民集居、商业繁华的市井地区，也是南京历史积淀最深厚的老城区。城南位于南京老城以南，由秦淮河围合的区域，是南京历史积淀最深厚的老城区，凝聚着六朝、南唐以至明、清、民国各代的深厚历史痕迹和信息，是古都南京历史的一个缩影。"朱雀桥边野草花，乌衣巷里夕阳斜，旧时王谢堂前燕，飞入寻常百姓家。"描述的就是古时城南乌衣巷的情景。

但是由于资金不足、社会保护意识缺乏和保护措施不足等原因，保护状况不尽如人意，老城南一直面临着保护的困境；由于快速城市化发展的需求，构建老城南人文要素的各类住区也面临着被拆迁的危机。

同时于2014年，南京即将举办第二届青年奥林匹克运动会，国际性重大事件的举办将为南京提供新的活力和重要的发展契机。老城南作为南京文化的中心，是南京对外底蕴展示的重要窗口。因此，在保护的背景和国际性事件的激发下，我们希望通过重塑城南，体现个性化的南京。

本次规划选址：升州路以南，应天大街以北，西面包括莫愁湖，东面包括月牙湖，囊括了南京城墙、内外秦淮河、中华门等各种设计要素，基地总规划面积为13.3km²。

基地选址

规划范围研究——规划的三个层面

开州路以南，应天大街以北，西包括莫悉湖，东包括月雅湖公园囊托了南京城墙、内外秦淮河、中华门等各种设计要素，设计总用地约为13.3km²

第一层面　**48km²**

秦淮区为主，部分建邺区的城市建设用地
城市空间结构研究

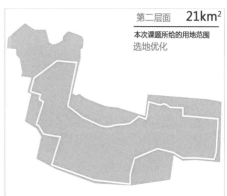

第二层面　**21km²**

本次课题所给的用地范围
选地优化

第三层面　**13.3km²**

本次规划所选择的设计用地
城市设计

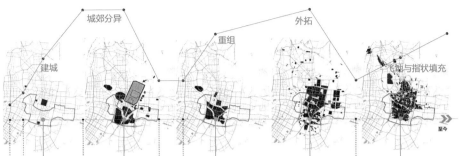

历史城建用地演变——南京城建悠久，老城南历来是建设重点区域

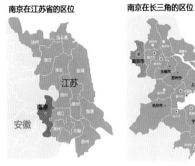

南京市历史发展研究

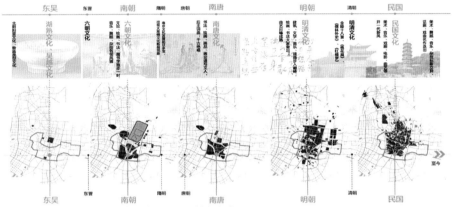

地域文化发展历程——十朝都会文化，积淀特色秦淮

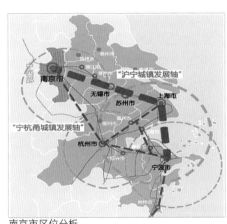

南京市区位分析

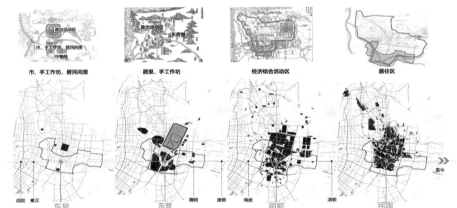

历史功能格局演变——历史商贸功能消退，现代以居住功能为主

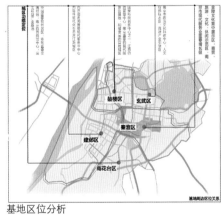

基地区位分析

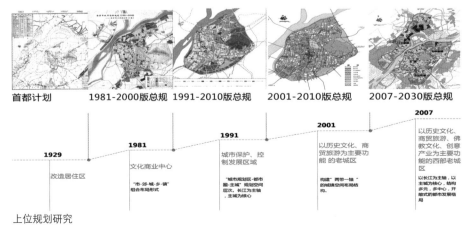

首都计划　1981-2000版总规　1991-2010版总规　2001-2010版总规　2007-2030版总规

上位规划研究

区域交通分析

2 基地分析

（1）产业现状：产业结构老化，服务业以传统服务业居多。

（2）人口现状：人群类型多样且人口迁出较多，弱势群体数量大，社会发展压力大。

（3）历史文化资源现状：历史文化资源丰富，但现代城市发展与资源保护的矛盾突出。

（4）土地利用现状：用地状况复杂，以居住用地为主，部分工业用地待拆迁。

（5）道路系统现状：主干道系统完善，次干道系统不发达，快速交通切割城市空间，破坏老城南历史风貌。

（6）绿地系统现状：点状绿地不足；绿地分布不均且缺乏联系，重要绿地集中在外秦淮河与城市公园，内秦淮河缺乏绿地。

（7）建成环境现状：建筑以低层和多层为主；莫愁湖片区有部分高层；主要拆建用地集中在老城南片区。整个基地内新旧住区交错分布。

（8）公共服务设施现状：公共服务设施资源较多，但存在分布不均、质量不佳的问题。

长三角区域沪宁产业轴

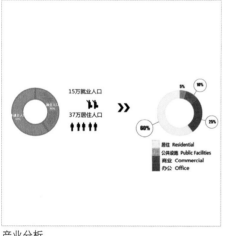

产业分析

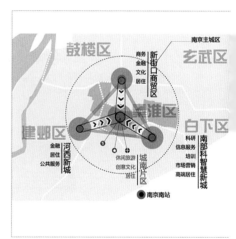

绿地系统

历史文化资源

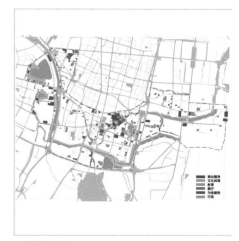

公共服务设施

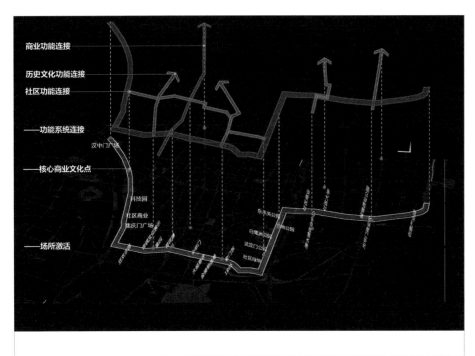

商业功能连接

历史文化功能连接

社区功能连接

—— 功能系统连接

—— 核心商业文化点

—— 场所激活

汉中门广场

科技园

社区商业

集庆门广场

东水关公园

白鹭洲公园　湿地公园

武定门公园

社区绿地

土地利用

道路交通

地铁一号

地铁二号

快速路

主干道

次干道

支路

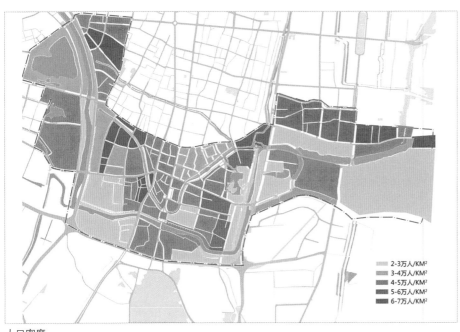

2-3万人/KM²
3-4万人/KM²
4-5万人/KM²
5-6万人/KM²
6-7万人/KM²

人口密度

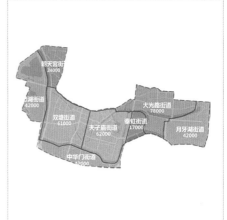

朝天宫街道 24000

朝湖街道 42000

双塘街道 61000

夫子庙街道 62000

大光路街道 78000

秦虹街道 17000

月牙湖街道 42000

中华门街道 42000

人口数量

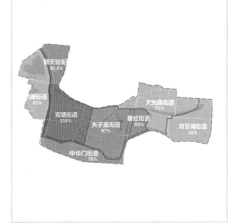

朝天宫街道 90.8%

朝湖街道 65%

双塘街道 159%

夫子庙街道 97%

大光路街道 75%

秦虹街道 80%

月牙湖街道 56%

中华门街道 78%

户籍人口 / 常住人口

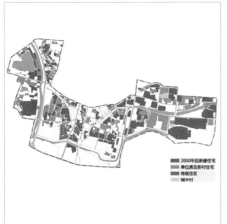

2000年后新建住宅
单位房及新村住宅
传统住区
城中村

社区分布

≤24m
24-36m
36-50m
50-100m

建成环境

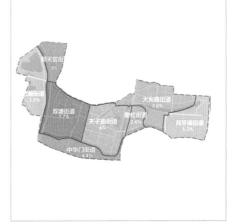

朝天宫街道 5%

朝湖街道 1.3%

双塘街道 7.7%

夫子庙街道 4%

大光路街道 2.6%

秦虹街道 2.6%

月牙湖街道 1.2%

中华门街道 4.4%

弱势群体比例

3 核心问题

3.1 文化审视

（1）问题一：文化资源缺乏整合

规划区内及其周边拥有丰富的历史文化资源，其类型丰富，数量众多，这都是老城南片区城市复兴的重要资本与核心动力。但单一、分散的历史文化资源并不能将旅游带动与城市形象打造的效益最大化，必须与生态环境资源、城市产业及相关资源进行整合形成串联，打造完整的文化产业链。

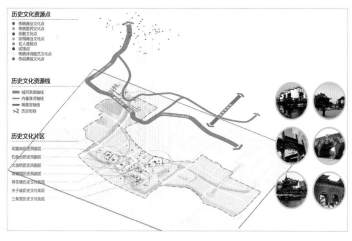

（2）问题二：文化保护表象化

南京拥有大量的历史文化积淀，这些也是南京文化古都在众多城市中独树一帜的重要内涵，但是随着南京城市发展的加快和城市对外形象展示需求的加强，老南京的历史文化被精品化的包装，文化资源被过度展示。

由于文化保护趋向表象化，只注重外壳的保护让文化缺乏生活内涵。传统居住片区尤为缺乏保护。

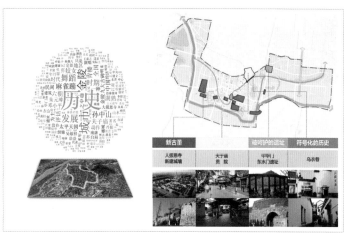

（3）问题三：文化资源开发模式粗放

南京对文化资源的开发模式主要分为两种，一是"夫子庙""老门东"为代表的传统风貌商业街区；另一种是以"1865"为代表的旧厂房改造创意文化产业园，类似的开发实例在全国遍地开花，以这两种模式为主，开发模式单一。

在南京城市的高速发展中，历史文化遗存常常是在政府、资本、市民三者博弈的夹缝中得以延续，在博弈中有许多历史街区、历史建筑被暴力地拆除，历史文化的更新采取了粗暴拆迁的方式。

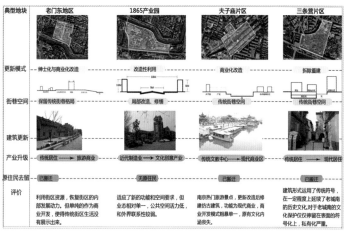

3.2 生活解读

（1）问题四：公服设施分异明显

城市级公共服务设施布局不能达到区域全覆盖，并且设施间服务范围重叠严重；社区及公共服务设施整体分布较为合理，但单看每类设施分布仍严重不成体系，分布不均匀。

红线范围内建筑密度较高，尤其在护城河以内，公共空间严重不足，城市公共空间非常狭窄，未能形成骨架结构，跟不上分级分类。

红线范围内，公共绿地主要沿护城河与重要文化资源分布，呈现严重的破碎化，公共绿地之间互相联系不足，缺乏绿廊或开放空间廊道，且没有形成分级体系。

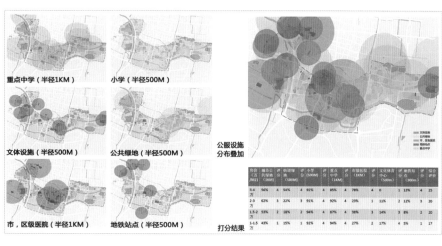

（2）问题五：公共空间分异明显

　　根据服务半径内各居住类型所占比例进行打分，分数较高说明该价格层次的住区所占比例越高。从打分结果中可以看出，房价越贵，公共资源的占有率越高。从综合评价来看，高房价住区相比低房价区更加临近城市公服设施。

　　通过计算与城市公园及街道绿地相连接的道路交叉口数量来评估公共空间的可达性。交叉口越多，表明公共空间可达性越高。结果表明，城市级公园当中，东水关公园可达性相对较高，但研究范围内的城市公园整体可达性较低。

　　街头绿地中，老城区的汉中门广场和朝天宫具有较高可达性，集庆门广场可达性最低。与房价空间分布图叠加后发现，公共空间边界被大量居住区侵占，导致其可达性降低。且可达性差的公共空间周边楼盘价格相对较高，优质公共空间严重私有化。

（3）问题六：生活网络与自然空间失联

　　研究范围内的生活性街道与自然空间缺乏联系，结构不匹配。因为自然空间的严重私有化程度，滨水空间阻隔严重，缺乏公共活力。

4 目标与策略

4.1 核心目标

　　基于核心问题的总结：被展示的文化被忽视的生活。提炼出我们的总体目标，即：重整文化资源，重塑生活载体。

4.2 策略框架

　　提出联系、激活、整合三大概念策略，形成城河系统、历史街区系统、大社区三大系统。三重策略配合三大系统重构出一个生活的老城南。

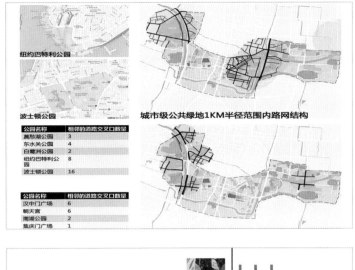

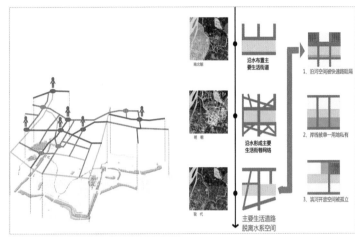

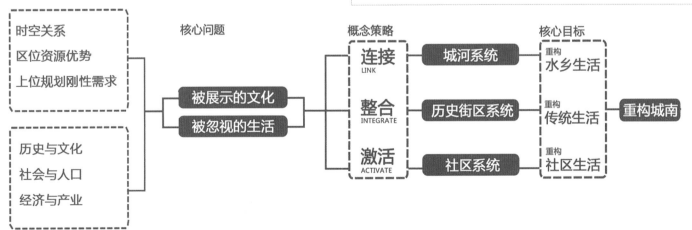

5 总体城市设计

5.1 AHP 层次分析法

　　经过各种相关分析方法的比较研究，本次设计选择相对客观理性的层次分析法，对现状复杂的老城南地区进行相对理性的评价，以此来指导三系统的总体城市设计。

　　层次分析法的特点是在对复杂的决策问题的本质、影响因素及其内在关系等进行深入分析的基础上，利用较少的定量信息使决策的思维过程数学化，从而为多目标、多准则或无结构特性的复杂决策问题提供简便的决策方法。尤其适合于对决策结果难于直接准确计量的场合。

　　在现状复杂的城南地块中，在做出地块定位、地块目标等最后决定之前，必须考虑多方面的因素或者判断准则，最终通过这些准则作出决定。此时将半定性、半定量的问题转化为定量计算问题，层次分析法是解决城南地块复杂问题行之有效的方法。层次分析法将复杂的城南各系统层次化，通过逐层比较各种关联因素的重要性来为分析以及最终的决策提供定量的依据。

（1）城河系统

　　城河系统首先从文化，生活，空间基底三方面进行城河相关因子选择，利用层次分析法得出各因子权重。将各因子形成的像素化的图像叠加后，得到城河系统的潜力分布图像。提取潜力最高和最低区域，通过连接潜力区域和失落区域，形成完整连续的城河系统。

（2）历史街区系统

　　针对较抽象的历史文化价值，历史街区系统选取文化本体价值和文化衍生价值两方面，对历史资源可利用度进行评价分级。利用层次分析法得出各因子权重。将各因子形成的像素化的图像叠加后，形成历史街区可利用度高低分布图。基于历史资源可利用度高低，将其整理划分为三种类型，由高到低依次为文化商贸，文化体验和文化生活片区。通过将历史资源进行分类整理接下来，形成具体功能片区差异化发展的历史街区网络。

（3）社区系统

　　社区系统首先从交通、公共空间、公服设施三方面进行因子选择。利用层次分析法得出各因子权重，对社区系统进行评价。将所选因子叠加得到社区活力分布图。通过三个步骤，点激活打造公共资源中心、线联动形成资源共享带、优化社区街道形成网络，共同得到社区系统功能结构图。

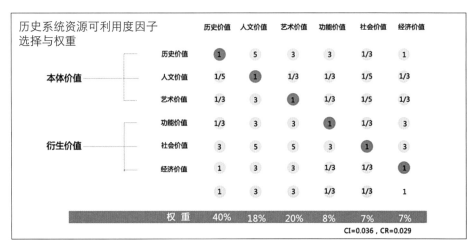

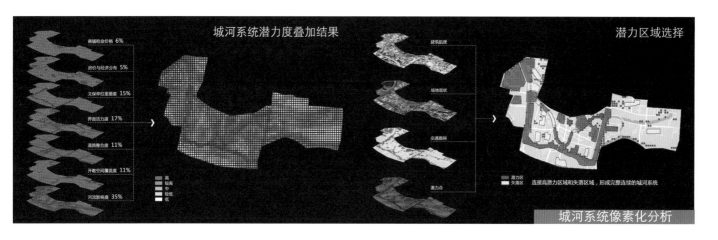

城河系统潜力度叠加结果　　　　　潜力区域选择

商铺租金价格 6%
房价与经济分布 5%
文保单位重要度 15%
界面活力度 17%
道路整合度 11%
开敞空间覆盖度 11%
河流影响度 35%

城河系统像素化分析

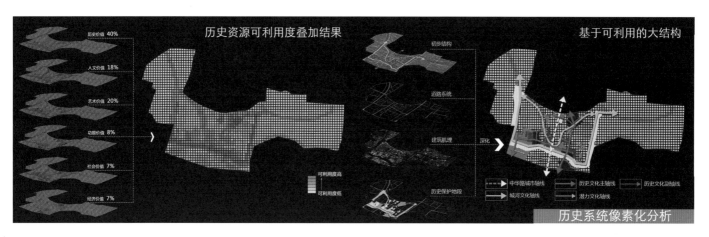

历史资源可利用度叠加结果　　　　基于可利用的大结构

历史价值 40%
人文价值 18%
艺术价值 20%
功能价值 8%
社会价值 7%
经济价值 7%

历史系统像素化分析

社区活力区域叠加结果　　　　　活力区选择

地块可达性
公交站点可达性
地铁站点可达性
公共空间可达性
街道界面活跃度
空间节点现状
公服设施可达性
公服设施完善性

交通出行便捷性
公共空间舒适性
公服设施完善性

从叠加结果可以看出：
1. 老城南片区活力区域范围很小；
2. 活力区不成系统，散落在场地四周；
3. 场地内大范围区域为失活区，主要位于场地南面和东面。

社区系统像素化分析

城河系统设计结构

历史系统设计结构

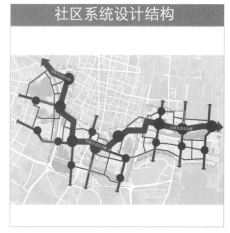

社区系统设计结构

5.2 总体城市设计土地利用规划

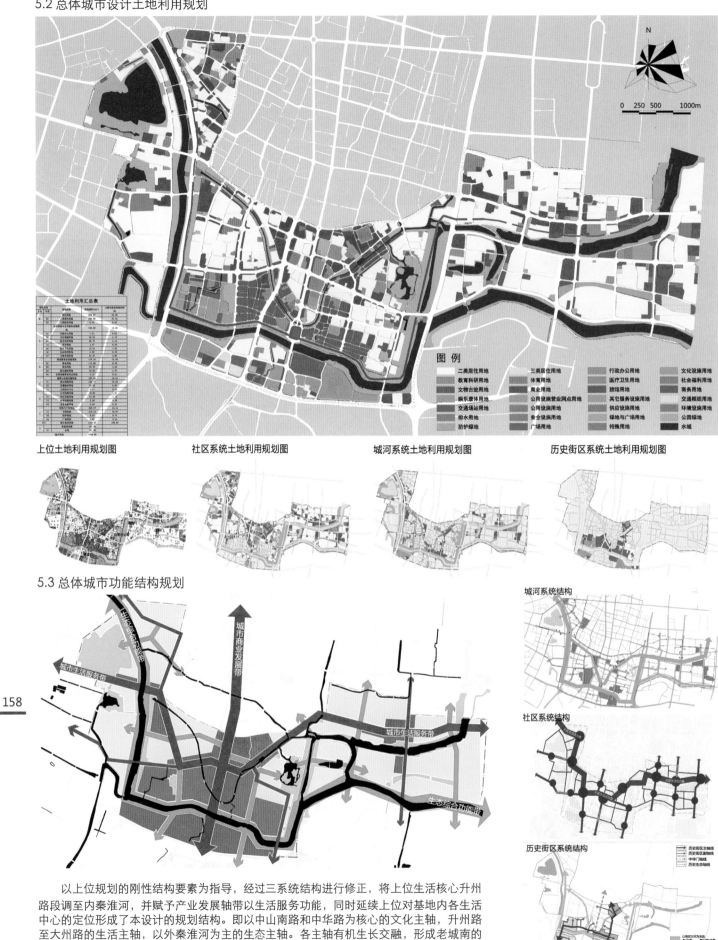

图例

二类居住用地　三类居住用地　行政办公用地　文化设施用地
教育科研用地　体育用地　医疗卫生用地　社会福利用地
文物古迹用地　商业用地　旅馆用地　商务用地
娱乐康体用地　公用设施营业网点用地　其它服务设施用地　交通枢纽用地
交通场站用地　公用设施用地　供应设施用地　环境设施用地
排水用地　安全设施用地　绿地与广场用地　公园绿地
防护绿地　广场用地　特殊用地　水域

上位土地利用规划图　社区系统土地利用规划图　城河系统土地利用规划图　历史街区系统土地利用规划图

5.3 总体城市功能结构规划

城河系统结构

社区系统结构

历史街区系统结构

以上位规划的刚性结构要素为指导，经过三系统结构进行修正，将上位生活核心升州
路段调至内秦淮河，并赋予产业发展轴带以生活服务功能，同时延续上位对基地内各生活
中心的定位形成了本设计的规划结构。即以中山南路和中华路为核心的文化主轴，升州路
至大州路的生活主轴，以外秦淮河为主的生态主轴。各主轴有机生长交融，形成老城南的
文化生活网络结构。

158

5.4 总体城市设计其他系统规划

对原有快速路和主干路予以保留，重点调整次干路密度，同时完善支路体系。

采用公共交通，轨道交通及水上巴士路线复合的公共交通系统规划。

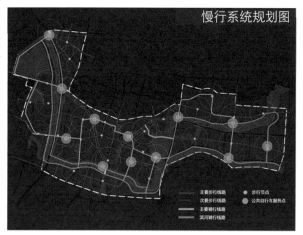

利用规划区内相互贯通的大型公共开放空间形成主要的步行网络

构建滨河开放空间，连接大型湖泊，新增城市广场和社区绿地，保持活力空间。

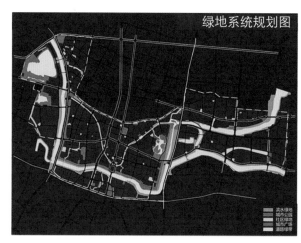

依托研究场地内现有的历史人文及自然资源，以及规划后的现代特征区，加强区域的配套及环境建设，依托两条城河旅游带，形成7个特色鲜明的旅游区。

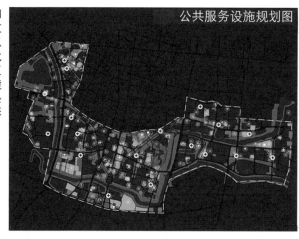

高度控制以保护老城南片区历史风貌为主，严格控制城南片区建筑高度，历史保护区以7m以下为主，周边临近区域以12m以下为主。

容积率的控制采用分区控制的方式，老城南片区以低强度开发为主。

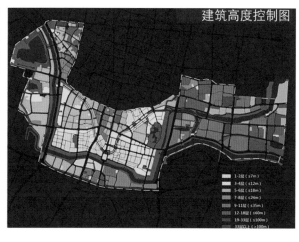

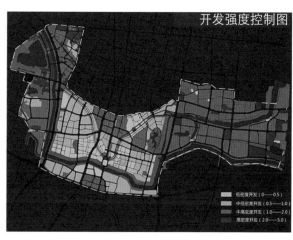

6 分系统设计

6.1 城河系统设计

　　根据总体城市设计城河系统功能结构，以秦淮河及城墙带为基础，串联城市街道，提取沿街重要开放空间和标志性建筑，生成城河系统设计结构，从而在城市设计层面对城南片区沿城河带用地开发与更新进行结构性的控制。我们的目标是营造城河公共文化，重构水乡生活。

　　城河系统设计图中绿色部分表示自然生态基底，以及重要开放空间，灰色部分表示重要建筑物，黄色路径作为控制整个系统的结构线把各要素串联起来，从而在结构上实现水乡生活的重构。基于设计结构，我们从连水、连城、连街三个方面进行系统策略细化及重要节点设计。

　　策略一：连水
　　在连水部分，以外秦淮河带水岸的连接为核心，基于总体城市设计提出的延外秦淮河带形成用地功能多样的高活力水岸空间。根据水岸周边规划用地的不同类型，设计提出定义多样的水岸生活主题，根据每一个主题确定不同的滨水活动类型，再通过多种驳岸类型的空间设计来串联多样滨水活动，最后在重要水岸节点处进行多类型活动策划。依托公园和外秦淮河形成连续的生态基底，从而实现自然开放空间之间的活动连接。

　　策略二：连城
　　在连城部分，以城墙带为核心的内外城的连接为核心，结合总体城市设计，在公共交通系统层面，确定城墙带公共与步行交通转换核心；在生态系统层面，确定城墙带生态连接核心点；在商业文化用地规划层面，确定城墙带商业文化核心点。基于以上三个方面，设计选取城河带核心点中的代表性节点进行深入设计。结合社区中心，城墙绿带和外秦淮河，设计多条步行路径连接城墙内外，营造城墙内外高活力场所，使城墙真正成为城市文化的名片，城市生活的中心。

　　策略三：连街
　　在连街部分，连街是以内秦淮河为核心，以水产业，水艺术，水街区，水商业等多样功能与形式构建丰富的河街体系，我们的目标是以河街体系连接社区核心，形成依托水系的生活网络，重构传统的水乡生活。我们对历史建筑进行微更新，拆除沿街巷的围墙，将私有园林置换为开放型空间；利用地下停车疏散交通，创建以水为核心的慢行体系；增加生活污水管道和雨水收集系统，实现雨污分流，改善滨水生活环境。

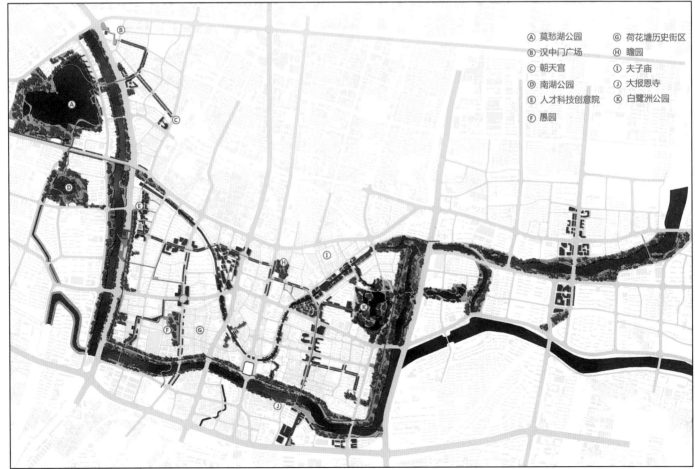

Ⓐ 莫愁湖公园　　Ⓖ 荷花塘历史街区
Ⓑ 汉中门广场　　Ⓗ 瞻园
Ⓒ 朝天宫　　　　Ⓘ 夫子庙
Ⓓ 南湖公园　　　Ⓙ 大报恩寺
Ⓔ 人才科技创意院　Ⓚ 白鹭洲公园
Ⓕ 愚园

城河系统设计图

通过将不同类型活动与不同类型的驳岸串联组织形成丰富多样的水岸类型，创造复合且连续的水岸联系。

滨水活动类型

小吃摊	聚会	遛狗
餐饮	购物	行为艺术
游船	骑车	街头运动
街头表演	生态体验	街头运动
休憩	草地休闲	跑步
赛龙舟	垂钓	生态湿地
游览	运动	艺术水岸

滨水驳岸类型

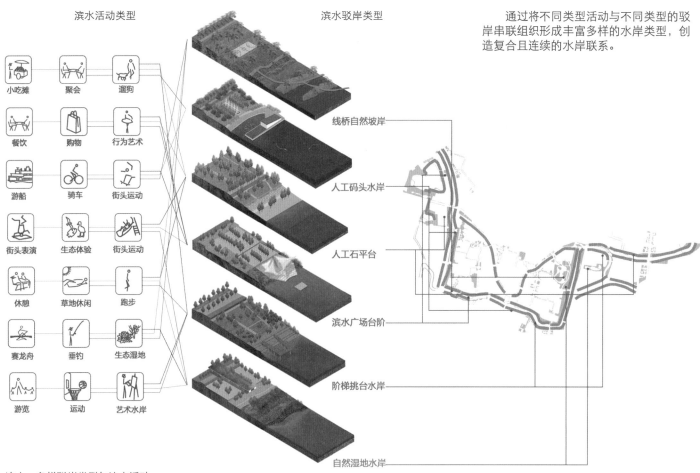

线桥自然坡岸

人工码头水岸

人工石平台

滨水广场台阶

阶梯挑台水岸

自然湿地水岸

连水·多样驳岸类型与滨水活动

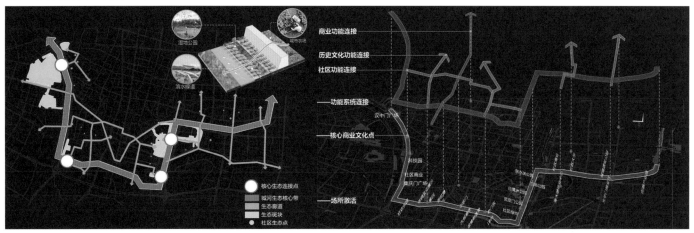

商业功能连接

历史文化功能连接

社区功能连接

——功能系统连接

核心商业文化点

——场所激活

核心生态连接点
城河生态核心带
生态廊道
生态斑块
社区生态点

连城·城墙内外系统连接

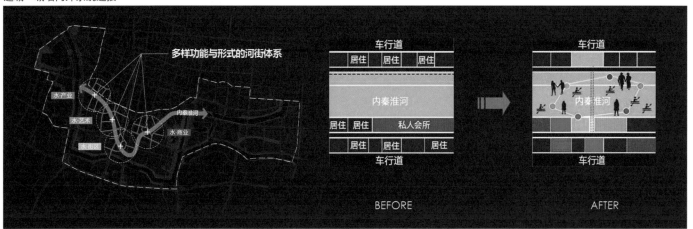

多样功能与形式的河街体系

水产业

水艺术

水街区

内秦淮河

水商业

车行道		
居住	居住	居住

内秦淮河

居住	居住	私人会所
车行道		

BEFORE

车行道		

内秦淮河

车行道		

AFTER

连街·构建河街体系

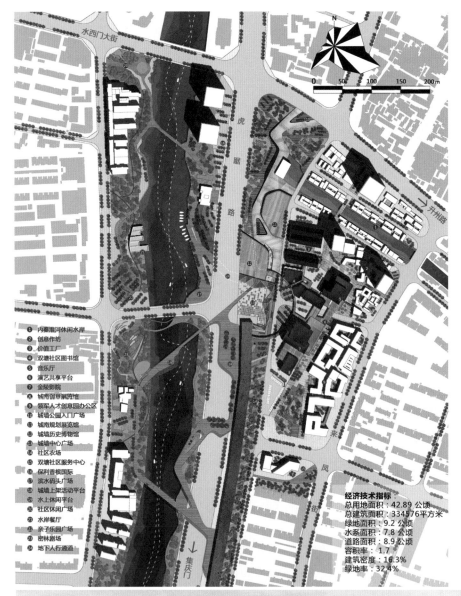

① 内秦淮河休闲水岸
② 创意作坊
③ 价值工厂
④ 双塘社区图书馆
⑤ 音乐厅
⑥ 演艺共享平台
⑦ 金陵影院
⑧ 城南创意展览馆
⑨ 领军人才创意园办公区
⑩ 城市公园入口广场
⑪ 城南规划展览馆
⑫ 城墙历史博物馆
⑬ 城墙中心广场
⑭ 社区农场
⑮ 双塘社区服务中心
⑯ 保利香槟国际
⑰ 滨水码头广场
⑱ 城墙上架活动平台
⑲ 水上休闲平台
⑳ 社区休闲广场
㉑ 水岸餐厅
㉒ 亲子乐园广场
㉓ 密林剧院
㉔ 地下人行通道

经济技术指标：
总用地面积：42.89 公顷
总建筑面积：334576平方米
绿地面积：9.2 公顷
水系面积：7.8 公顷
道路面积：8.9 公顷
容积率：1.7
建筑密度：16.3%
绿地率：32.4%

6.1.1 多功能复合发展，多元化水乡生活 —— 以水西门片区为例

设计者：杨文驰

　　本地块位于水西门大街与虎踞路交汇处，场地内部含城墙、内外秦淮河交汇点等多样元素，总用地面积为 43.02ha，以"多元公共生活的重构"为设计主题，利用多种城市要素交织复合开发的策略，创造具有复合城市公共行为的高活力城市中心公共场所。通过集约土地、公共交通主导、放大绿化、交织城市轴带、塑造公共空间、复合体系开发六大策略实现多功能复合发展，多元化水乡生活重构的目标。

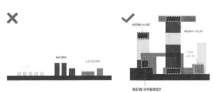

打破单一功能导向的规划设计，尝试以复合开发的模式开展设计。

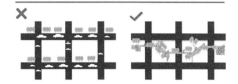

以核心结构控制出发，创造以城市体验为核心的公共空间设计。

以公共事件组织和城市活动策划为引导，创造丰富多元的城市公共生活

核心理念

交织城市：将多种城市要素共同打造复合开发，创造交织多样的城市空间以达到重构多元的城南公共生活的核心目标。

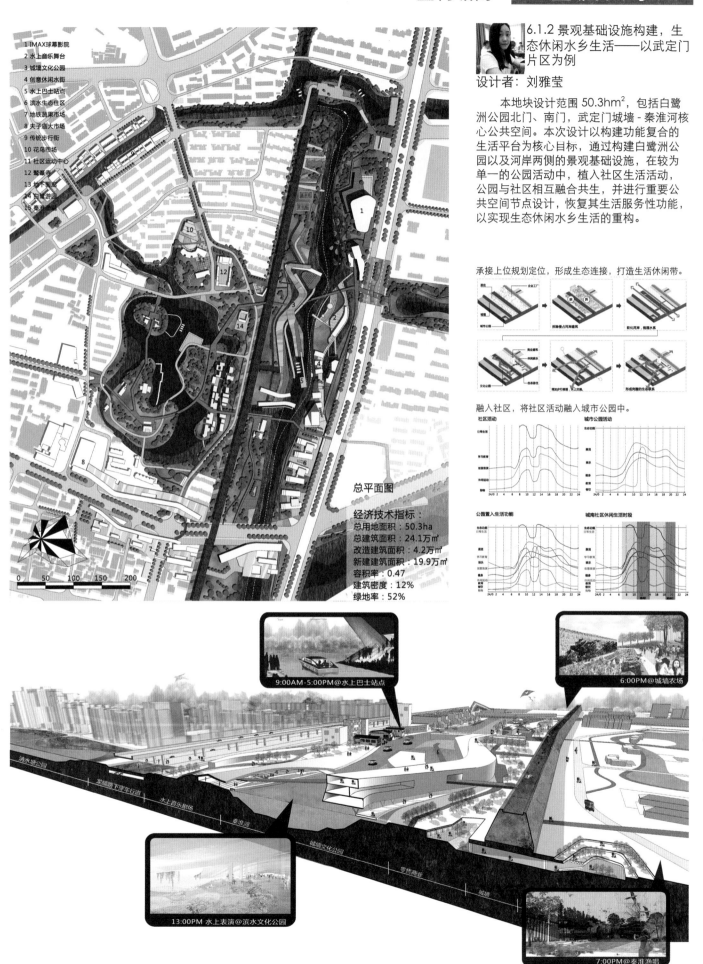

1 IMAX球幕影院
2 水上音乐舞台
3 城墙文化公园
4 创意休闲水街
5 水上巴士站点
6 滨水生态住区
7 地铁蔬果市场
8 夫子庙大市场
9 传统步行街
10 花鸟市场
11 社区运动中心
12 鹫峰寺
13 地下剧廊
14 白鹭游廊
15 秦淮渔唱

总平面图

经济技术指标：
总用地面积：50.3ha
总建筑面积：24.1万㎡
改造建筑面积：4.2万㎡
新建建筑面积：19.9万㎡
容积率：0.47
建筑密度：12%
绿地率：52%

0　50　100　150　200

6.1.2 景观基础设施构建，生态休闲水乡生活——以武定门片区为例

设计者：刘雅莹

　　本地块设计范围 50.3hm²，包括白鹭洲公园北门、南门，武定门城墙 - 秦淮河核心公共空间。本次设计以构建功能复合的生活平台为核心目标，通过构建白鹭洲公园以及河岸两侧的景观基础设施，在较为单一的公园活动中，植入社区生活活动，公园与社区相互融合共生，并进行重要公共空间节点设计，恢复其生活服务性功能，以实现生态休闲水乡生活的重构。

承接上位规划定位，形成生态连接，打造生活休闲带。

融入社区，将社区活动融入城市公园中。

社区活动　　城市公园活动

公园置入生活功能　　城南社区休闲生活时段

9:00AM-5:00PM@水上巴士站点

6:00PM@城墙农场

13:00PM 水上表演@滨水文化公园

7:00PM@秦淮渔唱

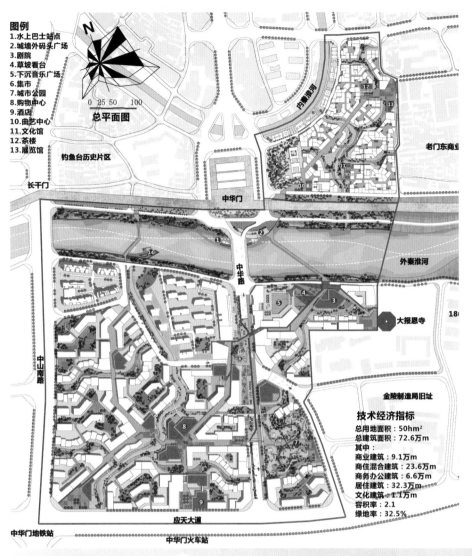

图例
1.水上巴士站点
2.城墙外码头广场
3.剧院
4.草坡看台
5.下沉音乐广场
6.集市
7.城市公园
8.购物中心
9.酒店
10.曲艺中心
11.文化馆
12.茶楼
13.展览馆

总平面图

0 25 50 100

技术经济指标
总用地面积：50hm²
总建筑面积：72.6万m
其中：
商业建筑：9.1万m
商住混合建筑：23.6万m
商务办公建筑：6.6万m
居住建筑：32.3万m
文化建筑：1.1万m
容积率：2.1
绿地率：32.5%

6.1.3 架构文化生态网络，重构新旧水乡生活——以中华门片区为例

设计者：甘欣悦

设计地块选址位于中华门城墙内外片区，地块面积 50hm²，片区现状为空地，面临新一轮的城市开发。设计依托片区本身及周边丰富的文化与自然资源入手，通过文化和生态网络的构建来实现中华门片区水乡网络生活的重构。

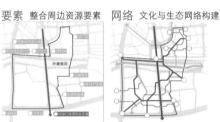

要素　整合周边资源要素　网络　文化与生态网络构建

节点　网络簇群　组团触媒　斑块　复合功能组团

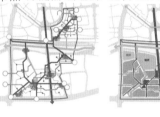

中华门外商业街道生活场景展示

中华门外城河带核心节点展示

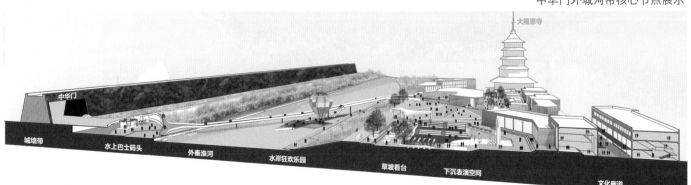

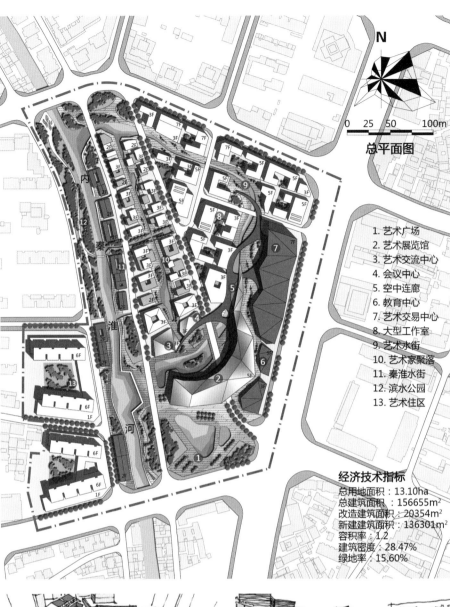

N

0　25　50　　100m

总平面图

1. 艺术广场
2. 艺术展览馆
3. 艺术交流中心
4. 会议中心
5. 空中连廊
6. 教育中心
7. 艺术交易中心
8. 大型工作室
9. 艺术水街
10. 艺术家聚落
11. 秦淮水街
12. 滨水公园
13. 艺术住区

经济技术指标

总用地面积：13.10ha
总建筑面积：156655m²
改造建筑面积：20354m²
新建建筑面积：136301m²
容积率：1.2
建筑密度：28.47%
绿地率：15.60%

6.1.4 特色功能植入，个性化生活重构——以颜料坊片区为例

设计者：曹越皓

　　本地块位于中山南路西侧，内秦淮河东侧，北临洋珠巷，南临集庆路，用地面积13.1hm²。以"艺术特色功能植入的传统水乡生活重构"为设计主题，利用滨水空间再造、个性自主开发建设模式和事件组织策划三大策略重构城南水乡生活，打造水乡生活与先锋艺术的平台。

艺术展览区

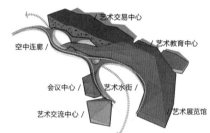

艺术交易中心
空中连廊
会议中心
艺术水街
艺术交流中心
艺术教育中心
艺术展览馆

建筑模式

玻璃填充　　架设廊架

小院围合　　室外灰空间

6.2 历史街区系统设计

　　基于老城南被展示的历史文化外壳，被忽视的传统生活内涵这一核心问题，历史街区系统提出了差异化利用文化资源，多维度延续传统生活这一核心目标。
　　为了重构城南文化生活，历史街区系统提出各方面、多纬度的整合历史文化资源这一总策略。把分散在场地中零散的历史资源，通过多维的方式彼此衔接，形成同质的文化片区，依次为以商贸文化为主的夫子庙片区、以生活文化为主的大油坊片区以及以产业文化为主的赛虹桥片区，最终得到各片区差异化发展的网络。

　　1. 传统生活街区
　　传统生活街区采取渐进式的更新方式，旨在通过各街区身份的认定、生活的重拾，延续传承传统文化。文化植根于生活，才是我们所希望的真实文化。我们所摒弃的是布景式虚假的表演。具体策略如下：首先，改善场地基础设施，以此改善场地居住环境，提升居民生活品质。其二、分解人群需求。对人群结构、分布等进行深入调研，由人群的行为需求入手，由其引导片区空间组织。最后，由多样空间更新模式来指导片区更新。恢复传统生活，以此来传承传统文化。

　　2. 商贸文化街区
　　商贸文化街区以内秦淮两岸以及夫子庙为核心，旨在恢复明清时期商业繁荣的景象。首先，对场地商业经营模式进行改良。形成政府主导管理，开发商和本地居民共同参与的整体格局。紧接着，对建筑改造模式进行探讨并参考文献进行特色空间的塑造。

　　3. 艺术文化街区
　　艺术文化街区以城墙内外原有市场及外工厂遗存为依托，旨在通过文化的注入，提升地块活力，恢复文化生活。除了结构，空间塑造这些"硬"的方面，策略更注重传统活动，节庆民俗，手工匠作这些文化"软"实力的体现。
　　最终，我们希望形成了文化丰富多样，氛围浓厚；生活真实便捷的历史街区系统。重构城南文化生活。

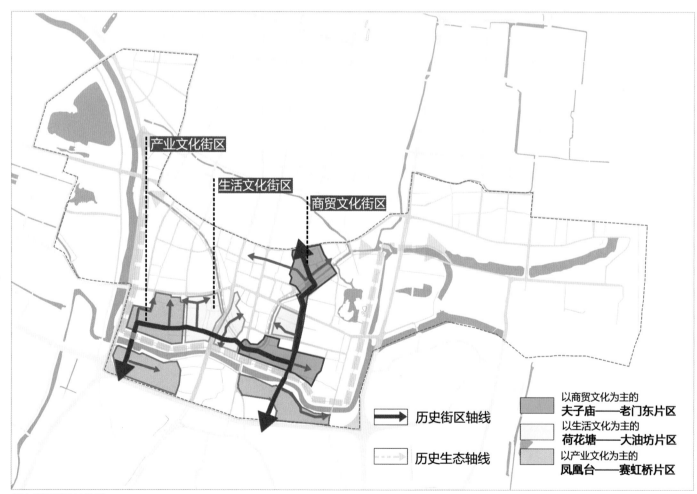

历史街区系统结构图

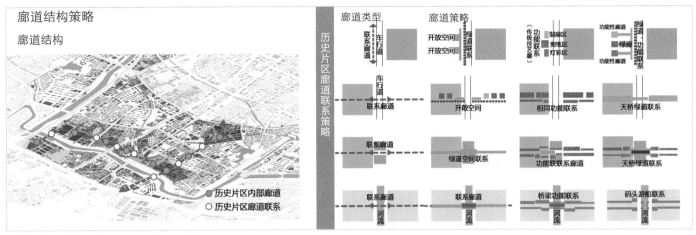

廊道结构策略

廊道结构

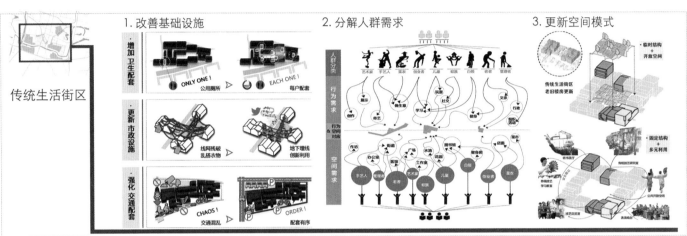

传统生活街区

1. 改善基础设施

2. 分解人群需求

3. 更新空间模式

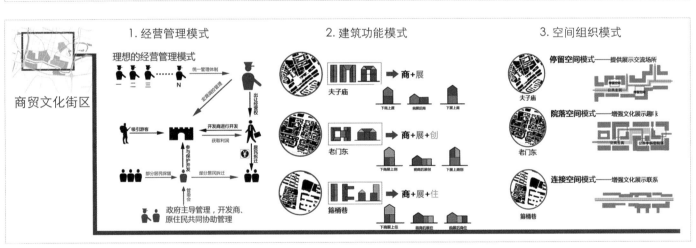

商贸文化街区

1. 经营管理模式

2. 建筑功能模式

3. 空间组织模式

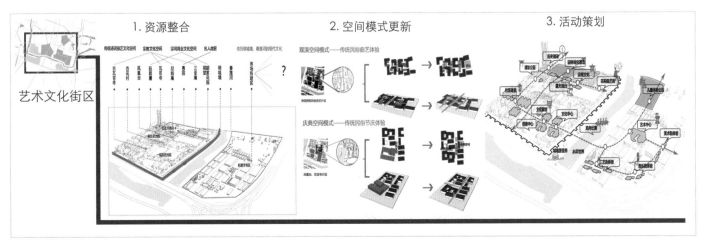

艺术文化街区

1. 资源整合

2. 空间模式更新

3. 活动策划

6.2.1 重塑文化景观，实现文化生活——大油坊片区设计

设计者：朱红兵

　　承接总体城市设计和历史街区系统设计，大油坊片区是以内秦淮河景观带为主要依托的居住性历史地块，拥有着众多的文化景观资源，包括内秦淮河景观、街巷景观、院落景观、古树古井景观等。虽然文化景观资源较多，但缺乏整合与利用，居民生活网络与自然空间失联，本设计主要通过文化景观的重塑，实现文化生活，进而为实现老城南生活的重构提供一种可能。

　　（1）内秦淮河景观的重塑：首先恢复内秦淮河房的建筑形式，进行建筑景观的塑造，接着增加内秦淮河公共景观空间，最后打造一条连续的与建筑有不同结合形式的滨水步道，真正提高内秦淮河的可达性，使其成为居民生活的重要载体。

　　（2）街巷院景观的重塑：首先通过四种建筑改造模式进行院落景观重塑，然后梳理街巷，同时兼顾与其他景观空间的关系，使街巷院景观成为一个有机整体。

　　（3）古树景观的重塑：基于现状古树的分布情况，在古树保护的前提下，结合建筑与街巷形成停留空间、界面空间与广场节点。树下空间亦是人们的休憩活动空间。

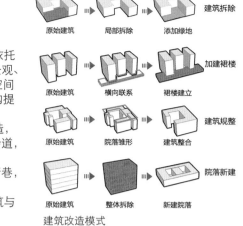

建筑改造模式

滨水步道与建筑结合形式　　　　　　　　　　　街巷景观空间

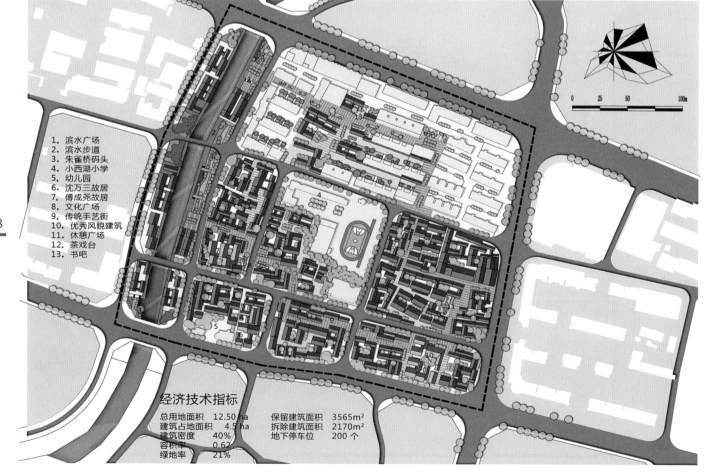

1. 滨水广场
2. 滨水步道
3. 朱雀桥码头
4. 小西湖小学
5. 幼儿园
6. 沈万三故居
7. 傅成尧故居
8. 文化广场
9. 传统手艺街
10. 优秀风貌建筑
11. 休憩广场
12. 茶戏台
13. 书吧

经济技术指标

总用地面积	12.50 ha	保留建筑面积	3565m²
建筑占地面积	4.5 ha	拆除建筑面积	2170m²
建筑密度	40%	地下停车位	200个
容积率	0.62		
绿地率	21%		

6.2.2 恢复文化身份，再现文化生活——荷花塘片区设计

设计者：王皓羽

秉承总体城市设计和历史街区系统对地段的功能结构定位，荷花塘片区的核心功能为"传统文化生活"。通过对地段空间布局特色，以及文化特色进行分析，发现本地段街巷名称的典故具有十分鲜明的文化身份属性。希望通过再现这些街巷的历史功能、记忆场景，有针对性的恢复街区整体的文化身份。总结地段的核心问题为：文化资源缺乏整合、文化身份急剧丧失。基于此，

（1）针对"文化身份急剧落没"，采取"微循环"的"功能策略"。依据"街巷典故"，大致可分为四类色系的"功能区块"。以此分别塑造区块不同的功能个性，体现文化身份。

（2）针对"文化资源缺乏整合"，采取"分类梳理"的空间策略。通过梳理各类建筑整治资源，落实不同类型的功能空间，生成渐进式更新的首要结构。

（3）对街区整体生活网络的梳理，采取"路径策略"。分别在不同的路径中恢复街区居民身份间的认同度，力求实现街区整体对其所属身份的认同。

通过落实 3 项策略，以实现"恢复文化身份，再现文化生活"。

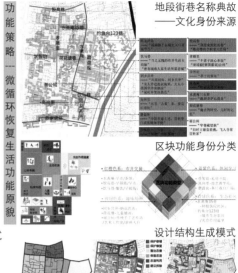

地段街巷名称典故
——文化身份来源

区块功能身份分类

空间策略—资源分类梳理/空间落实

功能策略—微循环恢复生活功能原貌

建筑更新模式

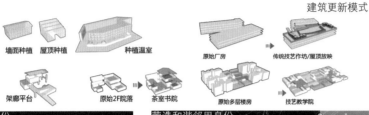

设计结构生成模式

活跃街区市井身份

营造和谐邻里身份

提升高活力群体身份

路径策略｜疏通生活路径 - 强化人群身份认同度

技艺传授路径
——手艺人身份间的认同度

趣味生活路径
——老人儿童的身份认同度

市井商贸路径
——商贩身份间的认同度

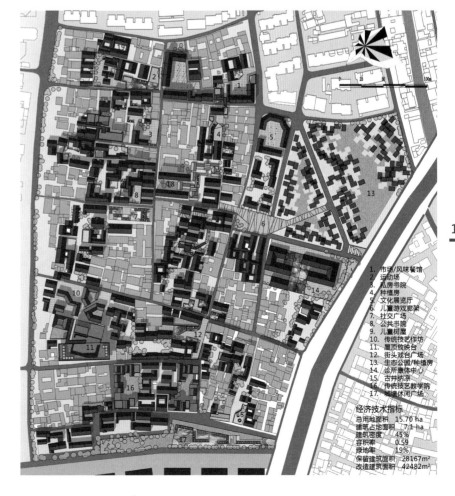

1. 市场/风味餐馆
2. 运动场
3. 私房书院
4. 种植房
5. 文化展览厅
6. 儿童游戏廊架
7. 社交广场
8. 公共书院
9. 儿童树屋
10. 传统技艺作坊
11. 屋顶放映台
12. 街头戏剧广场
13. 生态公园/种植房
14. 诊所康体中心
15. 古井纳凉
16. 传统技艺教学院
17. 城建休闲广场

经济技术指标
总用地面积　15.70 ha
建筑占地面积　7.1 ha
建筑密度　45%
容积率　0.59
绿地率　19%
保留建筑面积　28167m²
改造建筑面积　42482m²

6.2.3 构建艺术文化，重构文化生活——赛虹桥片区设计

设计者：夏清清

（1）地块选址与定位：本地块位于城墙以外，北至外秦淮河，南至应天大街，西至凤台路，总用地面积为 26.7hm²。

上位承接中从土地利用、功能结构、历史系统设计等方面的分析得出本地块定位为"艺术文化区"。

（2）设计主题：基于地块定位以及场地现状问题，提出地块设计主题"构建艺术文化，重构文化生活"。通过对比不同模式的艺术文化构建方式，如"产业园模式""博物馆模式"等，

本次设计提出"街区式"艺术构建模式。即通过街区串联艺术家的创作空间，游人的艺术体验空间，当地居民的游览空间。以此构建从北部历史街区到地块，再从地块延伸至东、南面社区的连续街区形态，以此重构城南文化生活。

（3）设计策略

1）构建对外联通的"街区式"艺术结构；

2）构建以人为本、融合功能的"街区式"艺术空间；

3）构建传统与现代、对比与融合的"街区式"艺术立面；

4）构建以"公共建筑点"带动的"街区式"艺术功能；

结构策略

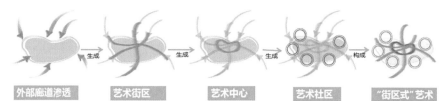

外部廊道渗透　　艺术街区　　艺术中心　　艺术社区　　"街区式"艺术

空间策略

艺术街区空间模式　　　艺术中心空间模式　　　艺术社区建筑模式

绿地创作+街道售卖+绿地展览　室内培训+街道游戏+绿地创作　公共建筑+集会广场　　院落式　自由式　大体量式　连廊式　盒子式

传统街道立面设计

现代街道立面设计

街区透视1——绘画街　　　　　　　　街区透视2——音乐街

1 雕刻街　2 石雕景观廊　3 雕刻展览　4 雕刻工艺社区　5 音乐街综合　6 观演绿廊　7 音乐街
8 音乐厅　9 音乐社区　10 音乐树林　11 绘画街　12 画廊　13 绘画培训　14 室外画展　15 庭院创作　16 绘画社区
17 雕塑社区　18 商务办公　19 儿童街　20 儿童艺术培训　21 儿童空中花园　22 儿童七彩屋　23 儿童室外游戏地　24 儿童书屋
25 艺术交易中心　26 服务中心　27 展览馆　28 艺术广场　29 越城遗址　30 滨河步道　31 景观亭　32 雕塑广场

0　25　50　75　100m

技术经济指标

总用地面积：26.7ha
容积率：0.66
建筑占地面积：62500m²
建筑密度：23.4%
绿地率：37%

6.2.4 创造文化体验，重构文化生活——愚园片区详细城市设计

设计者：朱刚

为了延续、深化"重整文化资源、重构文化生活"的设计主题，选取以愚园为核心，东起鸣羊街，西至凤游寺街的 22.64hm² 地块进行详细设计。这里居民区密集，历史积淀深厚。东晋名刹瓦官寺，唐代诗人李白笔下的凤凰台，杜牧诗中的杏花村，以及明清以来文人士大夫的宅园官邸星罗棋布，都是门西重要的历史文化资源。对其价值的认识与利用必然有助于该地区生活品质的提升。

设计首先从功能、环境、设计主题等方面延续总体城市设计框架，得到愚园片区的定位，即：愚园片区为依托园林与民俗的体验文化街区。南京门西愚园传统街区历史积淀非常丰厚。为了深入了解地块及其周边区域，对其城市区位、自然地形、人口成分、城市空间特性、结构肌理及历史遗迹进行资料查找及相关分析；并研究该地段城市形态的历史演变，收集该地段近期与远期的规划。愚园作为门东门西的重要节点，巧于因借、因地制宜、精在体宜。通过对《愚园记》、《凤麓小志》、《江南园林志》等相关资料的收集，希望恢复地块城市山水景观。

通过以上分析可以看出，愚园地块具备娱乐、教育、美学体验的基础，是兼具城市山水和市井民俗的文化体验街区。

为了实现核心目标。首先，提取愚园片区特色，归纳为城市山水和市井民俗两方面；由山水园林的渗透和民俗匠作的传承，旨在创造游客的多元体验，同时提升本地居民的生活品质。落实到场地中，进行四大体验片区的打造。我们希望不同类型的体验区构成活力城区。接下来，对民风民俗、第宅园林、手工工艺、城墙休闲四大片区进行体验、参与型传统活动的注入，包括传统工技艺、节庆民俗、传统戏曲等。由此，通过创造文化体验来重构文化生活。

由手工匠作体验区具体说明。该片区采用置换与填充的思路。工厂作为场地特定时期的遗存，改造可利用的结构。厂区渐渐被传统工艺作坊、手工匠作展览等新功能填满，让时间和文化积淀出体验区的厚度和底蕴。我们希望传统匠作，手工工艺在这里得到集中的传承和发扬。穿梭期间，体验到的是由古到今完整记忆的老南京。

概念策略

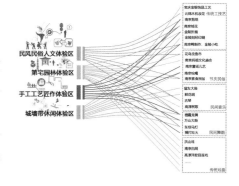

活动策划

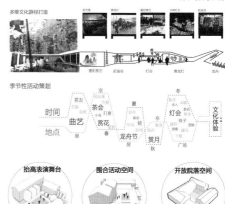

1、游忆广场
2、游客服务中心
3、传统匠作街
4、街头表演广场
5、花鸟虫鱼集市
6、街头表演广场
7、戏曲楼院
8、空中漫步到道
9、休闲文化馆
10、青年旅舍
11、南京老客栈
12、愚园
13、凤凰台遗址公园
14、作坊群
15、下沉绿化活动广场
16、城市文化博物馆群
17、水上巴士站点
18、滨江步道
19、城墙下穿道
20、社区中心

N

0 25 50 100m

技术经济指标

项目	数量	比例
总用地面积	22.64ha	
归建筑面积	131312m²	
保留建筑面积	51211m²	39%
改建建筑面积	48585m²	37%
新建建筑面积	31514m²	24%
建筑密度	22.13%	
容积率	0.58	
绿地率	42%	

6.3 社区系统设计

在现状新旧社区交错分布的基础上,以总体城市设计为指导,在社区间形成公共资源共享网络,包括两个层次:1住区与住区间的公共资源共享带,2住区内组团与组团之间的生活性街道。

通过构建公共资源点线网,重构社区生活,具体分为四个子系统,其中用构建社区完善公服系统与舒适空间系统来建立公共资源点线网,用构建社区便捷出行系统与微服务系统来支撑公服设施点线网。

1.构建社区完善公服系统:

基于现状公服设施分布不均等问题,我们提出构建社区完善公服系统,分为点线网三个方面,为重构社区生活提供物质条件:点方面,分级配置,强化节点;线方面,点线联动,资源共享;网络方面,系统完善,便捷服务

2.构建舒适空间系统:

基于现状公共空间破碎等问题,我们提出建立社区舒适空间系统,也分为点、线、网三个方面,为重构社区生活提供空间载体:点方面,植入开放空间,强化中心形象;线方面,整治生活主轴,构建连续场所;网络方面,优化社区街道,治理生活环境.

公共空间系统与公服设施系统共同建立了公共资源点线网,为重构社区生活提供物质基础。

3.构建社区便捷出行系统:

基于人车冲突严重等问题,我们构建了社区便捷出行系统,分为以下三个方面,为重构社区生活提供了交通联系:强化点线,倡导公交与慢行优先;分类整治,缓解交通与生活冲突;多元出行,建立高效与便捷换乘。

4.构建社区微服务系统:

基于城南社区管理粗放,弱势群体较多等问题,我们构建了社区微服务系统,通过微活动、微就业、微照料三方面,为重构社区生活提供制度保障:微活动弱化新旧社区隔离;微就业消除零就业家庭;微照料切实帮助弱势群体。

构建社区便捷出行系统与微服务系统,共同强化了公共资源点线网,进一步优化了社区生活的重构。

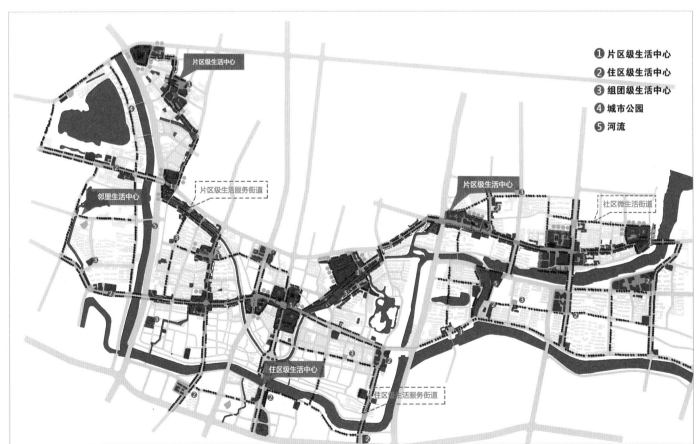

① 片区级生活中心
② 住区级生活中心
③ 组团级生活中心
④ 城市公园
⑤ 河流

社区系统设计图

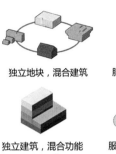

独立地块，混合建筑　服务半径800m

独立建筑，混合功能　服务半径400m

见缝插针，就近解决　服务附近居民

通过功能联动，串联片区级公服节点，形成公服设施主轴。

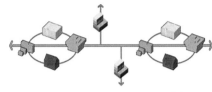

主轴南北延伸，连接住区级公服节点，形成资源共享带。

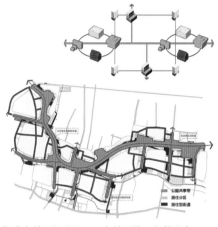

构建完善公服系统——分级配置，强化节点　构建完善公服系统——点线联动，资源共享　构建完善公服系统——完善网络，便捷服务

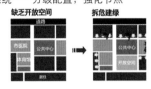

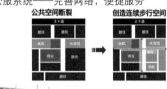

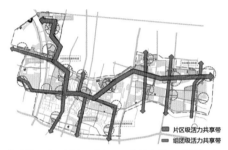
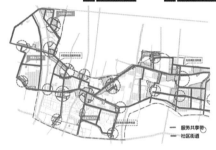

构建社区舒适空间系统——植入空间，强化中心　构建社区舒适空间系统——整治主轴，连续场所　构建社区舒适空间系统——优化街道，治理环境

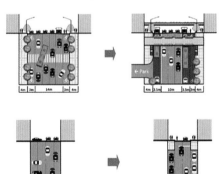
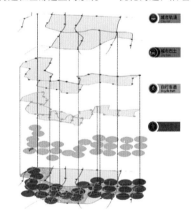

构建社区便捷出行系统——强化点线，搭建系统　构建社区便捷出行系统——分类整治，缓解冲突　构建社区便捷出行系统——多元出行，便捷换乘

173

1. 构建社区活动信息平台

2. 居民自发组织社区活动

3. 制定社区节日，定期举行活动

构建社区微服务系统——弱化新旧社区隔离

1.社区托老所

2.社区爱心中转站

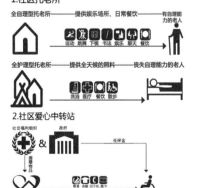

构建社区微服务系统——消除零就业家庭

1.街道办邀请企业开展社区招聘会

2.居委会通过宣传栏、网络平台展示招聘信息

构建社区微服务系统——切实帮助弱势群体

6.3.1 完善社区设施，重构社区生活——尚书巷片区详细城市设计

设计者：吴骞

本地块位于解放路西侧，龙蟠路东侧。用地面积23.5hm²。本设计将以"公服设施完善引导的社区更新设计"为主题概念，重构城南社区生活的目的。

1. 完善设施配置均等性：设计搭建了三级六类的设施配置框架，并梳理不同时间主要活动设施的需求空间与路径。2. 创造设施空间多样性：植入不同形式的空间节点，塑造多样设施中心形象。3. 提高公服设施可达性：结合现状情况，分类整治道路交通; 4. 实现设施更新灵活性：将研究范围内的建设用地分为17个开发单元，并对各开发时期的功能与管理进行引导。

总平面图

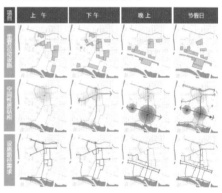

完善设施配置均等性

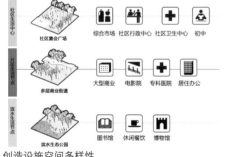

创造设施空间多样性

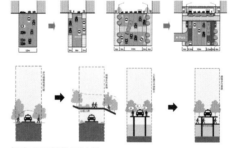

提高公服设施可达性

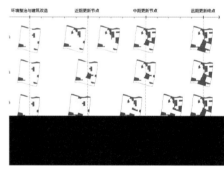

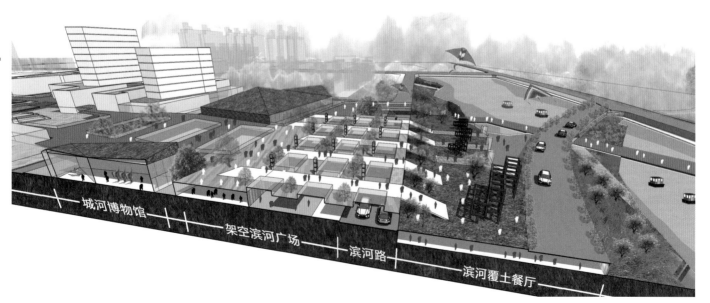

经济技术指标

总用地面积	32.1ha
总建筑面积	44.0万㎡
建筑密度	19.9%
容积率	1.34
绿地率	41%
保留建筑面积	304766㎡
拆改建筑面积	135217㎡

总平面图

6.3.2 优化社区空间，重构社区生活——清水塘片区详细城市设计

设计者：谢鑫

　　本地块位于龙蟠中路以东，护城河以南和外秦淮河以北，清水塘包含其中。用地面积32.05hm²。主题为"以空间优化为导向重构社区生活"，以三个层级的公共空间为依托，居民需求为指导，通过四个策略，共同激发公共活力，重构老城南的社区生活。

1. 补充节点，创造多样空间：在社区间、组团间、组团内分别补充不同功能的空间节点，满足居民不同需求。

2. 梳理路径，提高空间可达性：分别串联社区间、组团间、组团内空间节点，形成连续的滨水界面、沿街界面和组团景观，方便居民到达公共空间。

3. 改善环境，提供空间高可达性：用不同措施改善三个层级的公共空间，使居民主动停留。

4. 组织活动，吸引居民参与：在社区间、组团间、组团内组织不同的活动，吸引居民自发参与。

以公共空间为导向的社区更新设计

目标	设计策略	承载空间
一、吸引更多的人使用公共空间（愿意前往）	1补充节点、创造多样空间	社区间公共空间
	2梳理路径、提高空间可达性	组团间公共空间
二、鼓励每一个人逗留更长时间（主动停留）	3改善环境、提高空间质量	组团内公共空间
	4组织活动、吸引居民参与	

策略提出

鸟瞰图

公共空间需求分析

社区间公共空间

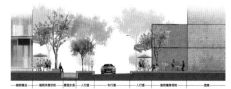

组团间公共空间

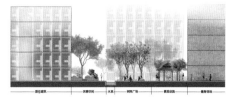

组团内公共空间

6.3.3 引导产业发展，重构社区生活——堂子街片区详细城市设计

设计者：李弈诗琴

　　针对因二产迁出带来的社区居民失业、社区衰败的问题，选取堂子街片区进行详细城市设计。并针对基地的特点，依托工业遗址改造引导产业发展，实现社区生活的重构。

　　堂子街旧货市场起源于明朝时期，已有三百多年历史，是南京重要旧货市场之一。二十世纪五十年代该地区开始发展工业，以机械制造业为主，2007年以后工厂逐渐搬迁。基于对现状的分析，提出以下策略：

　　1. 保留升级现有产业，优化产业空间与流线：

　　现有旧货市场和古玩市场，根据其产业流动、展示的特点，在重要市场外增设如跳蚤市场等空间，丰富旧货市场类型，增加其吸引力与活力。并打通各市场之间的路径，形成完整的流线；沿产业流线改造街道空间，增加底层商业灰空间，改善餐饮等服务业环境。

　　2. 衍生发展新产业，合理布局产业空间：

　　现有规模化的旧货、古玩交易从资金流动方面衍生出如金融服务、信息服务等产业，从展示营销角度发展文化创意、教育培训、会展等产业完善产业链。并通过吸引人群来刺激购物娱乐等消费产业的发展，形成多元化产业，满足居民就业需求。在空间布局上，从现状产业核心带出发，结合基地周边特点，形成多元化产业簇群。

　　3. 完善服务体系，增加服务设施与空间：

　　以工业遗址改造为契机，完善公共服务设施。通过对不同大小体量厂房及厂房建筑群的改造，形成综合服务中心，并增加不同大小层级的开放空间，进行多样化景观节点设计，结合休闲业态延伸到滨水空间，丰富人群休闲生活，最终满足社区居民就业并丰富居民休闲生活。

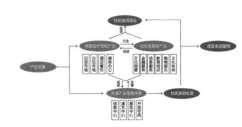

策略框架

规划前后产业及开放空间

衍生产业类型

工业遗址改造策略

经济技术指标

总用地面积	35.1ha
建筑占地面积	13.1ha
建筑密度	37%
容积率	1.8
绿地率	31%
保留建筑面积	797380m²
拆除建筑面积	119620m²
地面公共停车位	100个

0　75　150m

1.古玩市场　2.活动平台　3.展览中心　4.钢架花园　5.景观广场　6.教育培训中心　7.信息中心　8.中心绿地　9.雕塑广场　10.艺术中心　11.购物中心　12.商务办公　13.集会广场　14.旧货市场　15.入口广场　16.旧货交易中心　17.跳蚤市场　18.小商品市场　19.休闲广场　20.下沉广场　21.景观天桥　22.亲水平台

总平面图

跳蚤市场

古玩交易市场

综合服务中心

6.3.4 激发多样活动，重构社区生活——御带园片区详细城市设计

设计者：吴璐

针对南京社区活动类型单一、整体活力低的问题，选取玉带园社区进行详细城市设计。并考虑传统内秦淮河空间的再利用，让居民们在水乡空间中融洽地相处。

1. 诱发居民活动的功能结构系统：
在现状居民需求活动的基础上，梳理出行路径以保障必要性活动、增加居民所需的自发性、社会性活动及相应的空间设施，形成以内秦淮为核心、串联社区各节点空间、并且渗透入社区内部的功能结构系统。

2. 以内秦淮为核心的活动场所：
内秦河自古以来就是人们活动交流的主要场所，并且是传统水乡风格的集中体现。因此以内秦淮为核心设计各类活动场所，如传统戏台、社区中心、健身馆、图书馆等，并创造社区到滨河空间连续的活动体验，让居民在社区活动的同时感受传统风韵。

3. 促进邻里友好的节日事件：
由居委会和居民代表共同制定社区节日，如社区图书日、家庭日、体育周、宣传月、文艺节等，以满足不同类型居民的需求；并由居委会、社区微企和居民共同举办节日事件，让每个居民都能参与社区活动，并相识相知，共同营造一个友好、相互信任的社区环境。

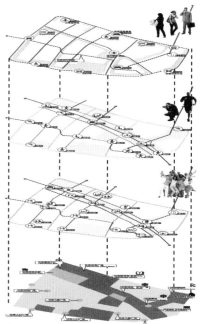

功能结构系统生成

社区活动中心　　社区舞台　　社区戏台

寻找·重塑·意城南

REVEALING, RESHAPING, REVITALIZING THE SOUTH INNER CITY OF NANJING

清华大学建筑学院

崔 健 李玫蓉 肖景馨 谢梦雅 叶亚乐 张 璐 司徒颖蕙

童 林 吴明柏 杨绿野 杨心慧 叶一峰

指导教师：吴唯佳 黄 鹤 孙诗萌 周政旭

本设计关注城南特色的营造，从城市空间和城市生活两个方面展开。依据历史资料的梳理，我们注意到内外秦淮河在城南地区发展中的核心作用，因此我们以内外秦淮河作为地区的主要空间骨架，通过在原有的凤凰台遗址地区建设凤凰台公园，形成东有白鹭洲西有凤凰台的空间格局，并以六条历史文化步道联系散落在城南的历史文化资源，构建出城南地区的特色空间网络。同时，这样的网络也是承载城市重要公共生活和新兴产业地区，通过新的城市功能植入带动地区活力，通过五分钟开放空间可达和十分钟公共服务设施可达，结合公共空间和慢行廊道的完善，满足不同人群的需求，完善城南的宜人生活。

结合整体的空间框架，我们选定了内外秦淮河沿岸的几个重点地块和凤凰台遗址地区作为设计地段。其中内秦淮沿岸有水西门地段、颜料坊地段、钓鱼台地段、中华门地段和大油坊地段，外秦淮沿岸为龙蟠路、虎踞路、应天大街和外秦淮之间，共10个地段，针对不同的空间目标。通过这些地段的概念性设计，我们希望在完善城南特色空间网络的同时，激发内外秦淮河沿线地区的活力，维护并强化城南地区的独特性。

This plan concerns the maintenance and reinforcement of the unique characteristic of south inner city of Nanjing, from the perspective of urban space and urban lifestyle. By studying the historic documents, we notice that the key role of inner Qinhuai River and Outer Qinhuai River in the urban history. Thus, we propose that taking the inner and outer Qinhuai River as the key spacial skeleton of this area, by creating the phoenix terrace garden to form the new west public garden as the egret garden in the east inner city, and six historic trails which connect separated historic resources, to shape the network of the cultural space in south inner city. Meanwhile, this cultural space network make place for the urban public life and the urban creative industries, by implantation of new urban function and the implementation of public place in 5-minutes-accessbility as well as the public service in 10-minutes-accessbility. To meet the needs of different people, the improvement of the urban function and urban public spaces could lead to the urban amenity here.

Based on the cultural space network, we choose 10 sites along the inner and outer Qinhuai rivers and the phoenix garden for the detailed design. Each design work focuses on one specific goal aiming at strengthening the local characteristics of urban mass and the building form, as well as providing amenity to local urban life. We work on the plan with the hope of creation and the revitalization of the cultural space network in this area, especially the revitalization of those declined area along the rivers, which stand for the unique characteristic of south inner city of Nanjing.

0 问题与方法

0.1 关键问题

南京是著名古都，中国山水城市的典范；它也是江苏省省会，国家重要的区域中心城市。在城市快速发展的同时，文化积淀最为深厚的城南地区也面临着诸多的城市问题，特别是旧城历史资源的保护与城市更新发展的双重压力，使得城南地区备受关注。

当面对这样的一个题目，面对城南林林总总的困境，在我们看来，需要回答的核心问题是：城南的独特性是什么？如何维护并强化其独特性？这样的独特性是南京城南的文化基因，也是在当前全球化背景下城市发展最为宝贵的资源之一。

0.2 城南特色的空间要素与生活要素

我们尝试着将城南特色进行剖析，将其归结于两个方面：空间环境与生活方式。这两者相互依存，相互影响。前者通过具有地区风格的物质环境形成城南空间氛围，后者通过对工作、生活、休闲等不同人群活动的空间支持，形成城南生活氛围。从空间环境和生活方式两方面对城南特色的解读，有助于从硬环境和软环境两方面进行相关研究，也有助于勾画一个整体存在的城南。

0.3 内外秦淮河

从历史的梳理来看，内外秦淮河在南京城市发展的历史上至关重要，更是城南地区的核心空间骨架。我们希望能够通过一系列的途径，植入新的功能与活力，重塑内外秦淮河在城南地区的统领地位，使其强化城南地区的独特性。

0.4 基本方法

1）抓主要问题：我们的研究和设计工作围绕"如何维护和强化城南特色"这一核心问题展开，不试图解决各方面的问题。

2）基于现实条件的谨慎求解：在复杂的现实限制条件下，我们在有限的范围内进行织补性的工作，通过不同方式的空间保护及更新策略，在可能的范围内强化城南环境特色，并通过功能的置换，提供城南宜人生活的空间载体，满足不同人群的需求。

3）重视对历史文献的整理和吸收：由于城南丰富的历史，因而对历史资料的发掘和整理显得尤为重要。特别是一些节点地区的设计，历史文献展现出若干被忽略被遗忘但对城市而言很重要的信息，在设计中加以体现有助于人们对于南京历史的进一步了解。

0.5 研究框架

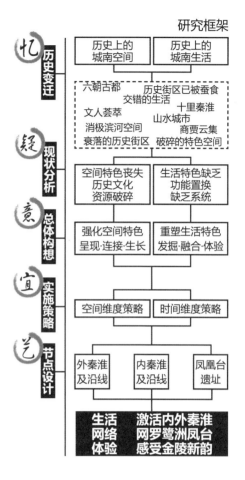

研究框架

1 忆 城南：城南历史变迁

历史上的城南空间

南京建都时段

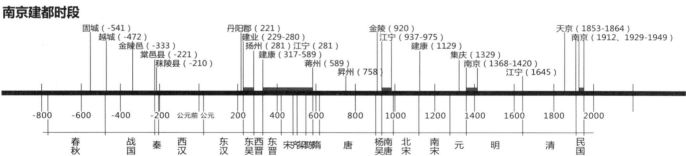

南京历代山水格局建构

东周

六朝

南唐

明

民国

老城南"城—河"变迁

秦淮河流经的区域就是老城南，是南京立城以来稳定的发展空间，历史最悠久，空间格局具有层叠性。

东吴

隋

南唐

明

民国

城市肌理

街块尺度

评事街
115m×160m

大油坊巷
120m×120m

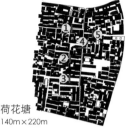

荷花塘
140m×220m

街巷宽度

鸣羊里 3-3.5m　学智坊 3m　五福里 3-5m　孝顺里 3m　水庵斋三五巷 1.5-3m

历史上的城南生活

城南人

名人故居

城南事

手工行业

城南风

民俗文化

上位规划解读

南京市总体规划

老城南高度控制条件汇总

南京市历史文化名城保护规划

国际层面	国际性商务商贸中心
全国层面	国家级文化休闲旅游中心区
苏南层面	苏南现代金融服务中心区
市域层面	南京市科技创新和文化创意双驱动发展高地

秦淮区总体定位

秦淮区历史保护、功能、交通规划

1.1 历史上的城南空间

　　城南地区在相当长的时间里保持了一种相对较为稳定的空间格局。这点可以从清代至近代一系列地图上看出。以《清查荒基全图》中可以看到清代城南的城市格局。内秦淮与外秦淮、城墙成为该地区的主要空间要素，街坊有机的组织在一起，街巷宽度以3米居多，院落错落有致，建筑特色鲜明。

1.2 历史上的城南生活

　　从城南人、城南事、城南风三个方面来回顾城南历史生活。

　　六朝时期，城南青溪两岸居住着南朝显贵，明朝时期，秦淮河是王公贵胄官吏富户的集中居住地之一，而到民国时期，城南则成为供"入息低微之工人"和"因拆屋而无家可归之居民"居住。纵观古代近代历史，从六朝至清朝，城南地区始终是南京人口最密集、工商业最繁华的地区，至清末民国而逐渐衰败。

　　而针对从事的工作，在明初以丝织业、印刷业和造船业为主的手工业十分发达，笔墨、装裱、字画行兴盛；三山街，是当时最繁华最热闹的商贸集中地；国子监及府学，教育发达。

　　此外，历史城南的丰富生活留下了多样的文化，如织锦文化为代表的手工行业文化、文人墨客所留下的诗文故居以及秦淮灯会、南京评话等民间艺术，这些都体现了老城南的文化多样性。

1.3 上位规划解读

　　城南地区的发展广受关注，与之相关的规划在地区发展定位、历史文化保护、交通组织等方面进行了一系列工作，也为我们的研究提供了参考。

参考上位规划
南京市城市总体规划（2007-2030）
南京历史文化名城保护规划（2010-2030）
南京绿地系统规划（2013-2030）
南京市白下区总体规划（2010-2030）
南京市秦淮区总体规划（2010-2030）
老城南历史城区保护规划研究（2010）
南捕厅历史文化街区保护规划（2012）
夫子庙历史文化街区保护规划（2012）
荷花塘历史文化街区保护规划（2012）
大油坊巷历史风貌区保护规划（2013）
钓鱼台历史风貌区保护规划（2013）
金陵机器制造局历史文化街区保护规划（2013）

参考历史文献
《建康古今记》　　《清代南京查荒图》
《旧影秦淮：老南京》《南京都市计划》
《南京百年风云》　《建国方略》
《六朝建康规划》　《凤麓小志》
《南京城市规划史稿》《秣陵集》

2 疑 城南：城南现状分析

2.1 城南空间现状

城南地区在快速的城市化进程中面临一定的问题，集中体现在如下的四个方面：

1）旧城原有的小尺度肌理不断被蚕食，大体量的建设使得城南原有的空间格局不断萎缩；

2）原有以内秦淮为城市核心地区的空间格局，随着内秦淮水运功能的丧失而衰退，城墙周边地区因可达性差，也成为城市较为荒废的地区；

3）在划定的若干历史地区内，也出现传统建筑被拆除，居民外迁的状况，整体环境不容乐观；

4）挂牌的文保建筑也存在一定程度上的修缮不力，现实状况堪忧。

总体来说，城南空间的整体格局受到了很大的冲击，原有承载城市文脉的物质空间变得日益破碎。

旧城肌理蚕食

 1910 年
 2005 年
 2007 年
 2009 年
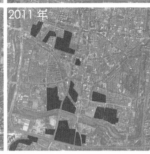 2011 年
 2013 年

城河骨架荒废

沿河用地较多废弃　　沿河空间难以到达　　河道水运不便　　公共空间私有化

局部滨水步道　沿城墙内侧公共空间消极　局部地区建筑紧挨城墙　部分机动车道沿城墙　小区占据
环境差　　　　品质较差　　　　　　不利于城墙保护和步行观瞻　不利于步行　滨水空间

历史地段破败

图例
历史文化街区
历史风貌街区
一般历史地段

南捕厅传统住宅区：拆除重建，居民被置换　　荷花塘传统住宅区：搁置更新，条件很差

文保建筑损耗

很多文保单位为居住建筑，年久失修　　　　很多文保单位已被拆，或处于待拆状态

城南空间现状问题总结：城南丧失空间特色，文化失去空间载体

城南人

1. 人口密度过大

60岁以上人口和低保人口占总人口百分比

2. 人口老龄化严重

图例（人口老龄化柱状图）
- 老年人口
- 低保人口

图例：■ 双塘街道　■ 南京市　□ 全国

3. 收入水平不高

2012年南京城镇居民人均年可支配收入

（柱状图，横轴：鼓楼区、玄武区、白下区、江宁区、下关区、浦口区、栖霞区、建邺区、雨花台区、六合区、秦淮区、高淳县、溧水县）

人口密度图例：
- 0-1万人/km²
- 1-2万人/km²
- 3-4万人/km²
- 5-6万人/km²
- 6-7万人/km²

城南事

1. 经济总量不大

2009-2012年地区生产总值平均值

（饼图数值：3% 8% 3% 7% 9% 5% 8% 12% 4% 17% 11% 6% 7%）

2. 第三产业增长较缓

2009-2012年第三产业增加值平均值

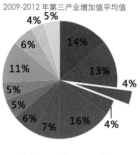
（饼图数值：5% 4% 14% 13% 4% 16% 4% 7% 6% 5% 5% 11% 6%）

饼图图例：
- ■ 玄武区　■ 下关区　■ 江宁区
- ■ 白下区　■ 浦口区　■ 六合区
- ■ 秦淮区　■ 栖霞区　■ 溧水县
- ■ 建邺区　■ 雨花台区　■ 高淳县
- ■ 鼓楼区

3. 第三产业结构老化

2012年秦淮区产业比例

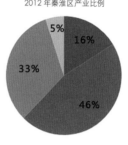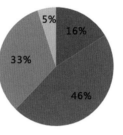
（饼图数值：5% 16% 46% 33%）

饼图图例：
- ■ 第二产业　■ 其他服务业
- ■ 批发零售业　■ 其他

2.2 城南生活现状

2.2.1 城南人

城南地区的生活也发生了相当的改变。在人口方面，城南局部地区人口密度过大，有些街区甚至达到了6~7万人/km²。同时，人口老龄化状况严重，以双塘街道为例，60岁以上的人口和低保人口占到总人口的60%以上。城南地区也是一个相对低收入的地区，收入水平在一定程度上制约了环境的改善。

2.2.2 城南事

在产业方面，城南地区经济总量不大，在南京的各个区县中排名靠后，第三产业增长缓慢，呈现出以"大卖场"为主的等低端商业结构。

2.2.3 城南风

在城市功能方面，历史形成的城市空间格局和现今的城市功能之间出现了一定程度的背离，厂房地区与城市的历史风貌不相协调。在机动车日益成为城市主要交通方式的情况下，城南地区的原有街巷格局难以承载大量的机动车交通。而现代休闲生活难以在房屋密度高的旧城地区找到适合的空间场所，原有的院落建筑也相当程度上难以满足当前生活的需要。

因而，我们看到了城南地区原有的繁荣与当前的衰败之间的对比。在一系列物质空间衰败的背后，实际上是新的城市生活对原有空间的消解与重构。

城南风

1. 工业遗存与城市风貌不协调　　**2. 旧街巷尺度不适合车行交通**　　**3. 历史街区密度大休闲空间缺乏**　　**4. 历史街区容积率低不满足住房需求**

老城南今日的发展滞后与昔日的经济文化繁荣形成鲜明的对比

城南生活现状问题总结：历史形成的空间与新的生活需求不相匹配

3 城南：强化城南空间特色

在之前的分析基础上，我们希望能够寻找并强化城南特色，分布体现在空间特色和生活特色上。

3.1 划定"城-河"骨架范围

在空间方面，内外秦淮河和明城墙作为重要的历史资源，形成特色空间网络的骨架。在此基础上，针对研究范围内的历史资源、用地功能、机会用地等，划定"城-河"骨架的范围。

3.2 呈现

沿"城-河"骨架形成东水关、夫子庙、中华门、颜料坊、西水关等关键节点，通过史料发掘，复兴重要历史地区凤凰台，与东白鹭洲呼应，呈现城南"东有白鹭洲，西有凤凰台"的格局。

3.3 连接

将城南关键节点及历史资源点按历史功能等属性进行整合，形成六条连接到"城-河"骨架的历史文化散步道，同时强化了"东鹭洲-西凤台"的格局。

3.4 生长

在城南地区的特色空间网络基础上，通过绿化廊道、景观轴线等空间途径，将其和更大范围内的山水格局、历史地区、特色地区联系起来。形成南京整体的特色空间网络。

3.5 设计目标

1）再现"城-河"骨架
2）构建"东鹭洲-西凤台"格局
3）勾勒历史文化步道

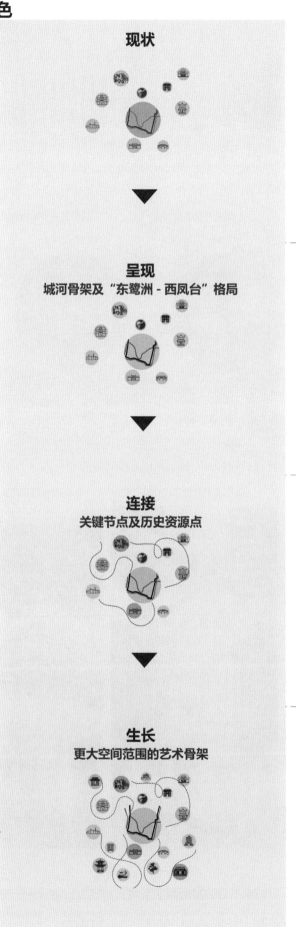

历史地段分布

1. 选择骨架范围

1. 提取关键节点及历史

1. 城南特色空间网络

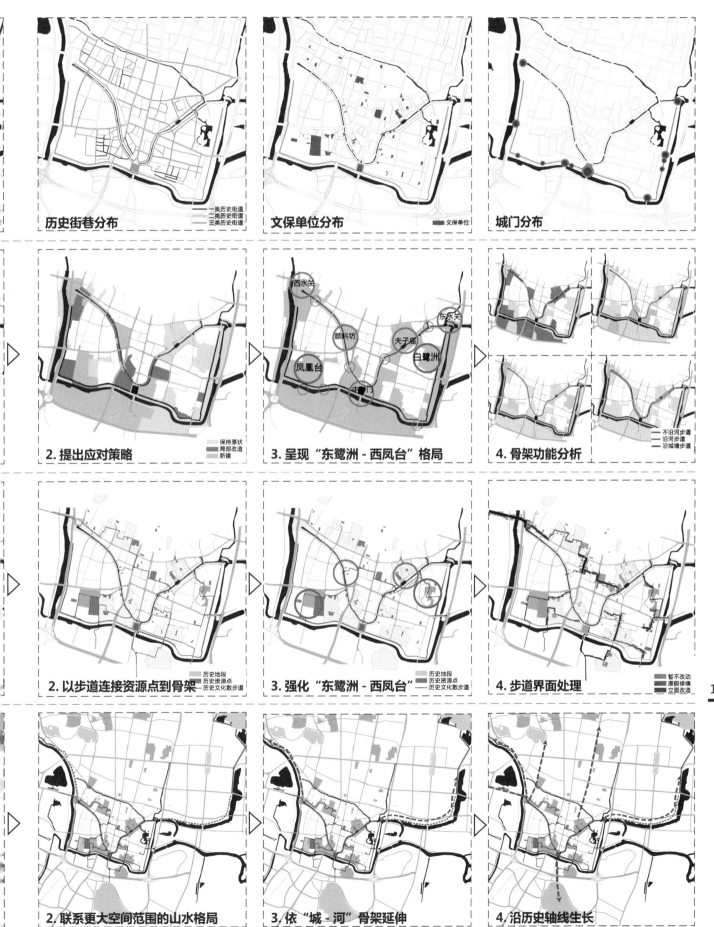

历史街巷分布

文保单位分布

城门分布

2. 提出应对策略

3. 呈现"东鹭洲-西凤台"格局

4. 骨架功能分析

2. 以步道连接资源点到骨架

3. 强化"东鹭洲-西凤台"

4. 步道界面处理

2. 联系更大空间范围的山水格局

3. 依"城-河"骨架延伸

4. 沿历史轴线生长

设计目标

1. 再现"城 - 河"骨架

2. 构建"东鹭洲 - 西凤台"格局

3. 勾勒历史文化步道

白鹭秋水

古园观止

他乡故知

金玉满堂

两晋遗风

民谣古巷

湖北会馆

全闽会馆天后宫

原太平路清真寺

英王府遗址

甘熙故居

步道一：他乡故知
连接会馆集中区域

步道五：古园观止
连接瞻园及周边节点

桃叶渡遗址

石猫坊

望鹤楼古民居
金沙井

瞻园

江南贡院

夫子庙

步道六：白鹭秋水
连接核心节点白鹭洲公园等

牛市古民居

鹫峰寺

步道二：两晋遗风
连接凤凰台 阮籍墓等

仓顶大井

殷高巷明清住宅

秦淮古民居群

阮籍墓

瓦官寺遗址

愚园

步道三：民谣古巷
连接古民居群等

沈万三故居

傅尧成故居

乌道街古建筑

高岗里18、20号

中华门

步道四：金玉满堂
连接名人故居等

三条营古建筑

周处读书台

4 意 城南：塑造城南生活特色——发掘·融合·体验

发掘：历史上的城南生活

4.1 发掘

从历史的角度看，城南丰富的文化遗存，舒适的空间尺度，发展出特色的城南生活。历史上城南生活与秦淮河关系紧密。内秦淮沿线一直是城南文化、商贸的主要聚集地。外秦淮沿线具有水运功能，沿线地区（包括城墙以内地带）闲置地较多所以成为工厂的选址。

丰富的文化遗存

舒适的空间尺度

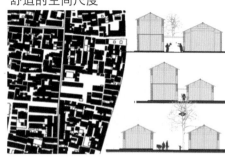

4.2 融合

从世界经济的发展规律来看，一个国家或地区在人均GDP 3000美元以上，经济结构优化升级中，经济增长与文化创意产业发展开始出现更强的关联；一个国家或地区经济恩格尔系数降到40%以下，居民的精神文化消费将有显著增长。2012年，南京市人均GDP已达到15851.51美元，城镇恩格尔系数达到34.7%。这表明，南京城市文化服务消费在快速增长，已形成了一定的文化消费市场。这些都表明文化经济将成为南京未来城市发展的重点之一。

结合历史状况与现实需求，我们提出"内秦淮：文化+商业"，"外秦淮：文化+创意"的发展方向。恢复内秦淮作为城市主要文化休闲功能的原本地位，利用外秦淮较低的地价和原有的厂区发展创意产业。并依据上述思路调整城市建设用地的功能。

依托内外秦淮的城南历史生活

文化生活商业服务

内秦淮河

印染厂

棉纺厂

粮仓

依托码头和水运的商贸和工业

外秦淮河

金陵制造局

制作染料修筑染坊取水排水
颜料坊

相传朱元璋喜爱钓鱼，在此设台钓鱼
钓鱼台

秦淮河水流经庙前泮池，有源远流长之意
夫子庙

外来船只进入内秦淮河的主要入口
西水关

门外码头是重要的商旅集散之地
中华门

因临近中华门和渡口，运输方便
金陵制造局

鼓励老城现有工业向都市产业园转型，发展创新型产业

发掘：当代生活需求

成都　北京

都柏林　上海

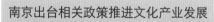

南京出台相关政策推进文化产业发展

明确秦淮文化产业的重点发展方向：应重点发展以文化体验、文化展演、文化旅游产品开发为主的文化休闲旅游业；以建筑设计、工业设计和广告设计制作为主的设计服务业；以文化传播、会展承办为主的文化传媒业；以工艺美术品制作、收藏、展示、交易为主的艺术品业；以服装、箱包、饰品、形象设计为主的时尚设计业等文化创意产业，从而促进秦淮发展方式的转变和产业的转型升级。

——南京市政府《充分发挥秦淮特色文化优势着力打造长三角文化创意产业集聚区》

土地利用调整

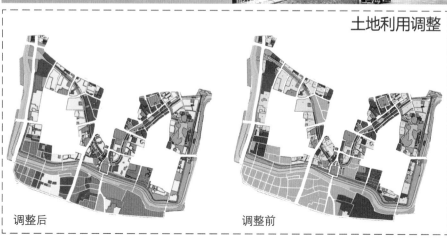

调整后　　　调整前

融合：寻找可能的发展空间

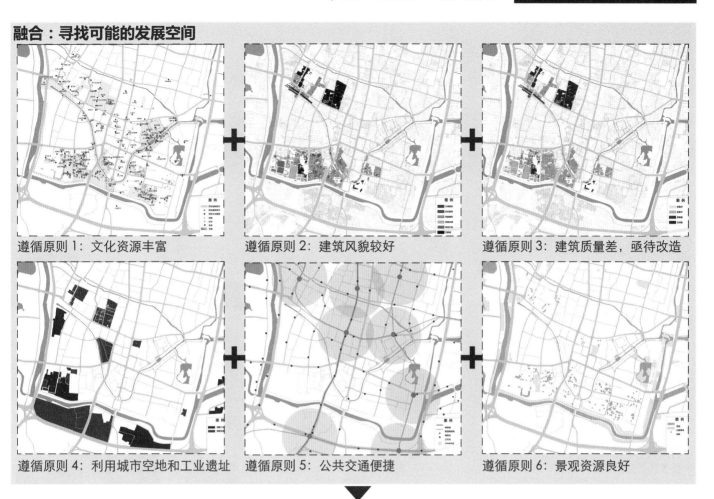

遵循原则1：文化资源丰富　遵循原则2：建筑风貌较好　遵循原则3：建筑质量差，亟待改造

遵循原则4：利用城市空地和工业遗址　遵循原则5：公共交通便捷　遵循原则6：景观资源良好

融合：内外秦淮功能定位

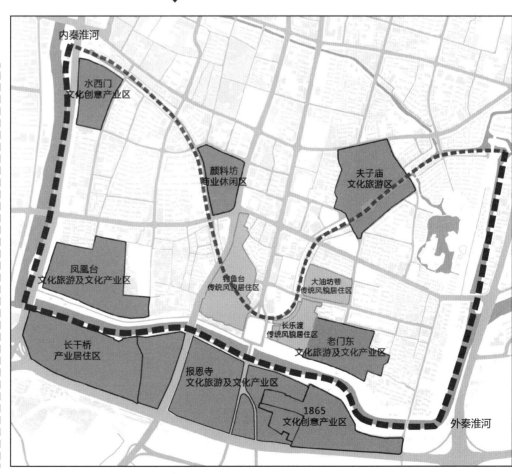

4.3 体验

城南的产业的发展将吸引更为年轻化、多元化的人群。针对不同人群，通过实地访谈，我们了解到新老城南人对于公共空间以及公共基础设施的迫切需求。

从历史条件看：在文化方面，休闲是秦淮文化不可忽视的特色，茶馆文化即是一个很好的例子。在尺度方面，城南的街巷适合慢行，街块尺度适合发展公共交通，这也是休闲生活的良好基础。

从人群需求看：不同的人群的主要活动时间、地点和需求都有所不同。例如家长和儿童的活动需要进行亲子互动，专门的游戏设施。我们需要为不同人群创造出多样性活动空间，丰富城南生活。

4.3.1 目标

因此，结合城南历史条件和人群需求，我们提出增加公共服务设施与开放空间的建议，在城南营造五分钟开放空间可达以及十分钟公共服务可达。我们希望改变城南缺乏公共空间和开放绿地的现状，经过设计，城南每一处均被公共空间5分钟步行圈覆盖。在现有公共服务和文体设施基础上，增加较高等级的服务设施，如博物馆、影剧院，使其分布与品质得到完善，令秦淮河成为一个更加丰富、开放的公共区域。不同人群汇集于此、融合于此，共同体验一个多元的城南、活力的城南、文化的城南。

为便于不同人群体验这样的城南生活，我们依托城河骨架，完善理想的公共空间和慢行系统。

4.3.2 增加和改善公共空间节点

在公共空间方面，增加以下四类节点：活动广场、景观绿地、综合公园和换乘节点，并提出三类改造策略：

类型1：结合旧区改造增加，主要通过拆除部分危房或违章建筑创造公共空间。

类型2：结合小区原有空间改造，利用现有的活动场地，以改善设施和景观为主。

类型3：结合工业用地改造重新设置，针对文化产业可能会吸引的年轻人群，营造更有活力的广场和公园。

4.3.3 增加和改善慢行系统廊道

在慢行系统方面，我们提出廊道设置的四个原则：

1）尽可能联结公共交通站点
2）尽可能联结商业、文体、历史建筑
3）尽可能利用现有绿地资源
4）尽可能避开交通量大的车行道路

并结合现状条件提出廊道的改造策略：

老街巷改造：清理杂物、增加绿化和小品、拆除危旧房后设置集中停车场、更换铺地

普通小区改造：规范停车、局部更换铺地标示出步行道的位置

沿秦淮河步道设置：局部改变河岸形态、设置绿化坡地、铺设多种层次的步行道

结合工业用地改造设置：重新设计道路截面，可分别设置自行车道和步行道、以绿化隔离带分隔不同用途的道路空间。

体验：公共开放空间体系及公共服务设施网络

策略1：改善公共空间　　　　　**策略2：优化慢行系统**

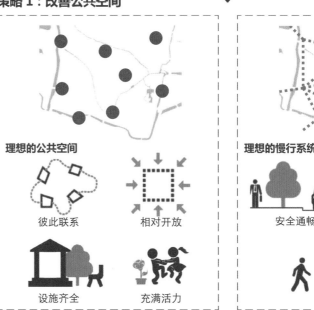

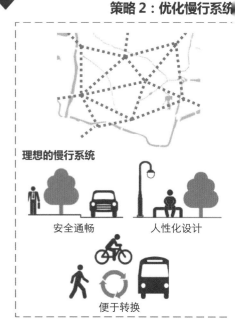

增加节点　　　　　　　　**节点改造策略**

增加廊道　形成网络

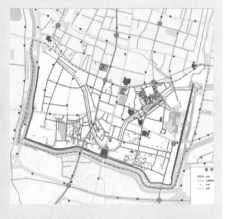

廊道改造策略

类型 1：老街巷改造

类型 2：普通小区改造

类型 3：沿秦淮河步道改造

类型 4：结合产业区改造设置

类型3：结合产业区改造设置

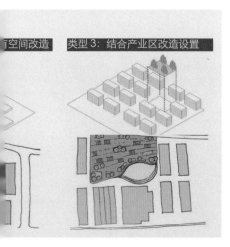

增加公共服务设施与开放空间，在城南营造五分钟开放空间可达以及十分钟公共服务可达。我们希望改变城南缺乏公共空间和开放绿地的现状，经过设计，城南每一处均被（公共空间）五分钟步行圈覆盖。

易达通畅的公共开放空间体系

丰富文化的公共服务设施网络

在现有公共服务和文体设施基础上，增加较高等级的服务设施，如博物馆、影剧院，使其分布与品质得到完善，令秦淮河成为一个更加丰富、开放的公共区域。不同人群汇集于此、融合于此，共同体验一个多元的城南、活力的城南、文化的城南。

191

白鹭洲

大油坊

水西门

颜料坊

钓鱼台

凤凰台

中华门

外秦淮河

中华门外地区

北

5 宜 城南：实施策略

为了实现上述空间与生活特色，我们确定了空间维度和时间维度的实施策略。

5.1 空间维度策略

5.1.1 规划调整

我们首先对老城南规划进行了调整。土地利用方面，增加城南创意产业用地，调整秦淮河沿岸用地功能，调整凤凰台遗址地区为绿化用地；绿化系统方面，组织绿化步行廊道，增加凤凰台绿地公园，完善内外秦淮河绿化系统；道路交通方面，增加支路密度，改善中华门附近交通组织，利用新建地块建设地上地下停车场。

5.1.2 组团与区块组织

我们总结了在历史文化地区组织新建设的方法：第一，梳理地块周边现状道路与历史建筑；第二，利用历史街巷组织内部道路；第三，基于历史街巷与历史建筑组织公共空间；第四，据已有条件来组织步行道路与功能组团；第五，将功能组团划分为多个院落；第六，根据典型风格与尺度，组织房屋和院子。

5.1.3 单体与院落研究

进而我们选取了一些典型的传统院落研究城南传统建筑单体和院落的空间特征。建筑单体包括正厅、侧厅和河厅三种，通过案例研究，总结出其进深、面宽、屋顶类型和层数特征；并归纳出院落的尺寸、类型和布局特点；总结其组团组织方式。在此基础上，我们对建筑单体和院落进行重组和创新，形成六种建筑类型。

新的建筑类型能否适应现代功能？通过设计，传统尺度住宅单元可包含多种不同尺度、采光通风良好的户型，通过楼电梯组织。传统风格屋顶下也可容纳大空间。

5.2 时间维度策略

在时间维度上，我们采用渐进建设的策略，基于重塑城南特色空间网络的目标，采取"四步走"的策略：第一步，组织历史文化步道与对应公共空间；第二步，完善内秦淮沿线空间；第三步，梳理外秦淮河畔，建立内外秦淮联系，发展秦淮河创意产业带；第四步，建设凤凰台历史文化景区，形成"东有白鹭洲西有凤凰台"的格局。

空间维度 1——城南规划调整

土地利用调整

调整前

调整后

绿地系统调整

调整前

调整后

道路交通调整

调整前

调整后

空间维度 2——组团与区块组织

Step1
梳理地块周边现状道路与历史建筑

Step2
利用历史街巷组织内部道路

Step3
基于历史街巷与历史建筑组织公共空间

Step4
根据已有条件来组织步行道路与功能组团

Step5
将功能组团根据院落尺度划分为多个院落

Step6
根据典型风格与尺度分析组织建筑与院子

空间维度 3——单体与院落研究

传统风格与尺度

单体

河厅
进深 1.5m-5.0m，面宽为
9.0m-15.0m，单坡屋顶，1 层

侧厅
进深 2.4m-6.0m，面宽
3.6m-6.0m，单坡屋顶（部分为
双坡屋顶），1-2 层

正厅
进深 3.6m-9.0m，面宽
9.0m-15.0m，双坡屋顶，1-2 层

平面
房屋平面没有固定的模数。

院落

尺寸：多横向院落，宽
2.4m-15m，深 3m-6m

类型：有普通院落，也有三合院，
四合院

布局：主要通过多组院落纵向
组织房屋，差不多为 1-6 进

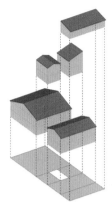

建筑类型分析

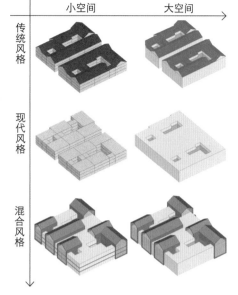

	小空间	大空间
传统风格		
现代风格		
混合风格		

功能适应性分析

选择了地段中的一个传统院落作为设计单元，进行楼电梯布置和户型划分，能够按照现代住宅的需求进行划分，能够划分出通风采光良好的大、中、小多种户型。

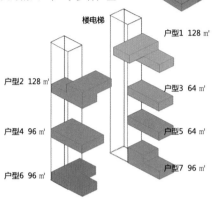

楼电梯
户型1 128 ㎡
户型2 128 ㎡
户型3 64 ㎡
户型4 96 ㎡
户型5 64 ㎡
户型6 96 ㎡
户型7 96 ㎡

时间维度——渐进建设策略

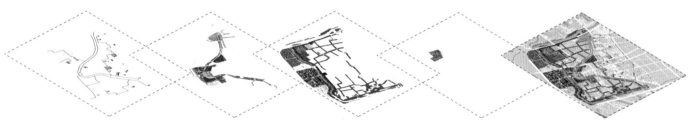

Step1
组织历史文化步道与
对应公共空间

Step2
完善内秦淮沿线空间

Step3
梳理外秦淮，建立内
外秦淮联系，发展秦
淮河创意产业带

Step4
复建凤凰台历史文化
景区，形成"东有白
鹭洲，西有凤凰台"
的格局

Final
实现远期重塑城南特
色空间网络与城南特
色生活的目标。

6 艺 城南：节点深化设计研究

② 水西门
③ 颜料坊
① 内秦淮骨架
⑩ 凤凰台
④ 钓鱼台　⑥ 大油坊
⑤ 长乐渡
⑧ 长干桥
⑨ 报恩寺
⑦ 外秦淮骨架

以内外秦淮河明城墙为骨架，我们选定了内外秦淮河沿岸的几个重点地块和凤凰台遗址地区作为设计地段。其中内秦淮沿岸有水西门地段、颜料坊地段、钓鱼台地段、中华门地段和大油坊地段，外秦淮沿岸为龙蟠路、虎踞路、应天大街和外秦淮之间，共 10 个地段，针对不同的空间目标。

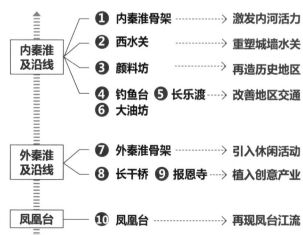

内秦淮及沿线	① 内秦淮骨架 ·········→ 激发内河活力
	② 西水关 ·········→ 重塑城墙水关
	③ 颜料坊 ·········→ 再造历史地区
	④ 钓鱼台 ⑤ 长乐渡 ·········→ 改善地区交通
	⑥ 大油坊
外秦淮及沿线	⑦ 外秦淮骨架 ·········→ 引入休闲活动
	⑧ 长干桥 ⑨ 报恩寺 ·········→ 植入创意产业
凤凰台	⑩ 凤凰台 ·········→ 再现凤台江流

6.1 内秦淮骨架设计：激发内河活力

6.1.1 现状分析

现状的商业主要是船板巷、集庆路和钓鱼台的仿古商业建筑群、夫子庙美食街及商业区，和居民楼底商这三种类型。

公共绿化空间分布较少，主要为夫子庙西广场和房地产附带绿地。

大部分传统滨河民居已被更新，仅剩下钓鱼台河房等。

总体来说，东边建筑风貌、绿化空间分布、商业类型等较为成熟。

6.1.2 设计策略

就建筑论建筑，文化遗产难免淹没在现代化的新建筑的汪洋大海之中，所以，不能孤立地来看待对于南京老城南的城河骨架的保护问题。如果仅仅就内秦淮河的河岸景观和历史建筑进行保护，而不考虑十里秦淮已不能适应现代的城市功能需求，不考虑沿河两岸建筑与旁边高楼大厦之间割裂的关系，那么内秦淮河不但难逃失去

人文古韵的命运，也不能融入新的城市生活。

对于内秦淮河两岸空间，由于河道交通性质发生变化，以及沿河建筑功能由居住向商业不可避免的转换，完全依照传统的建筑肌理和古典园林式的绿化空间不能满足新的功能需求。因此，选择在建筑尺度及风格上保留原有风貌，但在具体建筑结构、材料，以及开放空间的设置上，采用现代的手法，在细节处理中加入古典元素，达到传统与现代的有机融合。

设计中，首先梳理出现状公共绿地和沿河步道。保留大部分现状建筑，在重要交通节点处拆除部分居住房屋。利用现有机会用地增加绿化。在部分机会用地增加商业，将沿河商业形态进行划分。最后结合历史步道入口处理节点。

避开东边已经较为完善的地段和西北边与其他同学重合的地段，选取了四种不同类型节点（A、B、C、D）进行具体设计。

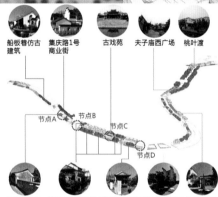

船板巷仿古建筑　集庆路1号商业街　古戏苑　夫子庙西广场　桃叶渡

节点A　节点B　节点C　节点D

钓鱼台河房　钓鱼台仿古建筑　紫金艺术广场　信府河路民居　信府河路绿化

设计分析

现状公共绿地及沿河步道

重要交通节点处拆除部分住房屋，利用现有机会用地增加绿化

机会用地新增商业，将沿河商业形态进行划分

结合历史步道入口处理节点

餐饮体验
旅游商业
中高端零售/餐饮
餐饮
民俗文化展示/商业
餐饮零售

钓鱼台河房

A

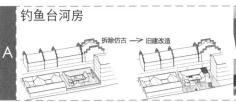

拆除仿古 → 旧建改造

秦淮河两岸的河房大多遭到拆除和仿古重建，在尺度、功能和体验性上都发生了较大改变。我们对传统河房进行修缮和改造，功能上更加开放，形成集商业与绿化为一体的河房公园，在保留传统风貌的同时增加活力。

中山南路甘露桥

B

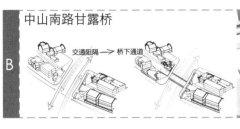

交通阻隔 → 桥下通道

沿河步道在遇到城市主干道时，人行交通遇到较大阻隔。开放主干道两旁河岸空间，利用下沉广场，既提供休憩观赏空间，又引导人流通往桥下步道，实现人车分流。保证沿河步道的连续性，将原本消极的河岸空间变为积极。

钓鱼台古戏苑

C

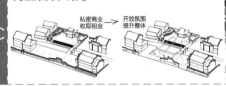

私密商业 → 开放氛围
收取租金　提升整体

沿河新建仿古建筑形态优美，环境良好，但均由围墙围起，成为在秦淮河畔私密性极高的空间。以古戏苑为例，打开围墙，将以收取租金为主的私有商业变为开放的公共空间，提升秦淮河畔整体的吸引力。公共文化空间的营造，再现秦淮河丰富的人文景观。

中华门西景观走道

D

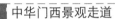

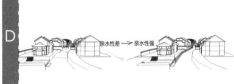

亲水性差 → 亲水性强

由于河岸与水面高差，以及现状建筑大多邻水而建，沿秦淮河步道的亲水性较差，进一步使秦淮河变为城市背面。选取适宜河段增设亲水玻璃走道，在保证沿河建筑私密性的同时，增加沿河体验趣味。

将这四种模式应用于整个内秦淮河，通过河岸绿化梳理、建筑有机更新、开放公共空间和增加临河步道等手段，使内秦淮河成为城南地区的历史文化骨架，同时也是市民生活的活力泉源。

步道一：
他乡故知

步道五：
古园观止

步道六：
白鹭秋水

步道二：
两晋遗风

步道三：
民谣古巷

步道四：
金玉满堂

设计节点A　　节点A模式应用
设计节点B　　节点B模式应用
设计节点C　　节点C模式应用
设计节点D　　设计D模式应用

0　100　200　　400

总平面图

197

6.2 西水关节点设计：重塑城墙水关

西水关地区位于内外秦淮、城墙交点，是城河骨架上的关键节点。

6.2.1 历史考察

在历史上因水路交通发展而兴起，是市民商旅进出城的关卡，也是进出口商贸的重要码头。通过历史资料分析，发掘出汇集于场地的多条历史空间脉络与多个重要节点。

6.2.2 策略一：打破格局，沟通内外

场地内的快速路虎踞路成为地块发展的限制，将场地下沉，沟通内外两侧，并连通内外秦淮，形成扩大的水面，植入旅游休闲功能，以此激发活力的复兴。

厘清场地内的现状历史资源，梳理周边的重要历史空间脉络，以交通梳理、界面改造等手法，强化历史脉络，组织步道体系，从而打破现有空间格局，实现场地内外的沟通。

6.2.3 策略二：重塑"城墙"山水"画卷"

针对重要历史脉络明城墙及瓮城节点，由现有城墙缺口处，以建筑及景观手法恢复其意向。在城墙原址设透明廊道，连接原瓮城位置的综合体以及多个开敞节点。透明"城墙"采用"长卷"的意向，将周边孙楚楼等历史资源及秦淮河镶嵌其中；综合体结合旅游休闲功能，也成为活力来源。最终重塑西水关的特色，激发内秦淮的活力节点。

节点位置

北

0　50　100　200

经济技术指标：
用地面积：16.9 万㎡
建筑面积：5.21 万㎡
建筑密度：16.2%
容积率：0.31

历史考察

西水关地区历史空间脉络分析

西水关水面变迁

西水关历史空间要素

现状分析

1. 道路形成场地的阻隔　　2. 城墙、水面特色丧失

设计策略 1：打破阻隔　沟通内外

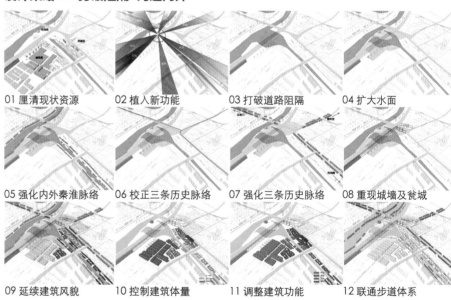

01 厘清现状资源　02 植入新功能　03 打破道路阻隔　04 扩大水面

05 强化内外秦淮脉络　06 校正三条历史脉络　07 强化三条历史脉络　08 重现城墙及瓮城

09 延续建筑风貌　10 控制建筑体量　11 调整建筑功能　12 联通步道体系

设计策略 2：重塑"城墙"　山水"画卷"

在城墙遗址建立透明"画卷"，横跨水面廊道

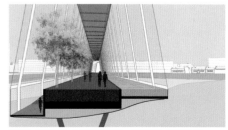

透明"城墙"内设散步道，形成流动观光道

城墙"再现"效果示意

西水关地区夜景效果示意

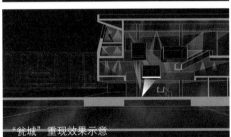

"瓮城"重现效果示意

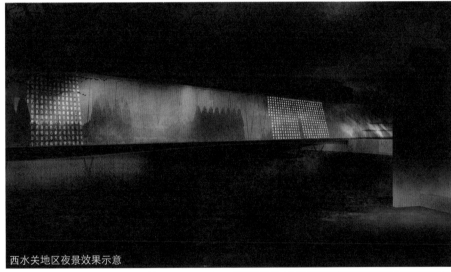

西水关地区夜景效果示意

199

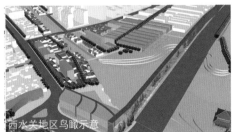

西水关地区鸟瞰示意

西水关地区鸟瞰示意

西水关地区空间效果示意

6.3 颜料坊节点设计：再造历史地区

　　秦淮河东岸的颜料坊地块位置优越，交通便利，周边历史文化资源丰富。目前已完成拆迁工作，规划定位为文化商贸区。

　　历史上的颜料坊元代已成为南京的商业中心。发展到清朝更是兼具文化休闲、商业和传统作坊等功能的滨河特色区域。

　　颜料坊的复兴设计基于对历史的发掘，首先对艺风楼、云章公所、丝市口等历史资源点，运用不同手法进行恢复或暗示纪念，延续场地文脉，并提供城市公共空间。其次织补传统肌理，恢复旧有历史街巷；再次结合周边现状，通过设计整合不同尺度不同功能的城市空间；并且结合新的空间需求，从街道、院落、河房几个方面进行新的形式探索，最终达到延续南京城市生活形态的目标。

现状分析

周边 500m 建筑高度

周边 500m 建筑功能

设计过程

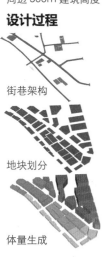

街巷架构

地块划分

体量生成

空间塑造

界面构建

肌理织补

景观绿化

设计分析

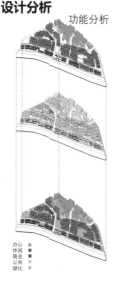
功能分析

办公
休闲
商业
公共
绿化

交通分析

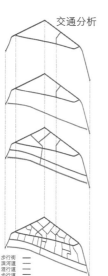

步行街
滨河道
混行道
步行道

经济技术指标

用地面积：7.56 万 ㎡
建筑面积：9.08 万 ㎡
建筑密度：44%
容积率：1.2

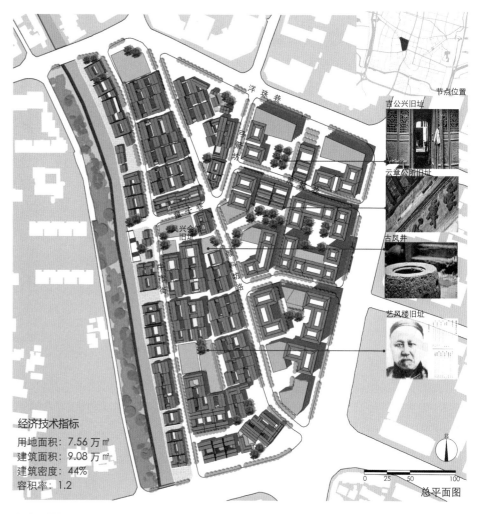

洋珠巷

弓箭坊

颜料坊路

节点位置

青公兴旧址

云章公所旧址

古凤井

艺风楼旧址

0　25　50　100

总平面图

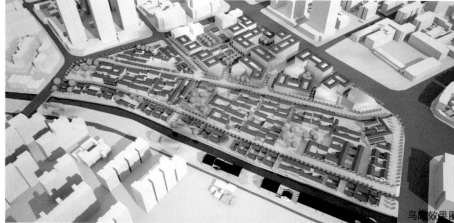

鸟瞰效果图

步行街效果图

6.4 中华门节点设计：改善地区交通

　　中华门，是明朝南京的正南门，也是当今世界上保存最完好的古代瓮城城堡。门前后有内外秦淮横贯，南接长干桥，北连镇淮桥，是南京老城南水陆交汇节点，交通咽喉所在。我们对涵盖中华门及周边的钓鱼台、长乐渡、大油坊在内范围进行了规划设计。

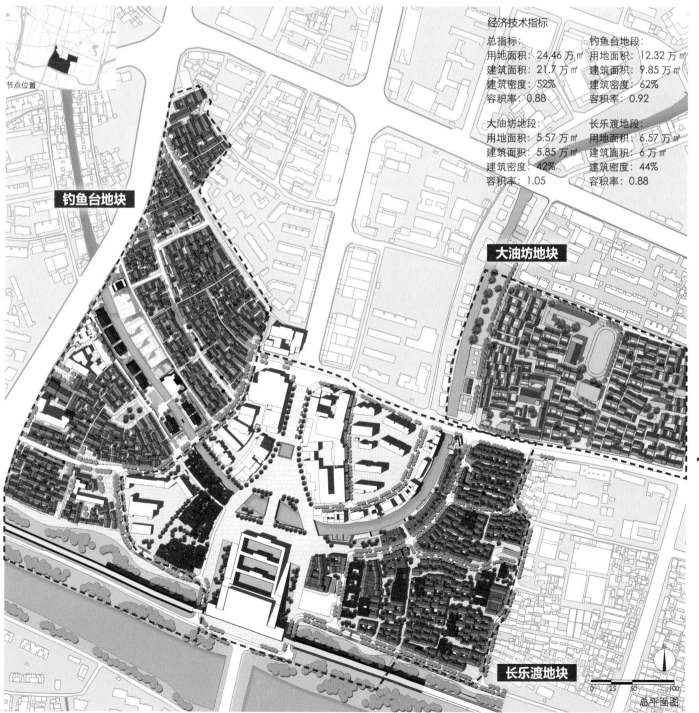

节点位置

经济技术指标

总指标：	钓鱼台地段：
用地面积：24.46 万㎡	用地面积：12.32 万㎡
建筑面积：21.7 万㎡	建筑面积：9.85 万㎡
建筑密度：52%	建筑密度：62%
容积率：0.88	容积率：0.92

大油坊地段：	长乐渡地段：
用地面积：5.57 万㎡	用地面积：6.57 万㎡
建筑面积：5.85 万㎡	建筑面积：6 万㎡
建筑密度：42%	建筑密度：44%
容积率：1.05	容积率：0.88

钓鱼台地块

大油坊地块

长乐渡地块

201

0　25　50　　　100

总平面图

同多数老区一样，中华门附近地区也存在着建筑破败、街道狭窄、公共空间不足等问题，我们会在之后规划中予以应对。但该地区更独特的一个问题，是中华门附近的交通组织。这也是我们在该地段规划的重点。

6.4.1 交通策略

原交通规划中，老城南地区包括中华路在内的三横四纵构成主体交通网络，但此体系造成了中华门、朱雀桥等地区的割裂。

对中华路近中华门区段实施交通限行，消解中华门地区交通阻隔，同时梳理其他道路，承担中华门原有南北交通功能。

针对中华门附近地区，在已有道路基础上，增加步行道系统，改善沿河游览体验，并增强原本封闭内向的钓鱼台及长乐渡地区的开放性。

在中华门附近主要道路边安排公交站点，在主要次要道路周边安设停车，增强整个景观区的可达性。

6.4.2 钓鱼台、长乐渡地块设计

建筑现状：中华门东侧长乐渡地段处于建设之中，仅有少量现有建筑，西侧钓鱼台片区则有大量传统建筑，并被列为保护片区。

拆建情况：针对钓鱼台片区，保留多数传统建筑，对风貌街巷边的建筑进行重点改造。针对长乐渡片区，保留并改造原有房子，并模仿原有肌理建设仿古风格片区。

交通情况：通过拆除部分质量不佳、阻碍交通的建筑，建立起更加完整的道路系统。

公共空间：以中华门广场作为公共空间的核心区域，通过内外秦淮河向东西延伸至长乐渡、钓鱼台片区，沿步行廊道设置小公共活动区域。

功能布局：将地段定性为文化创意产业发展区域，多数建筑仍为居住，同时满足文化创意产业需求。沿河及主要道路设置商业服务集中区。

地段现状分析

建筑破败：作为历史风貌区，地段建筑多偏老旧，许多甚至存在安全问题，切违章乱建情况严重。

街道狭窄：钓鱼台、大油坊地区的街道尺度很难适应现代社会需求，断头路多，即使连贯的通道多也仅有 2m 宽度。

公共空间不足：老城肌理原本就存在严重的公共空间不足，再加上现有空地多被用于停车，更是加重了这方面的问题。

交通改善策略

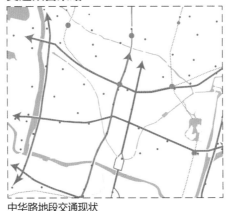

中华路地段交通现状

中华路地段交通规划

节点路网放大

公交停车布置

钓鱼台、长乐渡地块设计分析

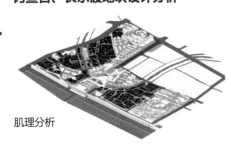

肌理分析

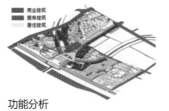

拆建分析

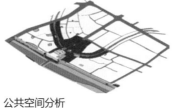

功能分析

公共空间分析

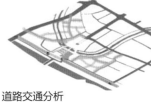

道路交通分析

长乐渡码头

钓鱼台滨河长廊

新建合院住宅内庭

钓鱼台、长乐渡地块鸟瞰

6.4.3 大油坊地块设计

　　大油坊巷片区总面积 5.57hm²，属于《南京历史名城保护规划（2010）》中规定的历史风貌区。

　　本方案中，保持片区原有的居住功能，保留文保单位，历史建筑和部分风貌建筑以及历史街巷，并梳理其余部分的肌理。

　　新建建筑大部分为二层的院落型住宅或商住两用建筑，对两条主要街巷适当扩宽，并增加三处主要公共空间，通过开放空间加强地段与秦淮河的联系。

　　作为老城南的门户节点，我们希望通过设计，实现一个既保留古色古香、又满足时代发展的中华门地区。

大油坊地块鸟瞰

大油坊地块设计分析

地段现状

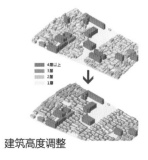

建筑高度调整

建筑功能调整

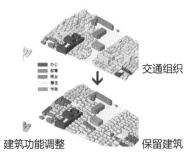

交通组织

保留建筑

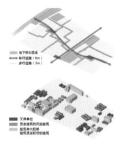

6.5 外秦淮骨架设计：引入休闲活动

6.5.1 现状分析

　　外秦淮城墙内外空间差异巨大，较理想的绿地公园资源多集中在城墙外，但缺乏有效联系，故对城墙内居民可达性较差。且城墙内住区密集，缺乏公共活动绿地，居民的户外休闲需求无法得到满足。

6.5.2 设计策略

　　故外秦淮城河骨架设计基于现状对老城南提出一个慢行廊道系统的策略，在尊重现有绿地公园前提下，把各绿地、社区、交通站点、文化设施串联起来，对相关节点进行改造，使老城南实现联系内外秦淮、住区和历史街区的生活资源。

6.5.3 节点设计

　　水西门节点：在领军人才创业园边开辟公共空间设计滑板公园，以年轻人活动为主，汇聚活力。门东节点：将城墙内侧空地改造为体育公园，提供附近居民户外健身休闲；并设垂直交通筒以供登城墙欣赏外秦淮风光。武定河节点：在城墙下挖通道连接内外，提升城内住区对武定河公园的可达性。西长干巷节点：在现有绿坡上增加滨水后退台阶以提升滨水活力。

6.5.4 廊道设计

　　在前述公共空间节点改造基础上，再以三类慢行廊道将其沟通串联。

现状分析

绿地资源

老城南大多绿地集中于外秦淮，对城内可达性弱，且缺乏整体连贯性。

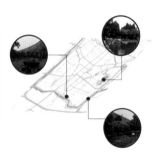

住区

老城南住区分布较密，但缺乏活动绿地，且休闲设施简陋，无法满足居民需求。

闲置空地

城墙一带有不少闲置的工业废地，环境脏乱差，活力程度低，严重影响城墙的美观。

策略 1：增加和改善公共空间节点

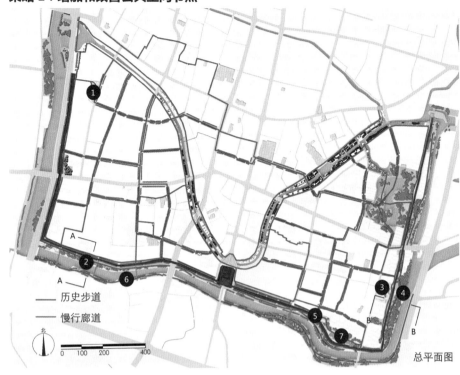

—— 历史步道
—— 慢行廊道

北　0　100　200　　　400

总平面图

策略 2：建构及改造慢行廊道

—— 主要慢行廊道
—— 次要慢行廊道
—— 城墙下慢行廊道
—— 外秦淮慢行廊道
—— 内秦淮慢行廊道

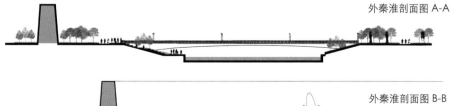

外秦淮剖面图 A-A

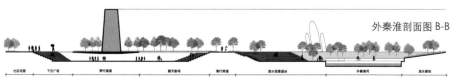

外秦淮剖面图 B-B

节点改造方案

1 水西门人才创业园滑板公园

总平面图

2 外秦淮滨水步道

3 门东城墙内住区花园

4 武定河公园步行桥

总平面图

5 登城墙远眺城墙内外

6 长干里雕塑公园

7 门东体育公园

总平面图

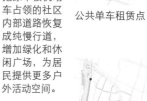
改造节点

公共单车租赁点

廊道改造方案

A B 城墙下慢行廊道

| 人行道 | 单车道 | 0.9m | 双向两车道机动车道 12.5m | 0.9m | 单车道 | 人行道 |
| 3m | 2m | | | | 2m | 3m |

把原本被机动车占领的社区内部道路恢复成纯慢行道，增加绿化和休闲广场，为居民提供更多户外活动空间。

C 主要慢行廊道

| 人行道 | 单车/0.9m电动车道0.9m | 小区休闲广场 |
| 3m | 4.5m | 10m |

在车流量较大的社区道路增加灌木隔离带和彩色铺装区分慢行道和机动车道。

D 次要慢行廊道

| 机动车道 | 绿化带 | 慢行廊道 | 城墙下绿化带 |
| 8m | 4m | 3m | |

沿城墙内侧设慢行廊道，可供城南居民慢跑、骑自行车，注重绿化层次设计，创造舒适的城墙休闲空间氛围。

新建的桥及登城墙点

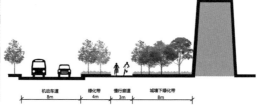

社区共享网络

6.6 中华门外节点设计：植入创意产业

6.6.1 长干路西地块

地段处于中华门外西街历史街市以西。历史上一直较为荒僻，民国时期沿外秦淮辟为工业区。墙内工厂墙外仓，城墙内外通过水运联系紧密。

设计思路

设计试图在新的条件下恢复历史上的空间联系。利用原有城门，结合复建的凤凰台，营造"连接"城墙内外的跨河步行轴线，直通凤凰台下。

功能布局

整个地块较为内向，且与市中心距离较近，适合布置对环境要求较高的办公或规模较大的文化创意产业。考虑主城区疏解人口的要求，削减部分居住用地。此外，结合外秦淮河整治，沿河设置开放绿地；利用古城遗址及民国仓库，引入文化、旅游元素，营造舒适、浪漫的步行活动空间。实现工作、居住、休闲相结合，营造更丰富多样的生活。

利用原有城门，架设桥梁与城内相连。形成直通凤凰台的步行轴线，依此布置商业。地块东西南三侧布置为办公、创意或商业。中部较为幽静，布置居住。北部临河，布置为公园及旅游设施。

交通策略

利用历史街道开辟车行道。道旁设临时停车位，但以地下停车为主。南面设内环路，减少对高架辅路交通干扰。东南角为服务地铁站的大型城市停车场。

经济技术指标

长干路东地段：
用地面积：37.97 万 m²
建筑面积：45.46 万 m²
建筑密度：34.6%
容积率：1.2

长干路东地段：
用地面积：38.10 万 m²
建筑面积：5.85 万 m²
建筑密度：42%
容积率：0.66

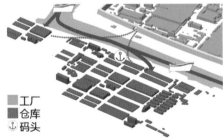

节点位置

0 50 100 200

历史考察

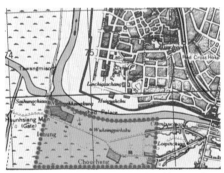

地段位于中华门外，且距城门较远，直至民国一直未被充分利用，多为别墅、荒地。

新中国成立后城西南角建立起棉纺、印染等工厂。依靠外秦淮河便捷的水运交通将大宗粮食、棉花等货物送至河南岸的仓库储藏，再借由轮渡通过城门送入城内加工。

■ 工厂
■ 仓库
⚓ 码头

设计分析

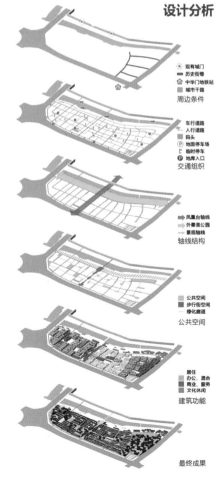

☗ 现有城门
━ 历史街巷
☖ 中华门地铁站
■ 城市干路
周边条件

☗ 车行道路
人行道路
☖ 码头
P 地面停车场
P 临时停车
P 地库入口
交通组织

⇒ 凤凰台轴线
⇒ 外秦淮公园
━ 景观轴线
轴线结构

■ 公共空间
■ 步行街空间
━ 绿化廊道
公共空间

■ 居住
■ 办公、混合
■ 商业、服务
■ 文化休闲
建筑功能

最终成果

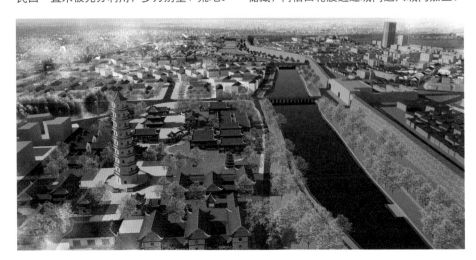

总平面图

历史考察

城

《至正金陵新志》："长干里在秦淮南，越范蠡筑城长干。"公元前472年，越王勾践令范蠡筑"越城"，为南京地区有年代可考的最早城池。

市

《建康实录》："金陵南郭群山环之……即古之大长干也。"秦汉至唐朝，长干里里吏民杂居，里人多以船为家，以贩运为业。明代长干里为南京最大货物集散地，形成粮食和农副产品的"大市"和竹木薪炭的"来宾街市"。

寺

南京俗话："出了南门（中华门）尽是寺（事）"。晋太康年间建长干寺；南朝陈为报恩寺，宋改天禧寺，建圣恩塔；元改慈恩旌忠教寺；明永乐六年毁于火。四年后，朱棣命工部于此重建大报恩寺，为明初南京三大佛寺之一。

6.6.2 长干路东地块

历史考察

　　根据丰富的史料记载，本地段是古越城所在，又曾是繁华的商业区和南京佛教中心。处于城市中轴线上，轴线两侧分别遗存有大报恩寺、古越城和古街市旧址。

设计思路

　　设计结合历史轴线，试图"呈现"原有的报恩寺、古越城和古街市；利用现有林荫道轴线，"连接"进入城河骨架；进而"生长"，将雨花台景区引入城南空间体系。并尊重原有街巷格局，保持整体风貌，控制建筑高度不超过城墙。

交通策略

　　由于现有及规划地铁站点的影响，地段将成为旅游客流的主要出入口，据此增设机动车（尤其是大巴）停车场。

景观策略

　　利用林荫道轴线，连接以报恩寺为核心的佛教文化体验区和西侧文化商业及创意产业区。同时在轴线周围开放绿化公园，将雨花台景观、城墙外秦淮河景观引导渗透入地段内。

设计分析

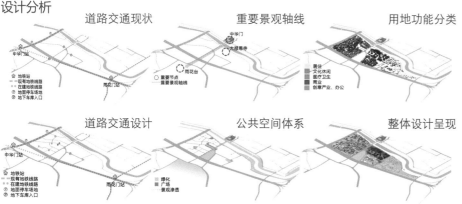

道路交通现状　　重要景观轴线　　用地功能分类

道路交通设计　　公共空间体系　　整体设计呈现

207

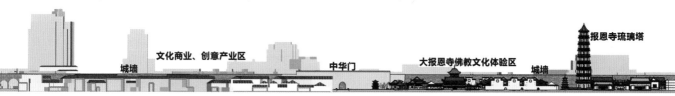

城墙　　文化商业、创意产业区　　中华门　　大报恩寺佛教文化体验区　　城墙　　报恩寺琉璃塔

6.7 凤凰台节点设计：再现凤台江流

凤凰台地段是建构"东鹭洲-西凤台"格局的重要节点。考察其历史，从南朝到明清，凤凰台一直是文人雅士钟爱的登高揽胜之所，李白在此留下"凤凰台上凤凰游，凤去台空江自流"的经典诗句；明清时"凤台秋月"更是屡次入选八景。其在老城南山水格局和历史文化中具有重要地位。

6.7.1 功能定位

据清《凤麓小志》推测出历史上凤凰台的可能位置，在此开辟凤凰台公园，并借用凤台楼阁意象建设老城南历史博物馆。又据《凤麓小志》所载凤台周边地带曾遍布私家园林，对遗址公园周边地区进行功能调整；即在保留现有文保单位基础上划分为三个片区：1. 合院住宅区，2. 文化展示和商业区，3. 以现状工业遗存改造而成的创意产业区。整个地区形成包含居住、工作、文化休闲的混合用地，塑造旧城中生活与就业的多样性。

6.7.2 空间设计

在凤凰台公园内"显山"以再现凤凰台，"造水"以隐喻过去长江流经。在凤凰台公园外，通过新增水系连接公园内与外秦淮之水，形成水轴。与外秦淮南侧地段对接，形成新的人行轴线。通过公共空间组织和休闲景观轴线串联为城南提供宜人环境。

6.7.3 交通组织

以人行、自行车为主，组织地段内交通路系统，尽量减少车行路网密度。停车考虑以地下停车为主，少量地面停车。

节点位置

老城南历史博物馆

凤凰台公园

胡家花园

创意产业区

文化商业区

合院别墅

经济技术指标

用地面积：24 万 ㎡
建筑面积：12 万 ㎡
建筑密度：25%
容积率：0.5

总平面图

0　50　100　150　200

现状分析

现状平面图

凤台山山势犹存

破坏历史风貌的建筑已经拆除

周边历史文物资源保存良好

历史考察

南朝宋筑凤凰台

南朝梁建凤凰阁

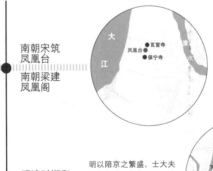

宋元嘉中，有大鸟二，集栋陵陵永昌里……众鸟随之，诏置凤凰里，起台于山，号凤台山，大江前绕，鹭洲中分，最为登眺胜处。梁时就建瓦官阁，高二百四十尺。
——（清）《凤麓小志》

明清时期私家园圃遍布

明以陪京之繁盛，士大夫丽都娴雅，润色承平，选胜探幽率在凤台左右。
——《凤麓小志》

新中国成立后，凤台西南建棉纺类工厂，外秦淮南岸有物资供应

清末之后，这一地区逐渐破败，新中国成立后，在凤凰台西南面建设了若干棉纺类工厂，并以摆渡的方式与外秦淮北岸的棉花储藏库和粮库相沟通。

现状建筑大部分已拆除

仅遗留西侧部分厂房和北侧中小学

现在的凤凰台地区，除西边厂房和北边中小学之外，大部分建筑已拆除成为废墟或是工地。看到凤凰台的今昔对比，我们希望能发掘并展现其历史价值，并通过产业赋予遗址以活力。

历史图像中的凤凰台

明《金陵十二景·凤台秋月》仿元人画

清《金陵四十八景·凤凰三山》

清《金陵四十景》（《康熙江宁府志》）

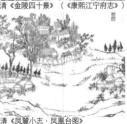

清《凤麓小志·凤凰台图》

生成过程

现状

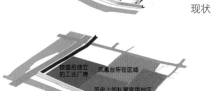

整合分区

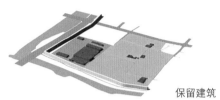

保留建筑

新立轴线

道路优化

整体效果

凤台改造与周边地段空间关系

鸟瞰示意

文化商业区示意

创意产业园示意

凤凰台遗址公园 / 老城南历史博物馆

凤凰台上景观示意

剖面示意

2013/12/22 东南大学 • 南京

• 现场踏勘
• 教学准备会

2014/03/06-08 东南大学 • 南京

• 参观南京城市规划展览馆
• 规划地段现场集体调研
• 课程讲授
　童本勤：南京历史文化名城保护规划
　阳建强：秦淮区总体规划介绍
　王海卉：南京市秦淮区产业现状与
　规划
　张赫：滨水城市空间的整治与重构
• 规划地段现场自由调研
• 调研成果交流

2014/04/20 东南大学 • 南京

• 中期成果交流
　点评专家：
　陈为邦、石楠、张兵、王引、孙成仁
• 补充现场调研

2014/06/08 西安建筑科技大学

• 最终成果交流
　点评专家：
　汤道烈、石楠、张兵、王引、孙成仁
• 设计成果展览

陈为邦

中国城市规划学会
原副理事长

中国城市科学研究
会原副理事长

原建设部总规划师

住建部专家委员会
委员

南京作为六朝古都，是全国名列前茅的几个国家级历史文化名城之一。南京城南又是历史文化名城的重点地段，其核心问题还是保护和发展的关系。如何处理好呢？重头戏很多都在这里。南京的历史文化名城保护过程中，希望这个地方不要出问题。这个地方肯定是要发展的，南京城市要现代化，这个地方怎么发展？要搞清楚哪些东西要保护，怎么保护。我从来不赞成把城市作为文物来看待。文物是死的，它不要任何变化，就那样放在那里。城市则是活的，因为里面的人是活的，是活生生的。所以要建立底线思维，哪些东西是不能动的？哪些要现代化？比如基础设施：供水、排水、交通这些都要解决好。另外公共空间要重点考虑，要强调。这里有本地人和外来旅游人，公共空间一定要保护好。

对人口规模要有政策，是增加、保持还是疏散。新型城镇化提出要提高中心城区人口密度，这是一般性要求，对这个地区要采取什么方针政策，需要好好研究。

养老的问题。城南地区，城也老，人也老，人的老和物的老相互交融。我担心老人太多了不行，老人和老人长期在一起不行，应该适度混合，要增加中青年，要有小孩子，需要小学幼儿园，人口年龄结构方面要有适度的调整。目前我国老年设施严重不足，托老所建设缺口非常大。养老设施应该综合平衡、全面布局，不能把它们都建设在风景好空气好的离开市区比较远的地方。人是社会关系的总和。如果让老人远离市区，人际关系很少，容易造成老人的孤独。老人的第一需要是社会关系，是亲属朋友能够经常见面。因此，建议在城市的繁华地区多建一些托老机构。香港有个故事片叫《桃姐》的，反映了老人对于城市的需要，非常生动。当然，政策上提倡居家养老。这也是解决老人人际关系的需要。

这个题目作为毕业设计很好。几个大学共同做，更是很好的形式，可以互相学习。同学们将来在工作中就知道这么大一块复杂地块的规划设计是怎么回事。

王引

北京城市规划
设计研究院总工

中国城市规划
学会城市设计学术
委员会委员

同学们分析的方法体系层级严谨，用一根主线贯穿三个内容，将生活、体验、网络串接起来，分组进行研究，同时保证各个组以及组内之间都有交流，使得对整个地区认识更加清楚明了。同学们在解释生活、体验、网络三个内容上，深入探讨和研究了城市本源的问题：如在生活和体验方面，研究城市中各类人群的生活，研究外来人和本地人对地区的不同体验；而网络方面，既涉及规划系统本身的网络构建，也涉及信息化带来的多样联系。最后关于设计的总结与思考这方面的工作颇具价值，不仅可以让同学们会总结设计过程，学会提炼设计要点，也给观者提供一个清晰深刻的认识。

在分析现状中，我们要避免把自己调研时形成的主观印象直接概括为现状的问题。我们在规划的学习与工作中，要避免过于极端地把现状说得一塌糊涂，而提出的远景又特别美好，这反而容易让人脱离对现实的正确认识，忽略客观的真实性，使我们对现状的评价深度较弱。另外我们规划师应当反思，在做分析的时候，我们是否过分强调了人的力量，规划的力量，而忽略城市发展自身规律的力量，我们不应只致力于外在要素的改变，应该去尝试改变自己的思维。

关于课题研究，我赞成把它当做真实的规划进行研究。真实的规划这里面涉及对于上位规划、历史沿革、现状分析、功能定位、功能划分等等这样的工作和内容，接触者方面的工作和内容有利于学生毕业以后走上工作岗位很快地适应工作。

同学们在研究问题和解决问题的时候，用线、面、点的方式内容到位。同时，为了能和本意衔接，名词的使用或是点题油然而生的，这样才能很好地抓人眼球。

规划部门和规划人员应该要特别强调部门合作团队建设。希望你们在未来的工作中，在团队建设中做出自己的贡献，同时在和其他部门合作中宽怀大度、精益求精。

孙成仁

北京新都市城
市规划设计研究院
院长

将公共空间系统作为设计的关键视角，抓住了地区更新的一个重点，公共空间是城市认知的灵魂。设计选取三个较大的片区，进行综合研究，便于把握区域的整体特征。在研究了片区内外部关系的基础上。进一步将这种关系置于更高层次的城市整体关系体系中加以审视，揭示了城市文化空间系统与规划区内部文化空间的关联。另外，对历史空间的保护，对记忆元素的挖掘，将使那些模糊的历史空间意向再度突显出来，通过规划强化它们的彼此关联，成为可识别的文化区域。

对城市及区域空间历史演进，道路肌理、空间尺度、人口分布以及产业变化的分析能深化对区域空间特征的认识。对上位规划的分析可以让设计者在一个综合的、多层次和彼此关联的规划关系框架下更好的理解一个规划，便于衡量一个规划在用地、交通等方面调整建议的适宜性和可能性。

在我们的设计语境里，空间经常表现为一种外在关照的倾向，如游客的体验等。我们应该更关照内在，即当地居住者。如何将那种游客体验式的使用逻辑让当地居住者接纳？应该更多了解他们的意见，将他们的意见纳入到我们讨论的范围之中。比如商业和滨水生活等，不全是对外功能，更重要的是，它们与当地居民的内部生活相关联。如果能够立足当地人的诉求来进行城市更新策略的制定，基础会更加牢固一些，更有依据一些。

城市更新是个复杂的综合系统，涉及社区和人的构成、产业、空间、风貌等等。城市更新的重要目的之一是改善，基于现实但不是被动地接受现实。对那些明显的负向变化可以进行大胆的改善，并形成经济可能。

规划对文化复兴的欲求，是城市复兴的一个理想化力量，它能促进地区文化复兴和经济繁荣。城市应该接受这个思想，文化复兴是城市复兴的核心。文化经由这种理想力量的推动，才能得到加强。城市复兴也才能真正实现它的目的。

同学们能把地区的研究放在城市整体框架下，放在城市总体规划的指导以及地区开发的总思路里面来考虑，避免了就一个地块和某一个方面来分析，是一个很综合的思路。

经过调查可以发现，很难说哪一片很重要，哪一片不重要，每一片都有它的价值。通过对不同片区以及重要地段的设计，来控制城墙内外地区的空间。设计采取多角度的方法研究了南京整体的发展，同时又对不同片区在生态、历史、文化等方面扮演的角色进行了把握。

通过对传统空间的分析，以及对传统空间尺度的研判，分析其在今天的空间环境下怎样再造的问题。这样对空间原型和空间方式的讨论，是整体创造最核心的一把钥匙。这种基本思路的研究是具有示范作用的，是一项具有学术价值的工作。

体会比较深的是，大家在做方案的过程中能够脚踏实地地去思考问题。很强调整体的学风，踏踏实实地研究问题，同时又可以把创新理念很好地运用到设计实践当中去。在空间设计手法上，对空间的分类、核心要素的提炼、空间策略的应用，切实可行，体现出良好的规划素养。

规划设计要脚踏实地思考问题，避免草率地提出脱离实际的概念，我们要踏实严谨地研究问题，同时，要善于把创新型构思运用到设计实践中。应当切合实际，不能仅仅为了实现目的而去炒作与渲染，毕竟，浮躁的东西会消失很快，只有真正基于研究的结论才能站得住脚。

大家对城市发展中的很多现象非常关注。比如老龄化问题、网络化生活问题、各种形式旅游服务话题，这些话题看上去很热门，但如果我们把他们放到历史长河中，他们确实不断对我们城市空间构成产生需求和影响。如何响应这些需求，如何确定他们的价值，可能都是将来我们工作中需要反复探讨的问题。

这个地区的功能处在不断调整过程中，有均一化、单一化的倾向，传统的东西慢慢消失，未来可能只剩下生活居住、旅游、商业等一些基本功能。当然这是在整个城市的调整过程中产生的。但未来也不能过于单一。因为它拥有一些特殊要素。过去这里曾是城市的焦点，反过来说，对于城市生活来讲，希望通过我们的设计，在我们这个地区，可以融入多样化的城市设计，所以，还需要强调功能混合。

我们的设计不应该带来空间隔离的效果，或者导致活力的下降，而是希望可以通过设计，针对过去二三十年对空间肌理的破坏，形成新的转折点，为这里带来新的空间尺度和功能。加强公共空间活力对这个地区很重要。

石　楠
中国城市规划学会副理事长兼秘书长

每一代人有每一代人的思维方式。来参加今天的活动让我看到新一代规划师的不同之处。当年我们的毕业设计是充分展现个人的能力，而现在的方式则强调团队的整体能力，规划教学有很大的发展变化。

针对南京城南的发展，不同学校的学生从不同角度对同样一个主题做出不同判断，拿出不同的规划方案，这是非常有意思的。各小组的研究成果反映出你们的专业基本功扎实，包括分析能力、切入点选择、设计手法等等方面都比较熟练了。毕业设计是对五年学习的系统总结，也是一个重要的新起点，所以需要认识自己的毕业设计可能还存在的问题。

我们在规划设计过程中，要注重界定问题的准确性。发现问题并准确界定等于解决了一半的问题。选择问题应该整体分析现状，并且善于深入各个系统挖掘问题。寻找问题和观察问题都要认真讲逻辑，东一榔头西一棒子，好像看到了问题，但又不能深入下去，这会影响方案的质量。

以问题为导向，固然非常好，但是要注意来南京进行调查也要留心去发现哪些好的经验，处理得当的空间在哪里，是怎么组织的，这些好的传统和当地经验的总结需要加强。不能为了问题而问题，南京这座历史城市不可能全是问题，它有非常多的好经验，是全国规划工作非常先进的城市，我觉得对当地积极经验的挖掘和吸取对我们做方案是非常有好处的。

张　兵
中国城市规划设计研究院总规划师
中国城市规划学会历史文化名城保护规划学术委员会秘书长

要讲究以理论和思想来指导规划设计，这些理论和思想的东西给技术方案注入了生命。各个方案都有自己的几大规划策略，但好的方案是有深度的。譬如：有方案的规划设计目标是使这个地区成为城市体验中心和活力居住内城，而活力居住内城更应该体现和满足本地人日常生活的需要，所以这个方案不仅要想到体验式旅游和使用人群，而且还要更多关注的是日常生活需要的生活空间。再如，有个规划设计方案提出"云共享"的构思，空间组织和表现形式都非常活跃，在城市更新的方法上采取微创手术，对城市来说这是个值得赞许的方式。

方案设计的过程中，要准确把握设计策略，并恰当地运用于设计方案中。在方案最后，团队要对设计过程做一个反思。每次提出创新性的策略，就需要回到当初界定的问题中去，做一个比照，看你的设计是否改善了这个地区，是否实现了最初提出的目标与构想。不妨想一想，在城市发展过程中，我们规划师建筑师城市设计师到底可以做什么？做哪些东西可以更有效推动地区的发展。

六个学校的方案做力求做得系统和理性，分析得非常条理，但是要注意，我们规划师是有血有肉的，不光是有理性的思维，也要有感情的表达。南京城南地区我觉得真是一个充满爱和恨的地方，这个场所不仅有个人的小我的情感，也有大我的国家和民族的大爱大恨，当我们面对这个地区时，我们应该带感情进去，在规划设计中自然流露出我们对这个地区的历史记忆的认知。六个规划小组的共同之处在于都多多少少忽略了这一点。

积极保护、整体创造，这是吴良镛先生城市更新的重要思想。结合南京城南地区的规划研究，我们应当认真思考在整体创造中，如何做好环境的更新和社会的再造。

汤道烈

西安建筑科技大学
建筑学院

同学们都做得很好。

城市规划设计要考虑城市社会的持续发展，不能仅考虑旅游。在城市设计中引入公共空间分层的概念，包括功能与空间多方面分层的策略都很好。

在理念的基础上应当继续深化，对方案中重要的城市空间节点要做具体的方案研究。

规划理念和策略研究作为方案研究的规划设计思路和引导城市空间的改善的方法途径，更要将设计方法运用到城市设计中去，做出具体的形体空间方案。

应该做出方案的整体规划结构和交通规划，地铁对这里的空间发展作用，地铁站的位置等都会影响空间布局结构。整体空间结构首要考虑的是交通结构和功能结构，其次是空间艺术构架。

徐明尧

南京市规划局
副局长

同学们在做相关专项分析和思路整理时，需要放大到与城市周边的关联中来考虑。许多地块中呈现出的问题并不可能只在本地区就能得到解决，不能就这个地块论这个地块的问题。城市中不同地段承担的功能不同，城市规划应让每块地承担其最适合的功能，使得城市整体效益最大化，各个地块各得其所。

城南地区人口密度高，老龄化严重，主要是低收入阶层，大家应该去深入调研其人口年龄组成和人口社会层次。从人口、社会、经济来看，城南地区是衰败的，但衰败的同时，许多人的幸福感又是很高的，可能是因为城南地区有很方便的公共服务，活动场所，非常稳定的邻里关系。所以说我们应该进行仔细深入的分析这个地区的问题和特点。

城南是南京历史文化资源最集中的地方，在文化保护和传承过程中需要寻求经济的支撑。城南地区可能不能承担一般意义上的经济功能，而应该在保护和发展的背景下，承担一些自己特有的功能，比如创意，休闲，旅游等。

关于城南的城墙和滨水空间的整合利用，我觉得其空间的连续性基本上得到了保证，绿色开放空间是能连通的，但是其两侧的活力和特色没有很好体现。规划设计不应仅仅在线性空间上下功夫，而应关注其两侧腹地的功能和作用。如果两侧用地只是居住功能，有可能会引起城墙、滨河空间的消极化，不利于活力的提升和文化的展示。

段　进

东南大学建筑学院

以联合教学这种方式，用包括老城南在内的南京明城墙周边地区作为毕业设计选题非常好！同学们从各个方面进行了分析，十分全面，系统而完整，基本功很扎实。我就提出两方面的建议。在规划方法方面的建议：第一，从经济、区域的相关上层次、大环境分析入手开展研究，加强层次性和系统性；第二，要更加注重关于当地人的行为活动和发展需求的调查和研究。

在规划理念方面的建议：同学们提出的策略和理念都不错。但是作为在本地长期从事工作的人，总觉得还是有些期望的东西没有做出来。每个地区如果用同一个套路去进行规划和建设的话，是有问题的。我们应该把这个地区当成是一个有生命，有感情的地区，如何能够有感情，就要有更深入地调查体验，更深入地结合本土环境。避免总是以一种套路或一个模式。每到一个地区，八股文式地说展示给你什么文化，展示给你什么特色，这样太像做表演了，难以形成好的设计成果。

阳建强

东南大学建筑学院

老城南这个地区实际上情况非常复杂。我第一次认识这个地区，是在大概三十年前，从清华过来参加认知实习。1998年之后协助吴明伟老师做老城南的保护规划，出国后返回来还是在研究这个地区。也做了很多规划。但是后来开发的变动，把我们之前的很多构想都打破了，到了这几年在南京做规划，也基本上都没有脱离老城南。这个地区关注度太大，成为南京城市建设中最为关键，问题最为复杂的地区。

目前清华和同济的两个方案，从不同的角度切入，给我们提供了非常有启发性的内容，设计理念也十分有创意。有一两个问题还需要强调一下，正如大家分析的，老城南是非常有价值的历史地区，尤其在江南一带具有代表性。但是分析问题思路要放开一点，一个是不能就"老城谈老城"，分析的时候能否跳出老城，更多地要在更大的层面着眼分析，比如功能和产业的调整等。同时也要着眼本科学习过的知识和技能，在详实得分析后，要突出空间的设计，要有具体的落实。

运迎霞

天津大学建筑学院

在五年之前，你们对城市规划还是一片懵懂，而现在你们则在这样一个代表全国城市规划学生最高水平的舞台上展示你们的学业成果，感受你们的成长。回顾走过来的路，今天你们可以为你们的学习成就而骄傲和欣慰。作为一个展示的舞台，在你们的专业生涯中也是非常有意义的，是令你们终身难忘的。同时这样的联合毕业设计，对于我们老师来说，作为本科教学的最后一个环节，作为一个交流的平台，也都感受到了巨大的收获，对我们教学水平的提升也是鞭策和激励。这是第二年的联合毕业设计了，与第一次一样充满了激情与精彩，很期待以后的每一年、每一次。

这次的设计场地，包含了南京太多的故事，或美妙，或辛酸。曾经有很多前辈都在这块地做过很多工作，这块地的变迁仍然在继续。在我看来，这次的工作对大家都是一个很大的挑战，因为这块地太敏感了，我面对这样的题目，首先有一个感觉是如履薄冰。这些年来，每当我们回顾一下中国的城市化进程，大家有一个共识是，中国这三十年来，经历了现代城市规划从诞生到逐步发展的过程，这个过程中，规划师的作用实在是太大了，大到了改天换地的程度。从雅典宪章到现在这八十多年来，我们有一个很重要的现象，就是我们太强调时代了，我们以时代的名义，要跟上时代的步伐，不能落后于时代，从而急迫地去学习那些代表时代的理论和实践，并迫不及待把那些似乎是代表时代的最先进的东西复制到各个城市中。而在这八十年过了之后，我们去回顾我们所处的环境，那些令我们真正骄傲的成就，也不见得就是这些模式化的产品。我们今天的人居环境比起以前，甚至变得更加危险，

对于南京这样一个有千年历史的城市，它有自己的规划传统，这不是简单地套用时代的规划套路所能办到的事。南京的老城南也是属于这样的地区，即使在世界层面，也是一个包含丰富文化的地区。对于我们的学生来说，在这样一个年纪接触这样的规划，希望大家在设计完成之后反思起来，能有一份敬畏之情，同时对自己未来的规划事业，也有一点胆战心惊的感觉，这是我特别期待的。等到二十年以后，你们的时代正要到来，同时在那个时候，中国大张旗鼓地城市化运动应当逐渐平息，而主动修复、自我整理、局部改进的规划方法应当成为主流。你们今天面对的课题，也许会给你们的终生职业，打下一个非常深的烙印，给你们一个好的启示。我觉得你们是幸运的。

刘克成

西安建筑科技大学建筑学院

为促进校际教学交流及丰富毕业设计课题来源，近年来我校城乡规划专业组织或参与了若干联合毕业设计，目前已有超过一半的学生可以参与各类联合毕业设计。在若干联合毕业设计中，由中国城市规划学会指导的六校联合毕业设计无疑是水平最高、难度最大，也是师生收获最多的。我校的办学条件相对较差，教师队伍过于年轻且血缘结构较为单一，参加联合毕业设计有效地改善了上述问题，使学生获得了更好地学习机会。在与高水平院校师生及点评嘉宾的交流过程中，老师和同学们认识了自身的不足、明确了前进的方向，也收获了自信——这是最重要的，联合毕业设计不是竞赛，只是一个有助于教师、学生不断提高的教学活动。在过来的两届联合毕设中，中国城市规划学会组织大量行业精英参与指导；清华大学、东南大学精心准备了富于挑战性的课题并有序组织了各个调研、答辩等环节，使每一位参与的老师、学生感到温暖、充实；各参与院校师生齐心协力，尽情展示着各校风采，使交流富有成效。明年轮到我校出题了，我们会认真做好各项工作，努力确保六校联合毕设的精彩延续，也希望西安能给大家留下难忘的记忆。

段德罡

西安建筑科技大学建筑学院

我们这样一个联合毕业设计的方式给我们不同学校的学生提供了一个互相交流的平台，使同学们不仅受教于本校的老师，而且受教于整个平台上的各位老师和点评嘉宾！

这次的题目出得很不错！它使我们有机会关注到空间表象背后的社会属性。因为我们的空间设计应该不仅仅着眼于空间品质本身，更应关注空间中活动的人群。这样做确实有一定的难度。它在内涵方面存在两大挑战，首先是理念的挑战。如果说社会的动力和活力来自于多元的社会人群和社会层次，而社会人群和社会层次又需要依托于相应的社会空间，那么，多样化的社会空间就显得尤为重要。之所以我们现在强调城市物质空间多样性的价值，就是因为它承载了社会群体的多样化以及社会的活力。但挑战来自于哪里呢？挑战来自于在社会经济变化过程中，社会结构已经发生了很大变化；第二个挑战来自于规划设计方法。我们的方法是城市设计。和建筑学专业所不同的是，城市规划专业通过城市设计的方法来完成这一题目，得出的空间设计的结果应该不仅是人文的、感性的结论，而更应该是理性的、逻辑的结果，它将成为开发建设的控制要求。

杨贵庆

同济大学建筑与城市规划学院

东南大学作为本季联合毕业设计的东道主，选取美丽的六朝古都南京为研究对象，以《城墙内外——生活·网络·体验》为主题，内涵丰富，充满哲理，极具挑战性。多次的实地考察，不断的研究和探索，同学们终于从最初的迷茫中逐渐理解了主题的深刻涵义。他们从南京的城墙内外中，解读到了历史与文化的厚重，感受到了生活与精神的丰富，体会到了现代与时尚的活力，并成为他们满含激情完成设计的动力与源泉。

今年是六校联合毕业设计的第二季。第一季的成功举办，极大地激发了同学们本次的热情参与和全力投入。当在6月的骄阳中，师生们三个多月日夜兼程的努力和付出终有所获时，我内心充满感动，我为学生们所取得的成绩感到自豪与骄傲。

感谢各校同学们在六校联合毕业设计这个大平台上的精彩展现，在你们身上看到了中国城市规划的美好未来！感谢中国城市规划学会的大力支持！感谢东南大学和西安建筑科技大学为本季联合毕业设计成功举办所有的辛勤付出和周到安排！感谢各位老总，专家和老师们的精彩点评！明年再见！

夏　青

天津大学建筑学院

陈　天
天津大学建筑学院

2014 年城市规划六校联合毕业设计从六朝古都南京开始，在具有 3500 年历史的西安落下帷幕，来自六所高校的学子们向人们展示了通过团队的辛勤工作、独特创意及精巧构思所完成的规划成果。当今中国，历史城市的复兴已经成为城市发展中的难点与热点问题。南京老城南地区具有典型历史城市的演化特点，近二十年来，这座历史城市的城墙内外在经济发展的大潮中出现明显的落差，历史街区面临区域产业结构调整与社会结构变化的冲击，市场经济助推土地价值的快速攀升提高了旧城整治的门槛，像国内大多数历史城市一样，老城南地区面对的是颇为尴尬的境地。

可喜的是，六校的同学们充分运用其所学专长迎接了这项挑战。在三个多月的紧张工作中，全面系统地研究剖析了基地现状问题，运用富有创意的构思与专业手段就老城南地区的整治规划提出了各具特色、颇具前瞻性的规划设计方案。各设计方案或结构严谨，或构思缜密，或创意大胆，或系统清晰，或诗意浪漫，或表现丰富，不一而论。在指导教师的辛勤指导下，各团队以不同的方案为人们呈现了老城南从历史城市到绿色、生态与文化、历史共融城市的未来愿景。通过此次教学交流活动，可以看到横向校际联合毕设对各校师生的专业交流互动以及高水平人才的培养都具有重要的意义。当然，我也希望未来的联合毕设针对专家评委所提出的不足有所改善和提升，比如毕业设计应该更加结合国家的宏观政策导向，设计成果在工程技术层面的表达更加专业规范等等。期待明年的联合毕设更加精彩。

李津莉
天津大学建筑学院

烟花三月里六校的师生们汇聚在南京，再次鸣响了城市规划专业六校联合毕业设计的铃声。在"城墙内外——生活、网络、体验"这一题目下，各校师生深入老城南的每条街巷、每个角落，考察城南的人与物，研究她的生长脉络，畅想她的未来发展。面对这样一个近 20 平方公里范围，地处特大城市历史地段之中，涉及历史、文化、社会、经济、环境等多方诉求的项目，复杂性高、难度大。学生们从初始老城南的兴奋，到发现矛盾问题的困惑，再到寻求解决路径的审慎，从最初试图全面解决问题的宏大思路，转向寻找可掌控的城市空间作为切入点，以最富特色的城河体系为纽带，以丰富典型的片区空间街巷为联系，寻求可行的规划策略与技术手段，构思了诸多富十创意的城市系统和节点设计，从不同视角、用不同方法诠释了老城南的规划愿景。

经受了毕业设计的折磨、历练与升华，从每一次的集中汇报中感受到点评专家们的幽默和智慧，各校老师们的睿智和用心，更重要的是烘托展现了学生们的努力与坚持、严谨与扎实、圆熟与全面、活跃与创新的未来规划人的风采。相信每一个经历者，无论是学生、老师、专家、领导都会被毕业设计过程中洋溢挥洒出的激情所感染，感触良多收获巨大。

即将毕业走出校园的同学们，终将记住青葱岁月里共同走过的老城南的规划经历，以此为终点更是起点，祝愿你们开启前程似锦的规划新旅程！致青春……

张　赫
天津大学建筑学院

匆匆半年，短暂而忙碌，却留下了很多难以忘怀的记忆！还记得冬天第一次到南京，选地踏勘，感受老城南的生活；春日里领着叽叽喳喳的同学们，深入体会江南的人文情怀；初夏时节，再到南京领略各校师生的风采。一切都是那么历历在目！这样一个开放而活跃的平台，给了同学们画上本科学习阶段最精彩篇章的最好舞台！也不禁让我想起了十年前的自己，羡慕他们所经历和拥有的这段时光！这些日子里，看到了他们固执己见，争执不下，也看到了他们互相鼓励，携手同行；看到了他们嘻哈玩乐，释放青春，也看到了他们一丝不苟，熬夜不倦；看到了他们奇思臆想，漫无边际，也看到了他们相互借鉴，各取所长。总之，这一段带给他们的团队协作，相互交流，坚持特色等等，相信一定都会成为他们今后在规划人生路上的财富！也相信他们的未来会更好！当然，也要感谢东南大学的老师们，用这样一个复合的题目给了各校同学们展示特色的机会。感谢各校的师生们共同带给大家的精彩。感谢西建大老师们为最后成果交流付出的辛苦，相信明年的联合毕设一定会更加绚丽！明年，西安见！

王　峤
天津大学建筑学院

指导六校联合毕业设计是一段难忘的旅程，这一站在南京。这一次旅程，我们从地图出发，用双脚丈量街道的尺寸，用身体感受空间的氛围，更深地理解了南京这个温婉内涵的城市。在这个过程中我看到了学生们初次调研中的期待与欣喜，与老师之间热情洋溢的讨论和火花碰撞，在遇到瓶颈时候的沉默思索，完成成果中的不分昼夜，终期汇报前的兴奋与紧张，以及设计结束后的放松和疯狂。在这个过程中，收获更多的是我们曾经非常认真的对待过，同时也非常坦然的享受过它给我们带来的欢喜和忧愁。

通过此次设计，不仅将学生与指导教师之间的距离磨灭，还搭建了六校师生之间相互交流的无距离平台；同时，特邀嘉宾及各校教师的精彩点评不仅分析指出了设计中的不足，还分享了规划行业的从业经验，并引导学生们对于中国城市的发展未来、城市规划师的价值观等问题进行了深入思考。

　　对于城市规划学科的发展来说，存在一个重要的理论认识：建筑空间的组织类型要能够与当前和未来的社会需求发展相一致。对于处于社会快速转型背景下的城市规划学科来说，在掌握建筑空间组织基础知识的同时，有意识地引导学生探索物质空间结构与未来社会需求的发展方向相适应，有着非常关键的现实意义。本次教学活动提出了"生活•网络•体验"三个大的命题，并选择南京城南周边这一具有相当复杂的社会、经济、文化和生态背景关系的地区作为研究区域，很好地检验了六个学校同学在以前五年积累的学习能力和知识结构。从教育应当服务于社会需要来看，训练学生拥有扎实的规划设计基本功固然至关重要，培养学生强化以问题为导向的工作方法、理性而灵活地运用各种规划构想则有着更加面向未来发展的内涵。中国的城市将长期经历快速而深刻的转型过程，衷心希望同学们能够结合本次学习经历，在未来的职业发展中更好地锻炼自己，更好地服务于社会。

易　鑫
东南大学建筑学院

　　这是一个超难的题。可是除了这个题，在南京这座城，似乎也很难设定其他的"具有南京特色"、在全国兼具独特性和代表性的题目了。这个题，极其本土，也极其国际。"城墙内外"，其载体是物质空间的城内和城外，但思考的重点应是城市发展理念的转型、城市发展策略的创新。"内"与"外"，是对立的，也是统一的。正如其他似乎相对的名词和概念，"保护"与"发展"、"存量"与"增量"、"GDP"与"社会和谐、生态环保"。在种种矛盾之间找寻平衡，是如此困难，何况对于只接触专业五年的毕业班同学。令人欣喜的是，我们看到了六校师生基于认真研究基础上呈现出来如此丰富多彩的思考、策略和方法。审慎的研究赋予创新以价值，多样性的成果赋予交流以意义。没有唯一的答案，却有无限的可能。

王承慧
东南大学建筑学院

　　今年的六校联合毕设题目是"南京城墙内外：生活•体验•网络"，挺难的题目，同学们虽历尽艰苦，但做得有声有色，成果得到大家的一致认可。这是对同学们五年城市规划专业学习的总结和鼓励，更是未来专业经历的一个重要起点，因为在这次毕设中，同学们更深刻地认识到生活是规划的目标和起源，体验是规划的过程和重点，网络则反映规划主客体的互动和博弈。规划不是墙上挂挂的美好蓝图，而是对特定环境中的人的活动和空间的诠释，并提出适当的发展策略。我想同学们在本次毕设过程中已经逐渐理解这一点。祝贺大家，也感谢所有评委、指导老师和同学们的努力，期待明年在西安的精彩。

孙世界
东南大学建筑学院

　　本次联合毕设活动把六校的老师和同学再次凝聚在一起，使校际间交流扩大延伸至整个教学过程；其作为对学生本科阶段综合能力的全面考查及走向社会参与实践的最后一课，无疑因"六校联合"而丰富精彩，让参与其中的我校师生均受益良多！从南京的前期调研到中期讲评、再到西安的期末汇报，三次聚首加深了六校学生间的相互了解与理解，有了更好的交流和展示机会，大家承认差异并共同进步；学生们有机会接受来自业内知名专家学者的精彩点评与指导，接受来自不同学校老师的悉心指导和同学们之间的相互学习，这极大的开阔了眼界，激发了专业学习兴趣，激励了学术理想。本次的题目"南京城墙内外：生活•网络•体验"，因其人居空间环境的独特发展模式及人文意义，使得同学们有机会认识到人居环境营造的深层关系，更好地理解专业的目的与方法。这次活动的成功举行得益于东南大学的精心组织和细致工作，得益于中国城市规划学会的学术支持！感谢学会，感谢东南！感谢参加六校联合毕设的全体师生！期待我们明年在古城西安的再相会！

王树声
西安建筑科技大学
建筑学院

　　从南京的开题聚首到西安的汇报答辩，作为一名青年教师，我又一次从其中收获良多！六校联合教学模式无疑是城乡规划专业本科教育的一次积极而有益的探索，为我们提供了与其他学校交流教学思想、指导方法的宝贵平台。本次围绕"南京城墙内外：生活•网络•体验"这一特殊而极具挑战性的题目，充分激发了师生的学术思考，并培育了我们对于规划"根脉意识"之关注，其深刻提醒着我们在日后需常怀敬重之心进行规划学习及实践！透过本次六校学生的表现，也再一次令我感受到了各校的教学特色，进而取长补短。非常感谢组织本次活动的东南大学，感谢城市规划学会的学术支持，感谢各校的师生，期待我们来年在西安的再次相聚！

李小龙
西安建筑科技大学
建筑学院

217

　　非常感激东南大学能够组织本次的六校联合毕业设计，作为一名青年教师，在本次毕业设计中，一方面是带着学生在一起讨论交流，教学相长；另一方面是跟着兄弟院校各位名师的近距离学习，获益匪浅。"学，然后知不足，教，然后知困"，我学到了很多，也感悟了很多，在这个舞台上促使我们发现差异、理解差异，在差异中自我思考、自我判断进而自我提高。最后感谢主办方的悉心安排！也感谢兄弟院校各位老师的真诚交流！

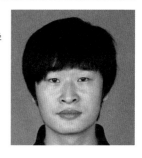

严少飞
西安建筑科技大学
建筑学院

包小枫
同济大学建筑与
城市规划学院

"南京城墙内外——生活、网络、体验"选题很好，具有南京特色，而且难度较大，富有挑战性，同时又蕴含丰富内涵，有想象空间。六校结合自身教学组织特点，释题应对，有的分组分片深入研究，有的探索在一整体大结构下分片深入，更多的则选择以老城南片区为重点，从不同的角度深入探究，形成丰富多元的毕业设计成果，达到很好的毕业设计教学交流目的。

规划设计应该寻求整体统一与多元丰富的平衡。因此在整个毕业设计过程中，整体与局部、理性与感性、现实状况与理想愿景、团队协作与个性发挥，这些关系的把握，考验着我们每一位参加联合毕业设计教学的学生与老师。可喜的是，经过同学们的努力，成果令人满意，同学们表现出来的激情活力、能力与想象力，令人印象深刻。当然，规划师不是万能的，不可能要求通过同学们的毕业设计解决基地内的所有问题，而重要的是培养同学们针对选题，思考、分析、研究、应对的能力。在联合毕业设计三个阶段的教学环节中，同学们的这些能力得到了很好的锻炼，为职业生涯打下良好的基础。

田宝江
同济大学建筑与
城市规划学院

总结这次毕业设计的最大收获，我觉得主要有两个方面。一是充分体现了"联合设计"的魅力和价值。六校师生通过本次联合毕业设计，相互交流、互相学习、促进和提高，彼此也结下了深厚的友谊。各校的风格也体现的十分突出，都给我们留下了深刻的印象，同济也保持了一贯的注重规划整体框架建构和分析逻辑的演绎。同学们通过联合设计的交流，取长补短，融汇提升，到毕业设计结束时，能够切实感到同学们在各个方面取得的可喜的进步。第二个方面的收获，是我们通过联合设计，更加坚定了注重方法论导向的教学理念，不仅仅着眼于某个具体问题的解决，而是让同学学习、掌握一套分析问题、解决问题的方法，以及明确规划的工作过程与程序，切实提高解决实际问题的能力。

联合毕业设计至今虽然只举办了两届，但它的优势和吸引力已经非常显著地体现出来，下一站已经转到西安建筑科技大学，大家对明年的联合毕业设计充满期待，让我们明年古都西安再见。

李和平
重庆大学建筑城
规学院

南京老城南，传统文化与现代生活交织、旧城肌理与新区格局叠置、历史保护与经济发展并存，是一个要素多样、问题复杂、矛盾突出的城市场所，这使得本次规划设计具有非常大的难度，也充满了挑战。六个学校的学生从不同的视角观察和透析老城南的问题与矛盾，从宏观、中观和微观层面对该地区进行了富有创意的规划设计，提出了理想化但是却充满想象力的老城南更新发展路径。这次联合毕业设计是对学生五年专业学习的检验、提升和总结，表明了同学们已经扎实地掌握了城乡规划的理论、方法和技术，为走向社会做好了准备。

特别值得欣慰的是，从同学们毕业设计成果可以看到他们的规划价值观：关注历史、关注文化、关注生态、关注环境、关注社会、关注弱势群体，为"人"而设计城市，为公众利益和长远利益而设计城市，这正是城乡规划学科需要坚守的信念，也是我们规划教育的根本。同时，我们也深刻地感受到同学们的专业热情，这种热情是责任感和使命感的体现，将激发他们在今后的工作岗位上为城乡规划事业的发展做出积极的贡献。

戴　彦
重庆大学建筑城
规学院

历史城区更新历来是富有挑战性的规划课题，具有复杂性和综合性特征。作为我国历史文化名城的一个缩影，南京老城南地区面临着历史保护、产业更替、文化再造、解贫脱困等一系列问题，凸显了我国在快速城市化过程中，保护与发展、传统与现代之间的深刻矛盾，需要我们秉持系统开放的观念和融贯综合的方法予以破题。一方面必须有原则和底线意识，认真研究需要从外在和内涵上加以保护的系统和要素，以传承历史记忆，延续城市文脉；另一方面又必须结合时代需要，在保护的前提下，充分开发利用历史资源，通过整体复兴策略，实现产业更替，促进空间优化、推动地区发展。

传统的规划教学重视空间训练，虽利于培养熟练的空间设计师，但也易造成见物不见人的"空间规划万能主义"的观念倾向。如何评价和明确老城南地区在南京乃至整个华东地区的现实定位，如何分析和认识历史空间保护行为下的文化支撑和产业运作，如何理解和协调老城南地区内不同收入水平和文化程度人群的利益诉求，并不仅是单纯的空间设计可以解决的。令人欣慰的是，同学们都努力突破自己所熟知的专业领域，以人文主义的情怀，综合运用各种手段来开展工作。不管答案是否成熟，都是团队协作与个人努力的结果，值得自豪与铭记。

大学，特别是像清华这类综合性大学，学校教育传授的是什么？大学教育应该传授科学研究的哲学思想和方法论，应该传授为谁服务、如何服务的价值观，以及这种价值观下如何开展研究，怎样进行研究的方法论。从本年度城乡规划专业本科六校联合毕业设计的中期以及最终成果汇报、展览中，我看到了同学们在为谁规划，如何规划，以及怎样规划等规划的认识论问题上所做的思辨努力；看到了同学们针对规划设计地段的各类问题所做的科学探索，取得的进步。同学们学到了很多，思考了很多，表现了很多；老师们也付出了许多心血，做出了巨大努力。

城乡规划专业需要有人本主义，需要有为全体中国人民服务的精神追求，需要有在追求解决问题的效益效率目标下，因地制宜、发现关键问题的创造能力，以为项目所在地人民服务的积极激情，发现、抓住重点问题，提出解决问题的策略和措施，并加以实验、验证，以证明策略和措施的科学性、合理性。希望同学们把六校联合毕业设计中学到的、看到的、用到的，都积极地、有意识地加以消化积累，运用到将来的工作实践中去，发扬光大，取得更好的成绩。

吴唯佳
清华大学建筑学院

这次的毕业设计题目具有相当的挑战性。南京城南问题的复杂和广受关注是众所周知的，关于城南地区的研究、规划设计，乃至毕业设计，之前都有过许多的尝试，目前的实际工作也正在一点一点地摸索中进行，其复杂与困难可想而知。这样的一个涵盖21平方公里范围的题目交给这12个建筑学背景的同学，称其为挑战不为过。

在整个过程中，同学们从建筑学的视野转向城市规划，在材料搜集、数据分析、制定策略等方面一步一步前行，看到了他们对复杂问题刨根问底的坚持，也看到他们在观点争执中的针锋相对，还有在最后的成果和动画制作时的创意与激情，这些最后不仅仅汇聚成为他们对这个题目给出的解答，也为他们的本科学习画上了圆满的句号。

三个月的时间并不长，但我相信对于同学们来说这是一次难忘的经历，不仅仅是开展研究、进行设计的过程，和其他学校的交流、聆听吴先生的指导，这些都对他们未来的学习和工作有着积极意义。其实，这也是教学小组一次难忘的经历，如何组织毕业班的同学们进行团队工作，激发每个人的热情，通过这次教学积累了宝贵的经验。

黄　鹤
清华大学建筑学院

古老的南京拥有太厚重的历史和太复杂的现实，在老城南的规划图纸上，任何一个微小的变动都须审慎斟酌；而我们的学生太年轻，未经世事，尤其是建筑学背景的学生对规划行业尚且懵懂，却要仅凭16周的触摸感知就对她"品头论足"、"指手画脚"；这是一种强烈的反差，却也是一次令人期待的旅程。

因此对他们而言，这个毕业设计毋宁说是一次新的"学习"：学习一座不熟悉的城市和她的历史，学习一种不熟悉的工作和研究方法，也学习一种面对挑战必须克服战胜的人生态度。在学习的过程中，历史是极为有效的切入点。我们从南京的历史中了解它的演进生成，认清今天的现实与矛盾，透视每一块土地的禀赋资源，也看到它们未来的前景和方向。这个题目恰恰为我们探索基于历史研究方法的旧城更新问题提供了一个极好的机会，在教学中我们因此特别重视引导学生从这样的视角认知城市并开展设计。

古老的城市当然需要新鲜的理念，但必须对历史文化保有最基本的尊重；同样，我们的学生在如饥似渴汲取新知识、新技术、新理念的同时，也须认识到这种对历史的尊重，归根结底是对人的尊重与关怀，是极珍贵的。毕业后的他们可能成为职业规划师、建筑师，也可能踏上完全不同的旅程，但这种态度和方法将使他们永远受益。

孙诗萌
清华大学建筑学院

南京六朝古都、钟灵毓秀，城南地区又是南京历史文化资源极为富集、传统风貌保持较好的地区。选题地段深厚的文化气息与鲜活的市民生活，使我们在面对设计题目之时始终怀着敬畏之心。明城墙、秦淮河、夫子庙、白鹭洲、凤凰台、众多的名人故居以及人们其中的多样生活，无不在提醒我们在设计中珍视这一切，并努力将其传承下去。同时，城南部分地区拥挤的人口、不平衡的产业、不完整的城市艺术骨架，种种问题则使我们必须不断创新，不断在现状限制的条件下思考解决途径。我们的整个设计，正是出于传承与创新的目的而做出的对城南地区的思考与探索，希望最终呈上的成果，能够于此有所反映。

作为一名初次指导学生的教师，对个人而言亦有诸多收获。与同学们朝夕相处近半年，教学相长，为他们的每一点进步而高兴，更为他们的奇思妙想所激励；与六校同仁广泛交流，相互学习，更有对某些具体问题的深入探讨，收获颇丰；清华教师团队精诚合作，吴良镛先生、吴唯佳老师、黄鹤老师与孙诗萌老师使我同样受教良多；此外，通过这次联合设计，对南京有了更多角度与层面的观察，更为深入细致的了解与思考，也就对这座城市有了更多的热爱。

周政旭
清华大学建筑学院

天津大学建筑学院

唐婧娴

此次六校，走金陵，下苏杭，赴曲江，登宝塔，辗转于图纸上的城市，赞叹或婉约或粗犷，或厚重或时尚的性格魅力，当然少不了天南地北的美食和风光。六校是一个窗口，可见白首的前辈，寥寥数语，平淡中有对规划一生的执着；可见行业巨擘，旁征博引，理性中不乏人文的关怀；可见杏坛风华，质朴守拙，引领着还未经历练的我们；可见同辈济济，当仁不让，逻辑架构、切入视角、知识背景、表达方式、创新思路等各有千秋，对笔者而言，无不是一种冲击，一份激励。反躬自省，自身更应注重合作、坚持、等待。修道之路且长，唯无他，上下而求索。

姜　薇

加入这次联合设计组很大程度上是受到探索南京城的好奇心驱使，而老城南果然没有让人失望，并且展现出了令人吃惊的多面性与复杂性。对她历时三月的不断思考与挖掘，我们已经能够将自己置身其中，去想象、去感受、去品味，并努力尝试去延续她独特的生活味道。四年多以来，习惯于将自己隔离起来去思考去做事，终于在临别的几个月中感受到了合作的力量，惊异于人的差异之巨，更体验到了思维碰撞的乐趣。虽然联合毕设的过程十分辛苦，但却能不断从中发现感兴趣的点，以及自己可以学习和改善的地方，因此感到非常充实和幸运。

李　刚

从三月到六月，从南京到西安，一路走来，收获颇丰，不禁庆幸自己在即将毕业之际踏上了"六校联合毕设"这趟神奇之旅。作为一次六校之间学术交流的盛宴，现场调研、概念设计、终期汇报，每一次六校之间的切磋都加深了我对于老城南，对于城市规划的认识，并了解到不同学校各自的长处，相互学习，互补互足。设计过程是纠结而艰辛的，感谢指导老师总在关键的时候给我们指出方向，感谢合作的小伙伴们一路走来不离不弃。联合毕设是终点也是新的起点，祝愿所有六校人在今后的旅途中一帆风顺，发现不一样的风景！

王昕宇

这次六校联合毕业设计最值得回味、难以忘记。南京的山，南京的水，南京的城墙都浸透着洗净前世风雨的沧桑与厚重，而厚重之处又闪耀着江南的灵秀。从南京到西安，行走在这分居中国南北的两座千年帝都，中华文化的瑰丽、凝重深深震撼着我的心。我感到除了城市的合理健康发展外，对于城市文化与历史的传承，我们也同样肩负着一份责任。在毕设过程中，收获的不仅仅是对城市的认识、对专业素养的提升。更多的是同学一起合作中建立起的情谊和团队合作的精神。

冯小航

对南京城南的规划设计，让我再次感受到了"城市"的美好与吸引。三人行，必有我师，不同的人身上也都有值得学习的闪光之处，从团队和兄弟院校中的同学老师，到为我们点评的专家学者，他们的人格和学识无不让我感慨于学无止境。各校之间的每次交流都是一次思考成果的碰撞，能产生灵感，启发深思，独立之精神，自由之思想会是我一直坚守的学习态度。这次毕设，让我对国内的规划领域有了更多的期待；愿多年之后，我们仍能对规划，对城市，保有一颗赤诚之心。

周　瀚

学习规划专业之前，就对老城有一种情结。而本次选址于南京的六校联合毕设，正给予我无限畅想的机会。有幸参加这次联合毕设，能在这样高水平而开放的平台上诉说对南京的认知、思索和探讨，表达对老城的感情和希望。当然，在这次联合毕设中还有更多的收获。与本校八名伙伴的携手合作让我更深刻地理解团队精神，兄弟院校间的展示交流也给我颇多启发。虽然毕业在即，但别离不仅是终点，更是新的起点。愿大家珍藏这次联合毕设的记忆，在人生的征途稳步前行。

曹哲静

在决定参加六校联合设计之时，是被这次的南京城墙内外的设计主题吸引。结束最后一次西安汇报，所感慨珍惜的是三月来九人彼此交流与切磋，探讨与争论的情谊，是指导老师们兢兢业业。我们很幸运地锻炼了汇报技巧、逻辑框架的梳理与多人合作的能力。此次结束后，我们九人将踏上不同的求学道路。多年以后，当我们各自在不同的境遇中慢慢成熟回味之时，不会忘记当初的点滴是如何渗透到这样的人生轨迹。

胡翔宇

回想这几个月来的学习生活，感受颇多，收获颇丰。还记得第一次来到南京调研，短短的两天，让我看到了南京的惊喜与担忧，也深切地感受到实地调研的重要性。想要做出真正感人的设计，仅仅停留在图面上是远远不够的。接下来几个月的方案过程，我们学会了如何团队合作。我们从最初无头绪、无效率的争吵，到后来能够有条理、有计划地进行分工合作。三次交流汇报，见证了各校之间激烈的思想碰撞。六校的平台让我们充分展示了自己的风采，也看到了存在的不足。

陈永辉

六校联合毕设，对于个人，感触最深的莫过于在担任大组长过程中的种种收获。有时候过于强烈的个人意志让团队走了弯路，但每次汇报的结果都很圆满，这必然要归功于团队成员们的同舟共济以及老师们的精心指导。回顾这几个月，在这样一个多校交流的平台，不仅看见了别人，同时也从别人身上照见了自己。终期汇报结束，当我踏上火车离开西安的那一刻，不禁百感交集——别了，不仅仅是西安，还有那 8 只可爱的一起为学校的荣誉而奋战一学期的小伙伴们！祝我们前程似锦！

东南大学建筑学院

熊恩锐

这次联合设计可谓是一次试练和一场洗礼。称其试练，是因为在这样的过程中，我们必须反思运用五年来的所学所知，经历挑战，克服困境，团结合作，才能修成终期成果。谓其洗礼，是由于在走出校门，六校交流的过程中，我们能客观地发现自己的优势和局限，也能意识到自己该在哪些方面更加努力。感谢各位专家、老师和设计团队——你们让这场盛宴多彩而深刻。感谢易老师、王老师、孙老师——你们让我在最后一年又成长了很多。感谢共同努力的兄弟姊妹——靠我们的团结，才能完成很多事情！

王乐楠

六校联合不仅仅是一个单纯的本科毕业设计，还是一次检验自己五年学习的一次大好机会，是一次和其他著名规划院校的师生深度交流的机会，我们还有幸聆听到了一批规划界大师们对我们设计的点评。这次毕业设计虽然是一次非常辛苦的过程，但是我们学习了很多，也收获了很多，锻炼了自己从调研，到设计，到汇报整个过程的能力。这些对我们本科之后的或工作，或读研的职业生活来说都是一次难忘的经验和记忆。感谢中国城市规划学会对于我们这些规划界后辈的大力支持。

李　琳

作为景观专业的学生，这是我第一次接触城市规划设计。在本次毕业设计中，我学习到了如何运用系统性、逻辑性的思维，分析土地利用、空间结构、交通疏导、人群活、产业分布等要素并推导出合理的策略，解决城市中的矛盾与问题。我也深深感受到八个人作为一个整体的团队所付出的汗水和艰辛，以及受到各位专家认可时的欢欣鼓舞。毕业设计即是对五年设计学习的总结，也是一次新的体验。它也将成为不可磨灭的记忆。

杨　兵

参加六校联合毕业设计是一段难忘的经历．在这个平台上，是一次对于本科学习的总结，回顾梳理了五年的学习经历；在这个平台之上，是各学校之间的愉快交流，让我们看到了彼此的优势与差距，更好地激励自己不断学习进步；在这个平台之上，认识了来自不同学校的同学，结下了深刻的友谊；在这个平台之上，通过规划前辈们点评指正，让我们再一次感受到了作为规划者所应具备的专业素质与核心价值观．同时，这段联合设计的经历让自己冷静地思考了学习与生活间的关系，更好地定位了自己．在此，感谢所有为六校付出的前辈们和老师同学们，衷心祝愿六校联合毕设越办越好。

王方亮

五年的本科生活即将结束，在最后能够有幸参加六校联合毕业设计，这为我提供了一个宽阔的交流学习平台，同时也可以对之前的学习做一个总结与收尾。通过本次毕业设计，我收获了很多，从设计方法到互相协作，以及汇报展示，既总结了过去，又有了新的认识，感谢老师与队友们的支持与帮助。也许仅仅几个月的时间，我们还无法真正把握南京的愁与乐，只有对场地的深度体验才可以为设计提供更加合理的解决思路。

张涵昱

生活在南京五年，可在最后这学期在南京的六校联合毕设却让我对这座城市有了重新的认识，看似合理平淡的城市背后，通过三个月的深入研究，却交织着这么多复杂的关系，人群，交往，空间，如果没有"城墙内外：生活，网络，体验"这样的题目设定，我恐怕从来不会对自己生活这么多年的城市进行这样的思考。设计实际上是一种思考，而就在这样的思考中，我们才能进步，我们才能逐步从上帝视角转变为脚踏实地的规划。

袁俊林

很幸运的参加了参加了今年的留校毕业联合设计，第一次和如此多的优秀学校的老师学生一起学习交流，第一次亲耳聆听"大神"们的指导，这些都将会是这辈子宝贵的财富。以东道主的身份参加这次毕设，让我对生活了五年的南京有了更深的了解。同时，各个学校的同学对同一课题的不同解读以及各个学校的操作手法也让我印象深刻；清华的严谨、同济的逻辑思维、重大的空间设计与表现等等，这些都让我学到了很多，也让我明白还有很多东西需要学习。

颜雯倩

临毕业最后3个月的日子献给了六校联合毕设，在南京生活5年下来，还没细致走过的地方也借着咱们城墙这个题目好好地又熟悉了一遍。8个人的合作团队在本科几年中也没有过几次，这次设计作业却成为大家大学期间最后一次一起在工作室碌碌通宵画图的珍贵回忆。伴随越加燥热的酷暑，几个人小百天悉心准备的学术成果终于在西建大漂亮的展厅里跟着我们的五年规划学习生活一起画上了热烈的句点。

西安建筑科技大学建筑学院

王　良

五年大学生活，在这个充满复杂感情的毕设后画上了一个完美的句号，首先要感谢这次联合毕设中，三位老师的悉心指导，同时还要特别感谢小组内的其他四位成员的共同合作，让我们这个小团队取得了圆满的结果，而我从中也学习到很多。

毕设从三月份的南京调研开始到六月份的西安答辩，历时四个月，我们一起调研，一起画图，一起包夜，一起汇报，有默契，也有争论，但最终我们还是齐心协力完成了让大家满意的成果。感谢你们！

最后感谢五年本科学习中所有我的同学和老师们。毕业设计是本科学习的终点，但也是未来学习的新起点。驻足片刻，继续奔向更远的前方！

王　恬

毕业设计作为大学最后一个课程作业，是对五年来所学基础知识和专业知识的综合应用，是再学习、再提高的过程。这次有幸参与了六校联合毕业设计，无疑对我自身是很大的挑战。一个开放性极强的题目下包含着基地老城南诸多的价值与问题，需要思维的深度与广度，以及一定的规划素养。但辛苦的经历是值得的，我了解了各校的特色，渐渐明晰了研究性课题的思路、摸索到自我学习的规律方法。更重要的是，我感动于过程中富有激情的老师们，他们给了我梦想。作为未来研究生的我，会继续努力。

卓文淖

回想这三个多月的毕设，一路走来，感受颇多，不断穿梭在西安南京两地，对老城南的认识也在不断加深，在各位老师的点评中我们寻求设计的灵感，在不断的反复中走过来，有过失落，有过成功，有过沮丧，有过喜悦，但是现在这些都不重要了，重要的是一路走来，证明了自己同时也发现了自己。

在设计的过程中，我们通过仔细聆听老师的指点，同时自己不断领悟，不断学习，不断进步。对于这一次的毕业设计，我感觉收获颇丰。同时也有一种小小的成就感，因为自己在这项任务进行的过程中努力过了，最终也有一个很好地收获。在以后的工作中，我们也应该同样的努力，不求最好，只求更好。同时感谢我们的指导老师和一起合作的同学在这过程中对我的帮助。

刘　硕

经过几周的奋战，我们的毕业设计终于完成了。在没有做毕业设计以前觉得毕业设计只是对这几年来所学知识的单纯总结，但是通过这次做毕业设计发现自己的看法有点太片面。毕业设计不仅是对前面所学知识的一种检验，也是对自己能力的一种提高。通过这次毕业设计使我明白了原来自己知识还比较欠缺，学习是一个长期积累的过程，在以后的工作、生活中都应该不断地学习，努力提高自己的知识水平和综合素质。

在此要感谢三位指导老师对我们的悉心指导，感谢老师给我们的帮助。在设计过程中，经历了不少艰辛，但收获同样巨大。虽然这个设计做得不够好，但是在设计过程中所学到的东西是这次毕业设计最大的收获和财富，使我终身受益。

刘　佳

这次六校联合给我了很多感触。首先是感谢，感谢这个活动的发起人和主办院校，为我们提供了这样一个难得的交流机会，感谢我们的指导老师，让我们在本科的最后阶段有了一个新的提升。关于这次的课题，我们真的学到了很多。南京动人的美打动了我们，我们的情绪随着对老城南的挖掘不断起伏着。这是本科阶段我接触到的最有血有肉，怀抱感情才能去做的一块地。它告诉我规划不是冷冰冰的图纸，而且为一块地和它承载的人民祈福。最后，能有幸在本科阶段就接触到这么多专家大师的机会并不多，这次得以实现，很激动！从他们的点评中受益良多！希望以后这样的交流活动可以向低年级发展！让规划大家庭的每一位成员都能愉快的成长！

同济大学建筑与城市规划学院

章丽娜

能够在毕业前夕能与其他六校同学一起进行一次联合设计，是一次宝贵的人生历练。在此过程中，不仅是对本科阶段五年专业知识的融会贯通，更是开阔了自己的视野，在与老师同学思想交流碰撞的过程中，学习了新的研究方法，了解了不同的研究思路，开阔了自己的视野，收获颇丰。感谢主办方提供的机会，两位指导老师的悉心指导，共同奋斗的小伙伴们，以及可爱可敬的联合毕设参与院校师生们，让我们带着此次的美好回忆共同进步。

谢　航

感谢老师、嘉宾和同学们为我的人生抹下浓墨重彩的一笔！在走向社会之前作为学生最后一次表达自己稚嫩想法的时候，我遇到了六校联合毕业设计，我遇到了南京老城南。六校联合毕业设计令我大开眼界、受益匪浅。嘉宾的点评引我思规划师的价值观，老师的指导让我学方法、知识和做人的道理，同学的展示令我看各个学校的特点，认识自身不足，有了兼收并蓄的机会。南京老城南引我深思。不复存在的是产生古城肌理的土地私有及乡规民俗的社会经济条件，取而代之的是土地公有制及政府开发商主导的开发模式。我思：这一代人如何不再犯错；这一代人如何承担错误；这一代人究竟如何创造。未来的路任重道远。

卜义洁

横跨南京、上海和西安三座城市的设计课程，作为本科生和业界专家学者面对面交流，结识东西南北的朋友，无疑是最特别最有收获的一次学术旅行！非常荣幸和幸运参加了六校联合设计。在这次设计中我研究了小微企业的概念内涵、创意产业的发展新趋势将夹缝空间的有效利用，尝试了自己对生活网络体验主题的理解在设计中贯彻，感谢各位专家和老师的悉心教导和启发。特别感谢各位指导老师和一起奋斗合作的小伙伴们！

吴雨帷

很荣幸参加六校联合毕业设计，使我能有机会与来自各个学校的同学交流，领略各校风采，取人之长补己之短。同时，联合毕业设计期间的交流汇报和短暂旅行使我感到忙绿并快乐着，在生活学习之余得以体验到各地风土人情，而从另一个角度，这种生活和体验也不断完善着我们的设计。正如此次联合毕业设计主题：生活•网络•体验，当我们在城市中亲身生活与体验，才能更好感受城市，了解她的问题和需求。

感谢包小枫和田宝江两位老师在毕业设计期间给予我耐心指导，使我在专业水平及表达能力上得到提高。感谢我的组员，在整个毕业设计期间给予我学习和生活上的帮助。在我遇到问题的时候，乐于为我解答；遇到设计瓶颈的时候给予我建议和启发。

彭　程

毕业设计是对五年来学习的总结，在我们每个人的学习生涯中将是里程碑般的存在。而六校联合毕业设计于我们而言是一个更为难得的平台，在这个平台之上，我们展示了自己学习的成果，同时也相互交流，共同进步。本次设计课题带给我们的收获是多方面的。课题本身所聚焦的地区是南京的特色片区，其需求与问题的体现让我们认识到城市发展过程的兴衰，认识到了作为城市规划工作者的任重道远。在这个过程中，我们不仅领略了古都的风貌，更受到了学术的洗礼。

庞　璐

如果说我们是正准备起飞的幼鸟，那么六校联合设计即是幼鸟们离开大学前最后的一次盛宴。在这场五彩斑斓的宴会上，我们能有机会与其他院校的伙伴们相互切磋技艺，从彼此相识、相知到最后分别的依依不舍。俗话说，天下没有不散的宴席。虽然，我们终将在旅途的终点挥手惜别，但是，我们都将铭记旅途中留下的每一样回忆。这些点点滴滴美好的曾经，早已深深地埋藏在我们每一位学子的内心，发酵、酝酿、回味无穷……

徐晨晔

能在五年本科生涯的最后一学期来到更大的平台上参与课程设计，感到非常幸运。走出同济，六校联合毕业设计让我们看到了更广阔的天地，不同的思想的碰撞，让我重新反思起自己五年来的建立起的知识架构。对老师们、对主办方、对小组里的伙伴们的感激不再多说，希望六校联合设计能一直办下去，让更多规划学子们从中受益！

王　俊

很荣幸能经历这次六校联合毕业设计，让我得以深入地了解了南京这座城市的历史、文化、生活和空间。南京的城墙、南京的梧桐、南京的生活让人印象深刻；东南的热情，秦淮的美食，玄武湖得到风光让人流连忘返。经历数次评图，得以看见其他学校的成果，也使我从中拓展了视野，了解各校风格的差异，了解自身的欠缺也更加看见了我们的所长。愿秦淮风情常在，愿城南活力复兴，也祝愿经历联合毕业的诸君学术更加精进。

重庆大学建筑城规学院

吴　骞

在本次设计与其他 11 位本校同学和其他学校的同学们在同一课题、同一场地下探索城市问题的解决方案，将五年的收获集聚起来，总结了本科的学习，也了解到了自身的不足，逐渐开始意识到学校学习与社会实践的差距，同时也感受到自身的成长，和从学生到行业人员的慢慢转型。

曹越皓

在老城南这样一个有着厚重历史，无限机遇的片区中，我学会了如何尊重历史与传统，以一颗谦卑的心去对待城市和城市里面的人。在设计过程中，我们不断地进行着思辨、交流，在六校联合毕设这样一个广阔平台上，我们认识到自己的不足，看到其他学校的闪光点，沐浴到规划界前辈们智慧的灵光。

王皓羽

一场欢乐、充实，且苦累的毕设行程结束了。很庆幸参加六校联合毕业设计组，为五年的学习画下一个"未完的"句号。在这段行程中，12 个人相互促使着共同思考问题。这样集中的思维训练，这样 12 人拧成一股绳带来的团队荣誉感，让我由衷地感谢这次毕设机会。对我来说，受益长远。

朱红兵

很荣幸有机会参加这次六校联合毕业设计，并能听到城市规划学界各位前辈、大帅的点评，让自己学习到了很多知识，成长了不少。我认识到：想要作为一个好的城市规划师，要将我们的城市建设的更加美丽，最重要的是要关注到生活在城市中的人群本身；一个城市要想有自己的特点和精神，就要将城市自己的文化融入城市生活中。

谢　鑫

用六校联合毕业设计来结束大学五年的本科生活是幸运的，在充实与快乐的设计过程中，对规划有了新的认识。通过与其他学校的交流汇报和专家的点评，学到了不同的规划方法，了解到了其他学校的规划体系，开阔了自己的眼界，也认识到了国内的规划现状。六校联合毕业设计让自己受益匪浅。

朱　刚

毕业设计作为本科阶段的最后一个环节，六校联合交流设计的过程是对我五年所学基础知识和专业知识的一种综合应用。各校特色鲜明，各种思想在这里汇集。专家的点评更是点醒了处于毕业迷茫期的我们去真正关注城市背后的故事、去关注生活在那里的人。这更让我反思城市规划到底能做什么，该做些什么。

杨文驰

一座城市的文脉延续，不仅仅是在表象的历史遗产保护这一层面，我们需要对城市文脉的本质有更深的认识。一座城市的灵魂在于居住在其中的人与他们的生活，只有通过延续特色的城市氛围，关注本质真实的城市生活，才能让一座城市的文脉不加掩饰地自然流露，也才能让一座曾经辉煌过的城市继续辉煌下去。

刘雅莹

通过六校联合毕设的交流学习，收获了许多专业知识的同时也深刻了解到作为一名城市规划师职责所在。"用更开阔的视野去看待问题，用更广阔的思维去解决问题"是在联合答辩中最大的感触。也非常感谢规划界的前辈们中肯而犀利的点评，让我们能够及时纠正自己的不足之处，路漫漫其修远兮，吾将上下而求索。

甘欣悦

这次毕业设计学到最多的就是怎样完成多人合作的设计，这次有了一个很好的机会进行合作，也让自己充分认识到了自己的优势和弱点。再有就是学会了如何通过汇报来完整呈现自己的方案亮点。最后要感谢指导老师和同学三个月以来的悉心受教和共同努力，因为有你们我成长了很多。

李弈诗琴

本次课题选择了南京老城南这样一个状况复杂的片区，能做这样一个课题本身就是一种荣幸。而通过南京老城南这块历史悠久、文化深厚、矛盾突出、问题复杂的用地的研究与设计探索，我懂得了我们应以谦卑的姿态来观察城市、理解城市，向城市的历史、城市的传统、城市的文化学习。我们应该以一颗敬畏之心对待真实的城市、真实的人、真实的生活，做一个有责任感的规划者。

吴　璐

通过学校间的交流开阔了我的眼界，并意识到各个学校教学侧重点的不同，也发现各有所长，都值得学习；同学间的交流给予我颇丰的收获，让我在学习的同时，与大家建立了更加深厚的革命友情；整个毕设过程也不断地激发着我的思考，让我了解自己在专业知识欠缺的还很多，更让我意识到真正作为一名规划师应当建立的人本和科学价值观。

夏清清

我感到非常荣幸能够参加六校联合毕业设计。能够与其他几所高校进行方案交流，学习不同学校的设计思考方式，也得到了专家们的深刻点评，我觉得联合毕业设计很有意义，对我们未来的学习、工作都有很大帮助。毕业设计之后，最大的感受便是剖析城市核心问题的重要性，抓住城市核心问题，努力从社会学、生态学等各角度尝试去解决问题，才能做出一份满意的答卷。

清华大学建筑学院

崔 健

设计一共做了三个月，时常想起那几天，走在古旧城墙边。记得特别清晰南京的气味，还有同伴欢脱的脸，这儿的煎饼有点甜。年轻朝气蓬勃，各校同学风采展现，汇报起来的时候回声穿越。有时萌，有时严，老师认真地指点，我们很喜悦，因为看见进步在每天。有认可，有意见，评委的思路多元。师生互动，校际连线，也许这是五年来的纪念。

李玫蓉

接受现实和理想的巨大差距是我们工作的第一步，之前一直为北京的胡同现状而伤感，到了南京之后发现老城南的情况更加危机。规划的工作庞大而复杂，让我常常难以找到自己所处的位置；我们微薄的专业技能在复杂的现实情况面前变得"很傻很天真"，处理好这里就弄坏了那里。好在我们有老师，还有一整个团队，最后阶段大家的工作状态简直可以用"艰苦奋斗"来形容。

肖景馨

联合毕设的题目与历史有关，走街串巷去发现名人故居，查阅资料积累已经有些模糊的典故，跑到国图古籍库去看方志里的插图，让我过足了瘾。能和组里的老师同学亲密共处一年，在本科生涯中也是绝无仅有的一次。能接触到其他五个学校的老师同学，聆听嘉宾们的点评指教，也是从没有过的机会。人生第一次毕设是充实而欢乐的，希望能够开启我在规划道路上的满满的收获。

谢梦雅

一年前我对规划并不感兴趣，有过迷茫、挣扎，在这一年中也不断经历着挫败和怀疑，但也在每一次坚持之后收获了宝贵的成长。回过头来看，这一年所学习与历练的已经远远超越了课程本身。我从自我陶醉的建筑审美中抽出身来，第一次理性而充满感情地从宏观到微观去发现和理解这个物质空间的真相。而对于自身，我更是完成了对自我的不断超越，学习到认真与坚持的价值。

叶亚乐

作为建筑学出身的学生，这个设计做得挺纠结的，也收获到了很多。题目很灵活，比较难整体涵盖，又比较难局部切入。第一次调研汇报的时候，就感受到了我们与规划背景同学思维的差异，一路下来，通过听取其他学校团队的报告和仔细阅读他们的文本，学习到了很多从规划角度分析问题的方法。我们在重塑城市特色空间网络的同时也在重塑我们的思维方式和团队合作方式。

张 璐

在建筑学院的求学生活美好而短暂，参加联合毕设的机会也弥足珍贵。感谢同学们的朝夕相伴，他们敏捷的思维总能激发我的灵感与热情；感谢老师们的倾力相助，他们开阔的视野常常令我茅塞顿开。感谢母校的悉心培养，愿六校联合越办越好。

司徒颖蕙

在以前基本没有系统的学习过城市规划，结果在最后的这一年内，从零学起，最终还能顺利地完成规划设计。六校联合毕业设计是一个平台，让大家可以看到其他同学优秀的作品，也感叹我们对规划的理解不如本科规划专业的同学来得深入，但也很骄傲我们组的方案才能与众不同，脱颖而出。另一方面，12个同学的大组合作中各种分工与协调，让我感受到团队的精神的可贵。

童 林

这次毕业设计充满了激情与挑战，在整个过程中我收获了很多，面临的很多的问题在团队的努力下都一一解决。在整个毕业设计的环节里，我总是在不同的岗位上奔波，虽然非常艰辛，但是在这样的压力下我也锻炼了较好的适应能力，同时自己也在整个团队中发挥了价值。感谢对我悉心指导的老师和共同战斗的同学，在你们的支持下我的五年本科生涯画上了一个圆满的句号。

吴明柏

很幸运毕设选择了规划方向，给我提供一个了解规划学科的机会。在几位老师耐心的指导下，渐渐对规划的思维方式、工作方法和价值判断有了自己的理解，规划思维较建筑更加理性、更加现实、更少有个人情怀，更符合自己的思维性格习惯，遗憾没能早一点深入接触。通过这次毕设我也深刻体会到只要努力任何事情都可以达成。也在多次的汇报中锻炼了自信心和语言表达能力。

杨绿野

这次毕设对我来说是收获丰富而难忘的学术经历。初期曾因缺乏相关基础知识而迷茫，好在我们迅速掌握了规划的基本知识。通过交流汇报，我从其他学校成果中看到了规划出身同学的敏捷清晰的设计逻辑。虽然我们的最终成果可能在思维逻辑上不如人家的缜密，但是整个过程中学到了不少东西。六校联合设计让同学通过交流互动和公开展示提升设计能力，在我们继续深造前提供了良好的锻炼平台。

杨心慧

六校联合毕业设计的题目难度颇大，而我们的收获也颇多。在这三个月间，在寻访老城南的过程中，我体会到像南京这样一个古老城市的复杂性：既有鲜明的文化和丰富的资源，也有历史保护和城市发展之间的矛盾。作为建筑学背景的学生，这次设计充分地拓展了我的视野，使我学习到城市规划的调研和分析方法，学会从城市的角度思考问题。最后感谢所有的老师和同学，帮助我给本科阶段画上了圆满的句号。

叶一峰

时光如梭，光阴似箭，四个月的毕业设计就这么结束了。在这一百多天里，我们在几位老师的带领以及东大师生的组织下，完成了对南京老城南地区更新改造的城市规划项目，认识了南京城南，加深了对城市规划的理解，也增进了同学们间的感情，可谓收获颇多。回顾整个毕设过程以及五年以来的专业学习，自己取得了一些进步，得到了一定的成长，但也存在很多不足和遗憾，希望在今后的学习工作再接再厉。

结　语

　　毕业设计往往是学生 5 年专业学习的最后一次在学校的磨练，同时又是即将开始未来职业生涯的一个新的起点，对学生一生事业的发展具有举足轻重的关键作用。六校联合毕业设计在中国城市规划学会的大力支持下，自去年开始，到今年是第二届，在短短的时间里以其独特的组织方式和卓有成效的工作在城市规划学术界和教育界引起大家的高度关注，为我国城市规划专业教育和教学的改革进行了一次十分有意义的大胆探索。

　　第一届由清华大学建筑学院召集承办，课题选择在北京的宋庄。本届由东南大学建筑学院召集承办，课题选择在南京老城南地区，这些选题对本科的学生来说都极富挑战性。因为这些选题涉及因素复杂，不像平时学生课题设计时的题目，往往设计目标明确和教学内容较为单一，毕业设计更需要学生综合运用在前面几年所学的专业知识来解决实际的问题，是对他们规划设计能力和综合素质的一次大检验。在这次的六校联合毕业设计中，从课题的选择——学生释题——现状调查——开展具体规划设计，再到最终的毕业设计答辩，每一教学环节均经过大家的集体讨论和精心安排，整个过程凝聚了所有参与其中六个院校教师与学生的心血与智慧，可以说是跨校之间联合教学与集团军作战的共同杰作。

　　总结本次教学的特点、创新与意义，主要体现在以下四个方面。

　　一、课题意义重大并具有相当的难度。本届毕业设计以"南京城墙内外：生活·网络·体验"为主题，体现对城市历史文化遗产保护、旧城更新、城市社会民生、城市功能提升和城市创新发展等一系列复杂城市问题的关注，这些正是当前我国新型城镇化背景下城市建设工作中面临的难题。南京老城南地区是一个历史文化积淀十分深厚的地区，正如吴良镛先生所说"历史上，这个地区特别是'十里秦淮'一带，曾经是南京历史上非常著名的集文化、商业、服务业和专业化加工为一体的繁华地区，约两千年来一直是中国东南部地区的经济中心，甚至数度为全国的文化中心、政治中心。"但是与此同时，随着岁月的流逝，这一地区经受战争和其他社会经济因素的影响，存在长期衰败现象，在发展中面临多重矛盾，空间形态与肌理十分复杂。因此，如何充分认识这一地区的历史地位与价值，如何深入了解这一地区存在的现实矛盾和问题，以及如何从城市文化传承和城市持续发展的高度探索老城南的保护与更新，破解城墙内外的分隔，建立历史与未来、局部与整体以及空间与人文的有机关联，这些问题就成为毕业设计值得深入研究的主要方面。

　　二、规划设计思路开阔并涌现出学生激情的思想火花。这次毕业设计各校充分发挥自己的特长，集思广益，在对该地区开展深入调查的基础上提出了不同的解题思路和规划方案。清华大学建筑学院毕业设计组方案从认识南京老城南的独特性出发，注意到内外秦淮河在老城南发展演变中的重要地位，通过老城南特色空间和公共生活网络，力图重塑独特的老城南特色，营造宜人、充满活力的城市生活；同济大学建筑与城市规划学院毕业设计组方案通过对老城南地区问题与需求的综合分析，探讨如何在新的城市发展背景下确定城南地区的功能定位，提出"有机更新、文化提升、产业转型和空间整合"的发展策略；重庆大学建筑与城规学院毕业设计组方案强调城南地区的"历史文化"与"传统生活"，对"城市文脉如何延续，历史文化资源如何发掘再造"展开思考，通过规划设计探讨了城南地区旧城更新的路径；西安建筑科技大学建筑学院毕业设计组则基于对城南地区人居历史信息的解读，以"城南表情"为主题展开规划设计，提出"多元化、小规模、渐进式"的规划策略；东南大学建筑学院毕业设计组方案关注城南地区的公共空间，突出与彰显"明城墙"和"秦淮河"在南京城市空间结构的关键作用，力图借助公共空间网络加强各片区在空间与功能上的关联；天津大学建筑学院毕业设计组方案以"城河体系"为骨架，从生活网络、文化网络、绿色网络三大方面，建立城墙内外的联系，营造特色的南京生活体验、文化体

验和绿色体验。这些方案共同点在于对城市历史文化给予了高度重视，并都希望在新的背景下通过不同途径赋予历史地区新的发展活力，体现出了学生敏锐的思维、开阔的视野和扎实的学风。

三、突破传统的评图方式让学生直接聆听业界资深专家的点评。这次联合毕业设计除了在日常教学环节中学生与老师的交流之外，增加了两个大的期中答辩与终期答辩的环节。这两个环节直接由城市规划业界经验丰富和工作在第一线的资深专家亲自给学生讲评，他们是中国城市规划学会原副理事长和住建部原总规划师陈为邦先生，西安建筑大学汤道烈先生，中国城市规划学会副理事长石楠先生，中国城市规划设计研究院总规划师张兵先生，北京市规划设计研究院总规划师王引先生，北京新都市规划设计研究院院长孙成仁先生以及南京规划局徐明尧副局长，他们高屋建瓴、深入浅出、充满热情和切中要害的点评，极大地激发了学生的学习兴趣，让学生在即将进入社会之际感受到了城市规划职业的神圣职责和无穷魅力，这些宝贵的精神是学生很难在学校的教学中得到的。

四、为各校学生提供交流平台的同时更加深了相互间的友情。记得当年我们大学的毕业设计，大家朝夕相处，一年时间下来（以前清华毕业设计是一年的时间），到毕业时已是难舍难分，泪流满面。这次的六校联合毕业设计，围绕同一个课题共同研究讨论，打破了学校界限，可以发挥各自所长，相互交流，相互学习。更为难得的是，促进了各校之间的了解，很好地加深了大家的感情。这些对全面推动我国城市规划专业教育事业的发展具有深远而积极的意义。

六校联合毕业设计这一活动其作用和意义远非如此，目前我国城市发展正处于新型城镇化的重要时期，城市规划事业的大发展对城市规划专业人才的培养提出了更高层次的要求，如何加强学校教育与社会需求的对接，使专业教育更好地适应现代城市发展要求，更好地服务于社会，需要我们做新的探索。这次六校联合毕业设计的大胆尝试无疑给我们提供了有益的启示，真挚希望这样的教学改革活动能够渗透到各个不同的教学环节和层次，以让更多的学校和师生受益。

本次六校联合毕业设计的顺利开展离不开中国城市规划学会和各个院校的大力支持。

中国城市规划学会担任了这次联合毕业设计的学术指导，副理事长石楠先生邀请了陈为邦先生、汤道烈先生、张兵先生、王引先生和孙成仁先生等作为指导专家参与了中期和最终答辩的教学指导，在此对他们关心青年一代的敬业精神表示崇高的敬意和由衷的感谢！

感谢南京市规划局、各个院校院系领导对本次活动的指导和关心。

感谢东南大学建筑学院和西安建筑科技大学建筑学院为联合毕业设计提供的活动场所和住宿安排的支持。

感谢中国城市规划学会低碳生态城市大学联盟以及参加联合毕业设计的六校院系为本次活动提供的经费支持。

最后要感谢所有参加联合毕业设计的学生和教师，正是他们的辛勤劳动和无私奉献，向我们呈现了这一精彩而丰富的教学成果！

阳建强　教授

东南大学建筑学院城市规划系主任

2014 年 7 月于中大院

Epilogue

Graduation design is usually the last opportunity for students in 5-years' academic studies. At the same time, this chance is also a new starting point for them to begin their future career. As a result, it plays a very important and decisive role in the development of students' lifetime career. With the great support of Urban Planning Society of China since 2013, the six-school joint graduation design has been held for the second time in this year. Despite such a short time, this activity has aroused much attention from the academic circle and educational circle in the discipline of urban and rural planning. Based on its characteristic organization method and very fruitful working result, it has been seen as a very significant and bold exploration for the reform of the education career in China's urban planning discipline.

The first session of this graduation project in 2013, whose study area related an artist village (Songzhuang) in Beijing, was initiated and undertaken by the School of Architecture, Tsinghua University. The second session in this year is undertaken by the School of Architecture, Southeast University. The organizer has chosen new study area in Nanjing's southern part of old city. For undergraduate students, this new tasks is extremely challengeable, since they involved complicated factors. Different from other normal design courses' subjects, whose design objectives and teaching content are relatively clear and simple; in contrast, graduation design requires students to solve problems in practice in a systematic way to utilize their knowledge, which were learnt in previous 5 years. In other word, this phase will be seen as a general inspection of their planning & design capacity and an embodiment of their own quality as a whole. In the process of six-school joint graduation project, every teaching section has been arranged meticulously after collective discussion, such as topic selection, mission statement to students, field investigation, concept development, concrete planning design, as well as final presentation. The whole process has shown the efforts and wisdoms of the teachers and students from six universities. In this meaning, it could even be seen as common masterpiece of collaboration among the six schools.

Altogether, this teaching activity could be summarized with its characteristics, innovation and significance in following four aspects.

I. The mission obtains great significance but quite big difficulty. Graduation design in this year is titled with "In- and outside Nanjing's city wall: Life · Network · Perception". The study area has embodied itself with a series of complicated urban problems, such as the protection of urban historical and cultural heritages, old city renovation, local people's livelihood, functional adjustment, and innovative urban development, etc., which also reveal challenges in urban development against the "new urbanization" in China at present. The southern part of Nanjing's old city has located extremely profound historical and cultural elements. As what Mr. Wu Liangyong has remarked, "this area, especially in the area of 'Ten-Li Qinghuai', was a very prosperous area, which integrated diversified functions like culture, business, service and professional processing factors, in the history of Nanjing; in the last nearly 2 000 years, it has always been the economic center in the southeastern parts of China, and has even undertaken the mission as national cultural and political center for several times." But meanwhile, because of different influences like war and other social and economic factors, this area is suffering long-term decline, and facing many conflicts in its further development. For urban planners, the complicated spatial forms and urban textures in this area also lead to difficulties in the solution of problems. Therefore, before we successfully find the solutions to overcome spatial separation between areas in- and outside of the city wall, to establish organic correlation between the history and future, to integrate the local area into the whole urban structure on city level, as well as to cultivate the combination between the spatial and cultural aspects, several questions in following should be considered very carefully in the joint graduation design: how can we sufficiently understand the historical status and value of this area? How can we deeply identify the practical conflicts and problems in this area? How can we explore innovative strategy in protection and renovation in this area in the perspective of cultural inheritance and sustainable development?

II. The concepts of planning design are much diversified and inspiring from the students' efforts. In this graduation design, each team has shown their own strengths from collective wisdom and provided different solutions and planning strategies based on deep-going investigation in this area. The scheme by the team from the School of Architecture, Tsinghua University, starts the discussion from the uniqueness of old south urban area of Nanjing, and delineates the important status of the inner and outer Qinghuai River in the development and evolution of the old south urban area. By focusing on the special spaces and public living network in this area, the unique characteristics of old south urban area has been rebuilt with a pleasant and dynamic city life. The scheme by the team from College of the Architecture and Urban Planning, Tongji University, starts from a comprehensive analysis on the problems in and demand of the old south urban area, in which the following question has been answered, e.g. how to identify the functional orientation of the old south urban area in the new urban development background. And then the development strategy has been summarized as "organic updating, cultural enhancement, industrial transformation and space integration". The scheme by the team from the Faculty of Architecture and Urban Planning, Chongqing University, emphasizes the "historical culture" and "traditional life" in the old south urban area. Questions like "how to continue the urban context and how to excavate and rebuild historical cultural resources" have been intensively considered. The planning and design have embodied their strategy for updating this area. The scheme by the team from the School of Architecture, Xian University of Architecture & Technology, is based on their understanding in historical information on human settlements in the area. Their concept is themed in "Expression of South Urban Area". The planning strategy of "diversified, small-scale, and progressive" has been developed. The scheme by the team from the School of Architecture, Southeast University, has shown their attention to the public space in the old south urban area. By highlighting and revealing the critical roles of "City wall of the Ming Dynasty" and "Qinghuai River" in the spatial structure transformation in Nanjing's history. This team strives to strengthen the correlation between spatial and functional relationship in this area in the perspective of cultivating public space network. And the scheme by the team from the School of Architecture, Tianjin University, develops "city wall plus river system" as a framework. The relationship between the inside and outside of the city wall has been established with the following aspects such as living network, cultural network and green network. Diversified characteristics in Nanjing have been delivered with diversified experiences in life, culture and green system. Despite of different focuses, all of these schemes have paid much attention to the historical and cultural aspects. All of them aim to endow the historical area with new development dynamics. The embodiments of students' innovative idea, broad vision and solid academic capacity are very impressive.

III. It provides the precious chance for students to receive comments from senior experts in the professional circle instead of teachers in the universities. And this has alternative merits than traditional way. Except for the communication between students with their own teachers in daily teaching sections, this joint graduation design introduces also two important sections, namely mid-term and final presentation. In these two sections, senior experts with rich professional experiences, who are working at the front line of city planning practice. They give their own comments on students personally, including Mr. Chen Weibang, the former deputy director general of the Urban Planning Society of China and the former chief planner of the Ministry of Housing and Urban-Rural Development of the People's Republic of China, Mr. Tang Daolie from Xi 'an University of Architecture and Technology, Mr. Shi Nan, deputy director and secretary-general of the Urban Planning Society of China, Mr. Zhang Bing, chief planner of China Academy of Urban Planning & Design, Mr. Wang Yin, chief planner of Beijing Municipal Institute of City Planning & Design, Mr. Sun Chengren, director of Beijing Xindushi Institute of City Planning & Design, and Mr. Xu Mingyao, deputy director of Nanjing Planning Bureau. Their comments arise from a strategically advantageous position but have been elaborated easily for students to understand. Such comments can always convey full of passion and focus on the very point in the presentation and greatly strengthen students' learning interests. Students can also receive important inspiration like important social obligation and enjoy endless charm of city planning discipline, before they enter the professional field. Normally, it's not very easy for students to receive such precious understanding from daily teaching activities.

IV. By providing a platform of communication, the friendships among the students of each university have been strengthened with each other. I still remember my own graduation design experience, after one year time in graduation design, we worked and studied together (Graduation design in Tsinghua University lasted for one year before) and established deep friendship with each other. In the graduation ceremony, everybody was drowned in tears. In the framework of six-school joint graduation design, research and design have been carried out in an integrated way under same topic. And this contributed to overcoming the limits among different schools. Students can also exert their own strengths, communicate and learn from each other. More importantly, it has promoted the mutual understanding among each university and this has deepened emotional connection. All these have profound and positive significance for promoting the education development of the urban planning discipline in China.

The influence and significance of six-school joint graduation design has even more meanings than the above mentioned aspects. At present, China's urban development is entering an important period of "new urbanization". With the great development before, city planning professions has raises higher demands to the education career. As a result, it is necessary for us to make new exploration on how to strengthen the connection among different schools on one hand and make the education career with more orientation to meet social demand. Besides, professional education should also provide better service and support for modern urban development. Undoubtedly, the meaningful exploration in this six-school joint graduation design has provided us beneficial inspirations. I sincerely hope that, such teaching reform activity can penetrate into each different teaching section and level, so that more schools, teachers and students could benefit from that.

Without the great supports from the Urban Planning Society of China (UPSC) and each college and university, the successful organization of this six-school joint graduation design could not be achieved.

UPSC has assumed the task as academic advisor. Mr. Shi Nan, vice chairman and secretary-general of UPSC, has invited Mr. Chen Weibang, Mr. Tang Daolie, Mr. Zhang Bing, Mr. Wang Yin, and Mr. Sun Chengren, etc. as reviewers to participate in the teaching instruction for mid-term and final presentation. Here, I'd like to express my lofty respect and heartfelt gratitude to them for their professional dedication and support for the young generation!

I'd like to thank the leaders of Nanjing Planning Bureau, each university & department for their instructions and support for this activity.

I'd like to thank the School of Architecture, Southeast University, and the College of Architecture, Xi'an University of Architecture and Technology, for their support in providing working space and accommodation arrangement for this joint graduation design.

I'd like to thank the China Low Carbon University Alliance, Urban Planning Society of China, and the schools as well as departments from six universities in participating in this joint graduation design for the financial support.

And finally, I'd like to thank all the students and teachers participating in the joint graduation design for their hard work and selfless contributions. From their works, we could enjoy such wonderful and abundant teaching achievements!

Prof. Yang Jianqiang

Director of Urban Planning Department, School of Architecture, Southeast University

July 2014, in Zhong-Da-Yuan, Southeast University